普通高等学校计算机基础规划教材

计算机基础实验指导教程

魏海平　常东超　高东日　等编著

化学工业出版社

·北京·

本书是与化学工业出版社出版的《计算机基础应用教程》（张英宣等主编）教材相配套的实验教材，用于辅助教师实践教学。

全书共分为两个部分，第一部分是大学计算机实践技能训练，包括八个大类的实验项目，第二部分是与教材基础知识相关的精选习题。通过实验学生能够巩固理论教学涉及的计算机基础知识，并熟练掌握计算机基本应用操作，用于培养学生计算机应用方面的基本技能。其中与操作系统相关实验 4 个，办公自动化基础实验 10 个，网络技术实验 4 个，常用工具软件实验 8 个，多媒体技术应用实验 2 个，网页制作实验 6 个。书中内容结合实际，侧重应用能力的培养，达到计算机一级并接近二级的操作要求。本书可作为高等院校各专业的计算机基础课程教材使用，还可供社会各界对计算机感兴趣的人阅读。

图书在版编目（CIP）数据

计算机基础实验指导教程/魏海平等编著．—北京：化学工业出版社，201 ．8（2019．6 重印）

普通高等学校计算机基础规划教材

ISBN 978-7-122-27596-7

Ⅰ．①计… Ⅱ．①魏… Ⅲ．①电子计算机-高等学校-教材 Ⅳ．①TP3

中国版本图书馆 CIP 数据核字（2016）第 158902 号

责任编辑：满悦芝　　装帧设计：刘亚婷

责任校对：宋　玮

出版发行：化学工业出版社（北京市东城区青年湖南街 13 号　邮政编码 100011）

印　　装：北京虎彩文化传播有限公司

787mm×1092mm　1/16　印张 14¾　字数 488 千字　2019 年 6 月北京第 1 版第 2 次印刷

购书咨询：010-64518888　　售后服务：010-64518899

网　　址：http：//www.cip.com.cn

凡购买本书，如有缺损质量问题，本社销售中心负责调换。

定　　价：36.00 元

前言

FOREWORD

大学计算机基础实验是对学生在计算机应用方面的一种全面的综合训练，是一种自主性很强的练习，通过练习深化理解和掌握书本上的理论知识，只有真正脚踏实地去练习书中每一个章节的知识环节，才能切实掌握计算机实际应用，为了使学生既能掌握计算机的基本理论和基本概念，又能熟练掌握常用软件工具的用途和操作方法。我们在总结多年来教学经验的基础上，结合学生的实际需求，特组织编写了这本《计算机基础实验指导教程》，作为实验教材，用于辅助教师实践教学。

本书内容分为以下两部分。

第一部分是实验内容与实验指导，目的是使学生熟练掌握计算机应用的操作方法。实验涵盖了 Windows 7 操作系统的使用及系统安装和操作，办公软件 Microsoft Office Word 2010 /Excel 2010/PowerPoint 2010 的使用，网络技术应用的操作，Flash 动画制作和 Photoshop 图像处理，超文本标记语言（HTML）的使用，网页编辑软件 Dreamweaver 的使用，网站设计与制作等内容，给出了常用工具软件的简单介绍。

第二部分是习题精选，目的是使学生牢固掌握计算机的基本理论和基本概念。习题精选涵盖了教材《计算机基础应用教程》涉及的主要基本理论和基本概念。习题精选以三种客观题的形式呈现，分别是填空题、判断题和选择题。同时列出了习题精选的参考答案。

本书由辽宁石油化工大学魏海平、常东超、高东日等编著，本校的吉书朋、王宇彤、刘洋、张英宣、李会举、石元博、李志武、张实等多位教师参与了讨论和编写，全书由高东日统稿。

本书在编写过程中，参考了大量有关书籍和网页，在此对这些书籍和网页的作者表示感谢。在编写过程中得到了多位资深教授的支持和帮助，并提出了许多宝贵意见和建议，在此表示衷心的感谢。

由于编者水平有限，书中难免有不妥之处，恳请读者指正。

编著者

2016 年 7 月

目录

CONTENTS

第一部分　大学计算机实践技能训练

实验 1　Windows 7 操作系统实验　2

实验 1.1　Windows 7 基本操作 …… 2
实验 1.2　文件管理 …… 3
实验 1.3　附件的使用 …… 4
实验 1.4　综合应用 …… 4

实验 2　Word 文档编辑与排版　6

实验 2.1　Word 文档输入、编辑与排版 …… 6
实验 2.2　图文混排 …… 21
实验 2.3　表格处理 …… 29
实验 2.4　综合实验 …… 38

实验 3　Excel 电子表格制作　48

实验 3.1　Excel 2010 基本操作 …… 48
实验 3.2　Excel 2010 高级应用 …… 58
实验 3.3　Excel 2010 综合实验 …… 69

实验 4　PowerPoint 演示文稿制作　83

实验 4.1　PowerPoint 演示文稿基本操作 …… 83
实验 4.2　PowerPoint 演示文稿高级操作 …… 86
实验 4.3　PowerPoint 演示文稿综合操作 …… 90

实验 5 网络及 Internet 的基本操作 96

实验 5.1 TCP/IP 网络协议的设置及网络连通的测试 …… 96
实验 5.2 IE 浏览器的设置与使用 …… 98
实验 5.3 搜索引擎的使用 …… 101
实验 5.4 电子邮箱申请与 Outlook Express 设置 …… 105

实验 6 常用工具软件的使用 109

实验 6.1 360 安全卫士 …… 109
实验 6.2 360 杀毒软件 …… 118
实验 6.3 WinRAR 文件解压缩 …… 122
实验 6.4 迅雷下载工具 …… 127
实验 6.5 ACDSee 图片浏览工具 …… 129
实验 6.6 Adobe PDF 阅读器 …… 133
实验 6.7 屏幕抓图软件 …… 136
实验 6.8 系统备份与还原 …… 139

实验 7 多媒体技术应用 146

实验 7.1 Flash 动画制作 …… 146
实验 7.2 Photoshop 图像处理 …… 148

实验 8 网页制作 152

实验 8.1 文档及其格式化 …… 152
实验 8.2 图像与超链接 …… 154
实验 8.3 表格及其布局 …… 156
实验 8.4 框架及其布局 …… 158
实验 8.5 表单 …… 158
实验 8.6 站点的发布 …… 160

第二部分 大学计算机理论技能训练

理论技能训练项目一 填空 …… 166
理论技能训练项目二 判断 …… 174
理论技能训练项目三 单项选择 …… 182

答案 223

附录 双绞线的制作方法 227

参考文献 230

第一部分

大学计算机实践技能训练

实验 1 Windows 7 操作系统实验

【实验目的】

1. 了解 Windows 7 的功能，掌握 Windows 7 的基本知识和基本操作。
2. 掌握利用“资源管理器”进行文件和文件夹的管理。
3. 熟悉 Windows 7 的帮助系统，了解 Windows 7 的设备管理功能。
4. 会使用一些 Windows 7 提供的办公软件。

实验 1.1 Windows 7 基本操作

【实验内容与要求】

1. 在桌面上隐藏或显示系统文件夹图标，如“控制面板”、“计算机”及“网络”等。
2. 在桌面上呈现小工具，如时钟、天气预报等。
3. 利用“开始”菜单启动“记事本”。
4. 利用“搜索程序和文件”对话框，启动“画图”。
5. 程序的切换。
6. 在桌面上创建“计算器”的快捷方式。
7. 在某一文件夹下，创建“画图”的快捷方式。
8. 通过“帮助和支持中心”获得关于“创建快捷方式”的帮助信息。

【实验步骤】

1. 在桌面上隐藏或显示系统文件夹图标。

右击桌面空白处，在弹出的快捷菜单中选择“个性化”，单击弹出窗口左侧的“更改桌面图标”，在弹出的“桌面图标设置”对话框中，选中要显示或隐藏的桌面图标，单击“确定”按钮。

2. 利用“开始”菜单启动“记事本”。

选择“开始”→“所有程序”→“附件”→“记事本”命令。

3. 利用“搜索程序和文件”对话框，启动“画图”。

在“开始”菜单的“搜索程序和文件”中输入“mspaint. exe”后，按回车键。

4. 程序的切换。

利用任务栏活动任务区的对应按钮，在“记事本”和“画图”两个程序之间切换；或利用【Alt＋Tab】键，在上述两个程序之间切换。

5. 在桌面上创建“计算器”的快捷方式。

在桌面的空白处，单击鼠标右键，从快捷菜单中选择“新建”→“快捷方式”命令；在“创建快捷方式”的对话框的命令行中输入“calc. exe”（或单击该对话框中的“浏览”按钮，找到 calc. exe 文件），单击“下一步”按钮；在“选择程序的标题”对话框的“键入快捷方式的名称”栏中输入“计算器”，单击“完成”按钮。

6. 在某一文件夹下，创建“画图”的快捷方式。

打开相应文件夹，单击鼠标右键，从快捷菜单中选择“新建”→“快捷方式”命令，以下步骤与创建“计算器”快捷方式相同。

7. 通过“帮助和支持中心”获得关于“创建快捷方式”的帮助信息。

单击“开始”按钮，从开始菜单中选择“帮助和支持”项；在“帮助和支持中心”窗口的“搜索帮助”栏中输入“创建快捷方式”，然后单击“搜索帮助”按钮，可获得相关帮助信息。

实验1.2 文件管理

【实验内容与要求】

1. 在D盘上创建文件夹 student。
2. 在 student 文件夹下，建立两个子文件夹 test 和 study，并在 test 文件夹下再建立文本文件 blue. txt。
3. 将 study 文件夹复制到 test 文件夹中；将 test 文件夹中的文件 blue. txt 复制到 study 文件夹中。
4. 将 test 文件夹中的 blue. txt 文件重命名为 green. doc。
5. 将 green. doc 文件移动到 student 文件夹中。
6. 删除文件夹 study。
7. 将 green. doc 文件的属性改为只读、隐藏。
8. 隐藏文件。
9. 隐藏文件的扩展名。

【实验步骤】

1. 打开资源管理器或我的电脑；在资源管理器的导航窗格中或我的电脑窗口中单击D盘；选择“文件”→“新建”→“文件夹”命令或在窗口的空白处通过快捷菜单“新建”→“文件夹”命令，将文件名重命名为“student”。

2. 打开 student 文件夹，选择“文件”→“新建”→“文件夹”命令创建 test 和 study 文件夹；打开 test 文件夹，选择“文件”→“新建”→“文本文件”命令创建 blue. txt。

3. 在资源管理器或我的电脑窗口中，打开 student 文件夹，选中 study 文件夹，选择“编辑”→“复制”命令，打开 test 文件夹，选择“编辑”→“粘贴”命令；或者通过【Ctrl】键及鼠标拖动完成复制操作。文件复制方法与文件夹相同。

4. 选中 test 文件夹中的 blue. txt 文件，选择“文件”→“重命名”，输入新名称即可。

5. 选中 green. doc 文件，选择“编辑”→“剪切”命令，打开 test 文件夹，选择“编辑”→“粘贴”命令；或者通过鼠标拖动完成移动操作。

6. 选中文件夹 study，选择“文件”→“删除”命令。

7. 选中 green. doc 文件，选择“文件”→“属性”，在打开的对话框中选择相应属性。

8. 选择“工具”→“文件夹选项”命令，在“查看”选项卡中，选择“不显示隐藏的文件和文件夹”选项；如需显示隐藏文件，则选择“显示所有文件和文件夹”。

9. 选择“工具”→“文件夹选项”命令，在“查看”选项卡中，选择“隐藏已知文件类型的扩展名”；如需显示文件的扩展名则取消该选项。

实验 1.3　附件的使用

【实验内容与要求】

1. 启动“画图”，绘制一图形文件，保存在 student 文件夹中，命名为 spaint. bmp。

2. 启动“记事本”，输入一段文字，保存在 student 文件夹中，命名为 stxt. txt。

【实验步骤】

1. 选择“开始”→“所有程序”→“附件”→“画图”。

2. 选择“开始”→“所有程序”→“附件”→“记事本”。

实验 1.4　综合应用

【实验内容与要求】

上机确认如下题目的正确答案，写出完整的理由和实验步骤。

一、单选题

1. 以下关于“开始”菜单的叙述不正确的是（　　）

A. 单击开始按钮可以启动开始菜单

B. 开始菜单包括关机、帮助、所有、设置等菜单项

C. 用户想做的事情几乎都可以从开始菜单开始

D. 可在开始菜单中增加项目，但不能删除项目

2. Windows 7 的“任务栏”（　　）

A. 只能改变位置不能改变大小　　B. 只能改变大小不能改变位置

C. 既能改变大小又能改变位置　　D. 不能改变大小也不能改变位置

3. 下列关于“回收站”的叙述中，错误的是（　　）

A.“回收站”可以暂时或永久存放硬盘上被删除的信息

B. 放入“回收站”的信息可以恢复

C.“回收站”所占据的空间是可以调整的

D.“回收站”可以存放软盘上被删除的信息

4. 在 Windows 7 中关于对话框的叙述不正确的是（　　）

A. 对话框没有最大化按钮　　B. 对话框没有最小化按钮

C. 对话框不能改变形状大小　　D. 对话框不能移动

5. 不能在“任务栏”内进行的操作是（　　）

A. 快捷启动应用程序　　B. 排列和切换窗口

C. 排列桌面图标　　D. 设置系统日期和时间

6. 在资源管理器中，单击文件夹左边的▷符号，将（　　）

A. 在左窗口中展开该文件夹

B. 在左窗口中显示该文件夹的子文件夹和文件

C. 在右窗口中显示该文件夹的子文件夹

D. 在右窗口中显示该文件夹的子文件夹和文件

7. 不能将一个选定的文件复制到同一文件夹下的操作是（　　）

A. 用右键将该文件拖到同一文件夹下

B. 执行“编辑”菜单中的“复制”→“粘贴”命令

C. 用左键将该文件拖到同一文件夹下

D. 按住【Ctrl】键，再用左键将该文件拖动到同一文件夹下

8. 以下说法中不正确的是（　　）

A. 启动应用程序的一种方法是在其图标上右击，再从其快捷菜单上选择“打开”命令

B. 删除了一个应用程序的快捷方式就删除了相应的应用程序文件

C. 在中文 Windows 7 中利用【Ctrl+空格】键可在英文输入方式和选中的中文输入方式之间切换

D. 将一个文件图标拖放到另一个驱动器图标上，将移动这个文件到另一个磁盘上

二、填空题

1. 在 Windows 7 中，可以由用户设置的文件属性为__________、__________。为了防止他人修改某一文件，应设置该文件属性为__________。

2. 在 Windows 7 中，若一个程序长时间不响应用户要求，为结束该任务，应使用组合键__________。

3. 在“资源管理器”右窗口中，若希望显示文件的名称、类型、大小、修改时间等信息，则应该选择“查看”菜单中的__________命令。

4. 在“资源管理器”右窗口中想一次选定多个分散的文件或文件夹，方法是__________。

5. 在“资源管理器”窗口中，为了使具有系统和隐藏属性的文件或文件夹不显示出来，首先应进行的操作是选择__________菜单中的“文件夹选项”。

6. 在 Windows 7 中，欲整体移动一个窗口，可以利用鼠标__________。

7. 在 Windows 7 中应用程序窗口标题栏中显示的内容有__________。

8. 选定文件或文件夹后，不将其放入“回收站”中，而直接删除的操作是__________。

三、简答题

1. 如何打开任务管理器？简述任务管理器的作用。

2. 获取系统帮助有哪些方法？在 Windows 7 中如何设定系统日期？

3. 在 Windows 7 中，如何查看隐藏文件、文件夹？

4. 在 Windows 7 中，如何复制、删除文件或为文件更名？如何恢复被删除的文件？

实验② Word文档编辑与排版

【实验目的】

1. 掌握 Word 文档的建立、保存与打开。
2. 掌握文档的输入、复制、移动、删除、查找和替换等编辑操作。
3. 掌握文档的字符格式、段落格式和页面格式设置功能。
4. 掌握 Word 图形处理。
5. 掌握 Word 表格建立和设置属性及有关操作的方法。
6. 掌握 Word 文档的高级编辑排版操作方法。

实验 2.1 Word 文档输入、编辑与排版

任务一：在 D 盘根目录下创建一个新文档 Example211. docx，并录入图 2.1 所示文字。

标准化：指国家相应出台了一系列有关中文信息处理方面的标准。如 GB2312、GB5007 等 30 余项汉字信息交换码及汉字点阵字型标准，以及 GB130001、GB16681/96 大字符集和开放系统平台标准等。汉字输入法也在经历了大浪淘沙之后趋于集中。↵
工程化、产品化：指中文信息处理解决了在大规模应用、大规模生产以及市场营销中出现的问题。如规范性、可靠性、可维护性、界面友好性及各环节的包装。↵
一体化：指中文信息处理多项技术实现了有机、合理的集合。如软硬件技术的集合、输入输出技术的集合、多领域成果的集合。↵
经过 20 多年的努力，我国在中文信息处理方面已取得了十分可喜的成绩，在某些方面的研究已处于世界领先地位。如北大方正的激光照排技术，其市场份额独占鳌头。↵

图 2.1　输入文字内容

【实验内容与要求】

1. 在文档的开头插入一空行，输入文字“标准化、一体化、工程化和产品化”作为文章标题。

2. 将正文第 2 段、第 3 段互换位置。

3. 将标题段（“标准代、一体化、工程化和产品化”）设置为黑体、红色、四号，字符间距加宽 2 磅，标题段居中。

4. 将第一段文字（“标准化：指国家……趋于集中。”）的中文设置为五号仿宋，英文设置为五号 Arial 字体；各段落左右缩进 1 字符、段前间距为 0.5 行。

5. 使用格式刷设置第二、第三、第四段（“标准化：指国家……其市场份额独占鳌头。”）的格式与第一段文字（“标准化：指国家……独占鳌头。”）的格式相同。

6. 将文中所有错词“集合”替换为“结合”，然后，将正文中所有的“结合”二字设置为绿色，加粗。

7. 正文第一段（“标准化：指国家……趋于集中。”）首字下沉 2 行、距正文 0.1 厘米；为正文第二段（“一体化：指中文……成果的结合。”）和第三段（“工程化、产品化：……独占鳌头。”）分别添加项目符号●。

8. 设置正文第 4 段“经过 20 多年的努力，……其市场份额独占鳌头。”的边框为“阴影”，线型为“实线”，宽度为“1 磅”，底纹填充颜色为“橙色”，应用于“段落”。

9. 将页面设置为“花束”填充效果。

10. 在 D 盘根目录下以 Example211.docx 为名保存文档，并关闭 Word。

【实验步骤】

启动 Word 2010，在 Word 2010 窗口中自动建立一个名为“文档 1”的空白文档，选择一种输入法，录入图 2.1 文字内容。按下列方法之一切换输入法：

- 使用【Ctrl＋空格】键完成中、英文输入法的切换。
- 使用【Ctrl＋Shift】可在英文及各种输入法之间进行切换。
- 单击任务栏上的“输入法”图标，从弹出菜单中选择一种输入法。

【说明】

(1) 在输入文本时，如需另起一个段落，按【Enter】键，系统产生一个段落标记↵，否则不要按【Enter】键，系统会自动换行。

(2) 输入错误时，按【Delete】键删除光标之后的字符，按【Backspace】键删除光标之前的字符。

(3) 单击状态栏上的“插入”按钮或按【Insert】键切换插入/改写状态。

1. 要在文本的最前面插入标题，只要将光标定位在文档的开始位置，按【Enter】键，便插入新空行，然后输入标题“标准化、一体化、工程化和产品化”。

2. 选中第 2 段，按住鼠标左键拖动到第 3 段的下面，松开左键，即将第 2 段、第 3 段互换位置。或者，在第 2 段的左侧空白区双击鼠标左键选中第 2 段，然后拖动第 2 段到第 3 段的段落标记之后（即光标停留在第 4 段的起始），松开左键完成操作。

3. (1) 选中标题，在“开始”选项卡的“字体”选项组中进行设置，单击“字体”下拉列表 华文彩云，从中选择“黑体”；单击“字号”下拉列表 小三，从中选择“四号”；单击“字体颜色”下拉列表，从中选择“红色”；在“段落”选项组中单击“居中”对齐按钮，使标题居中。

(2) 选中标题，单击“开始”选项卡→“字体”选项组→“对话框启动器”按钮，弹出“字体”对话框。

(3) 单击“高级”选项卡，在“间距”下拉列表中选择“加宽”，并输入磅值为“2 磅”，如图 2.2 所示，单击“确定”按钮。

4. (1) 选中第一段文字，单击“开始”选项卡→“字体”选项组→“对话框启动器”按钮，弹出“字体”对话框。在“字体”选项卡中的“中文字体”列表中选择“仿宋”，在“中文字体”列表中选择“Arial”，在“字号”列表中选择“五号”，如图 2.3 所示，单击“确定”按钮。

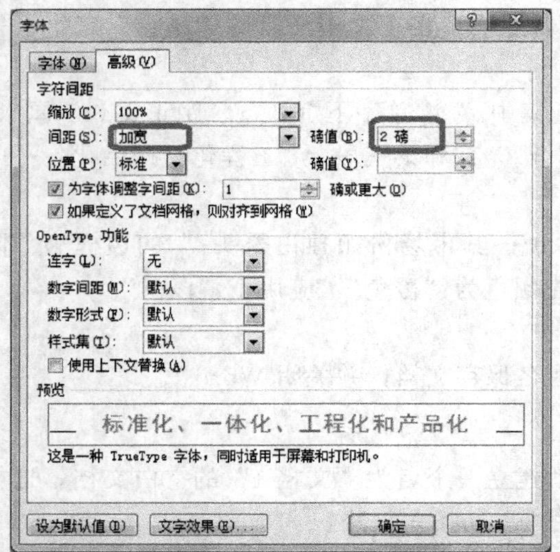

图 2.2 “字体”对话框→“字符间距”选项卡

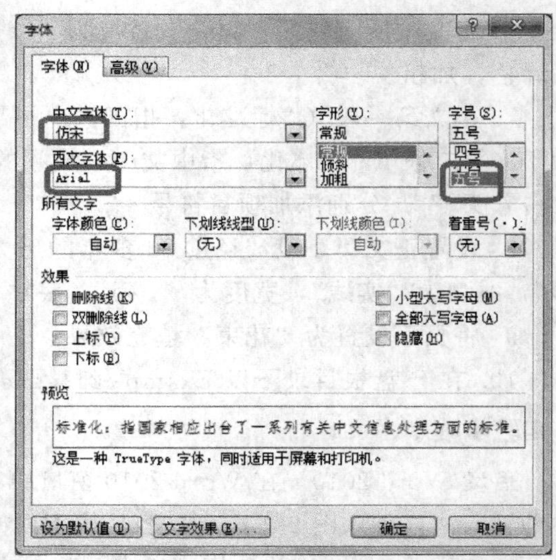

图 2.3 “字体”对话框→“字体”选项卡图

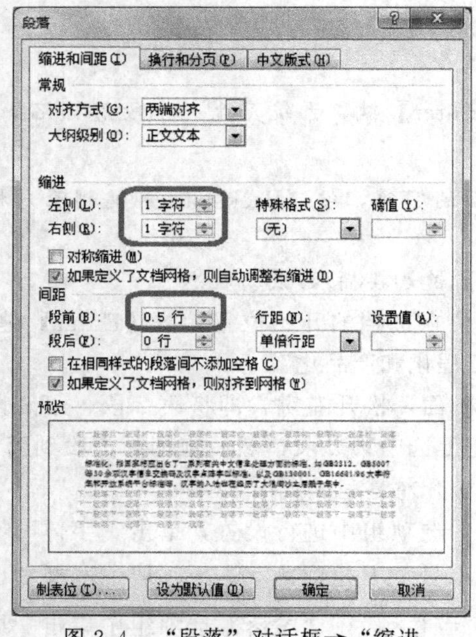

图 2.4 “段落”对话框→“缩进和间距”选项卡

(2) 选中第一段，单击“开始”选项卡→“段落”选项→“对话框启动器”按钮，弹出“段落”对话框。

(3) 单击“缩进和间距”选项卡，在“缩进”组“左侧”区域输入“1 字符”，“右侧”区域输入“1 字符”，在“间距”组的“段前”输入值为 0.5 行，如图 2.4 所示，单击“确定”按钮。

5. (1) 选中第一段，单击“开始”选项卡→“剪贴板”选项组，然后双击“格式刷”按钮。

(2) 再用鼠标拖曳第二、第三、第四段（“标准化：指国家……其市场份额独占鳌头。”），即可完成格式的复制。

(3) 再单击一次“格式刷”按钮，即取消格式刷功能。

6. (1) 选中正文各段落，单击“开始”选项卡→“编辑”选项组→“替换”按钮，弹出“查找和替换”对话框。

(2) 单击“替换”选项卡，在“查找内容”列表框中输入“集合”，在“替换为”列表框中输入“结合”。

(3) 单击“更多”按钮，如图 2.5 所示，然后将光标定位在“替换为”列表框内，单击“格式”按钮，选择“字体”命令，如图 2.6 所示，进入“替换字体”对话框。

(4) 按要求进行字体格式设置，如图 2.7 所示，设置完毕后，单击“确定”按钮，返回“查找和替换”对话框，如图 2.8 所示。

(5) 单击“全部替换”按钮，系统弹出如图 2.9 所示的提示框，单击“确定”按钮，最后单击“关闭”按钮。

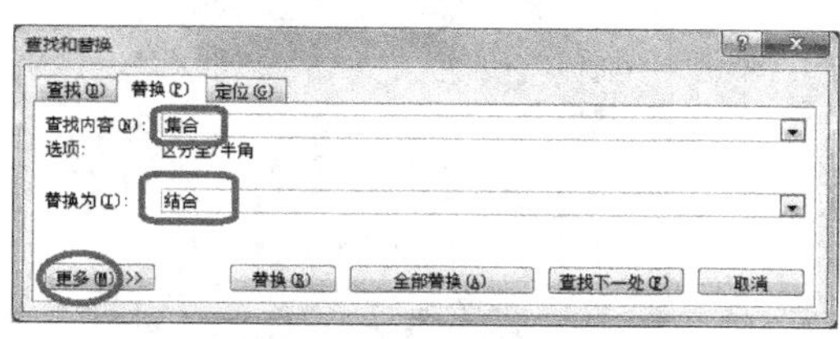

图 2.5　“查找和替换”对话框图

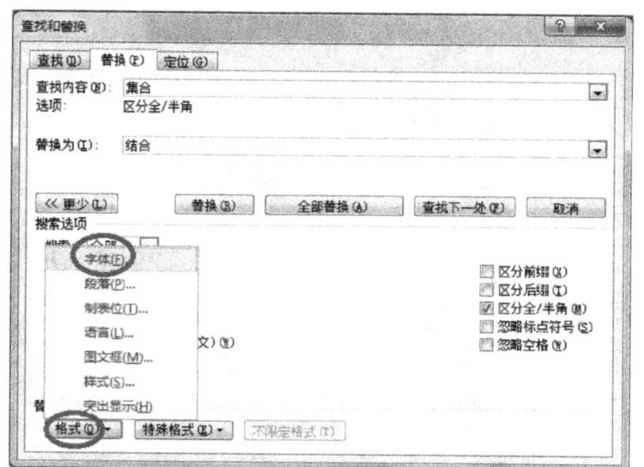

图 2.6　“查找和替换”对话框——格式设置

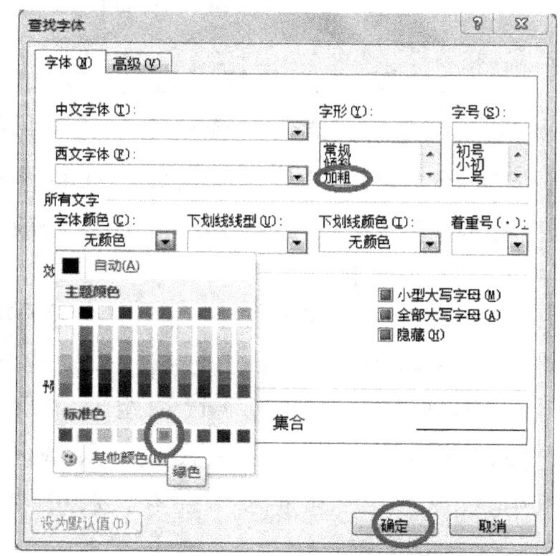

图 2.7　“替换字体”对话框

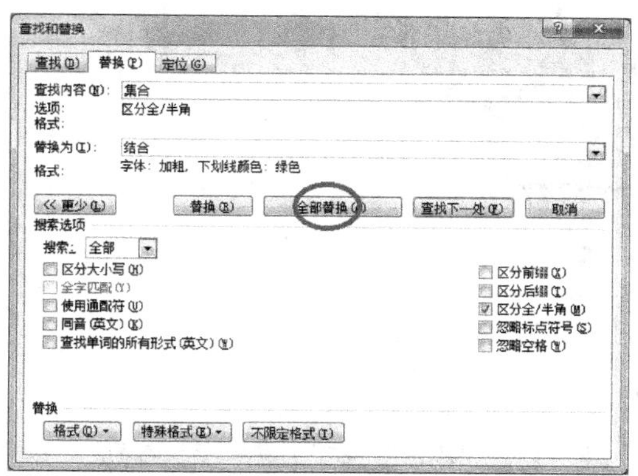

图 2.8　“查找和替换”对话框——显示替换格式

【说明】

(1) 如果不小心将格式设置错了，可以单击图 2.8 所示的“不限定格式”按钮将其取消，重新再设置。

图 2.9　“查找和替换”确认对话框

(2) 也可通过“特殊字符”按钮打开特殊字符列表进行特殊字符的格式替换，如：将文档中的所有西文全部更改为 Arial Black 字体，颜色为红色。

操作方法：在如图 2.10 所示的“查找和替换”对话框中将光标定位在“查找内容”列表框内，单击“特殊字符”按钮，在弹出的字符类型中选择“任意字母”。然后，单击“替换为”列表框，不输入内容，再单击“格式”按钮，按要求设置格式即可。

7. (1) 将光标定位在第一段中的任意位置，单击“插入”选项卡→“文本”选项组→“首字下沉”按钮，从弹出的菜单中选择“首字下沉选项”命令，打开“首字下沉”对话框，如图 2.11 所示。

(2) 单击“位置”栏中的“下沉”图标，在“下沉行数”列表框中输入“2”，距正文“0.1 厘米”，单击“确定”按钮。

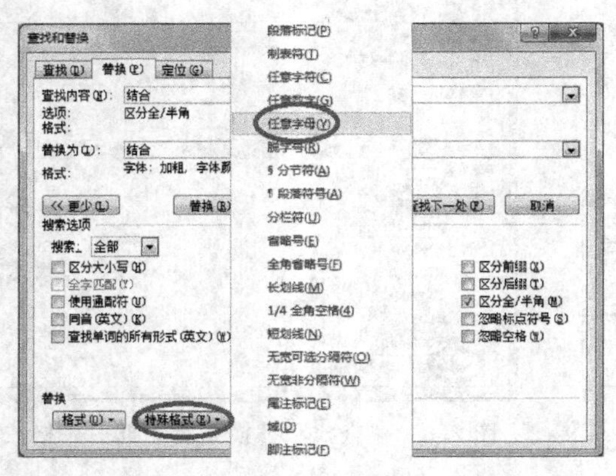

图 2.10　“查找和替换”对话框

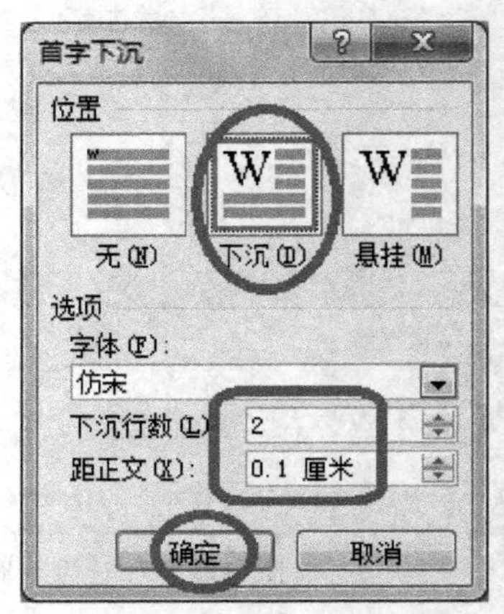

图 2.11　“首字下沉”对话框

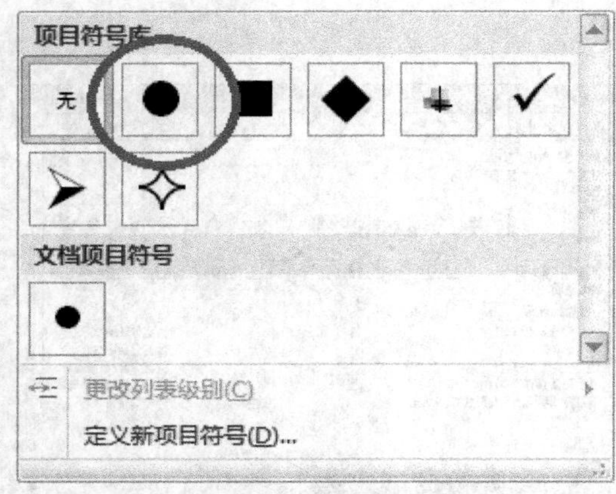

图 2.12　“段落”选项卡→“项目符号”→“项目符号库”

(3) 选中第二段和第三段文字，单击“开始”选项卡→“段落”选项组→“项目符号”按钮旁边的下三角按钮，在打开的“项目符号库”（如图 2.12 所示）中单击项目符号“•”，完成操作。

8. (1) 选中第四段文字“经过 20 多年的努力，…… 其市场份额独占鳌头。”，单击“开始”选项卡→“段落”选项组→“下框线”按钮旁边的下三角按钮，从弹出的菜单中选择“边框和底纹”命令，打开“边框和底纹”对话框。

(2) 单击“边框”选项卡，在“设置”栏内单击“阴影”图标，在“样式”下拉列表中选择“实线”，在“宽度”下拉列表中选择“1.0 磅”，在“应用于”下拉列表中选择“段落”，如图 2.13 所示。

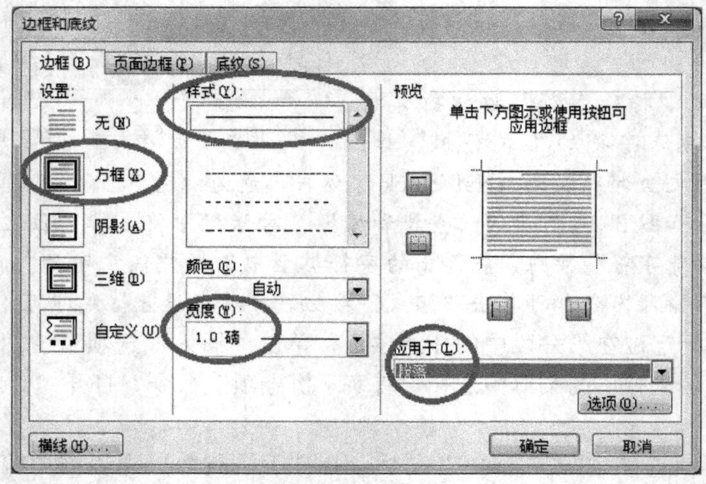

图 2.13　“边框和底纹”对话框→“边框”选项卡

(3) 单击“底纹”选项卡，在“填充”栏内选择标准色“橙色”，在“应用于”下拉列表中选择“段落”，如图 2.14 所示，单击“确定”按钮。

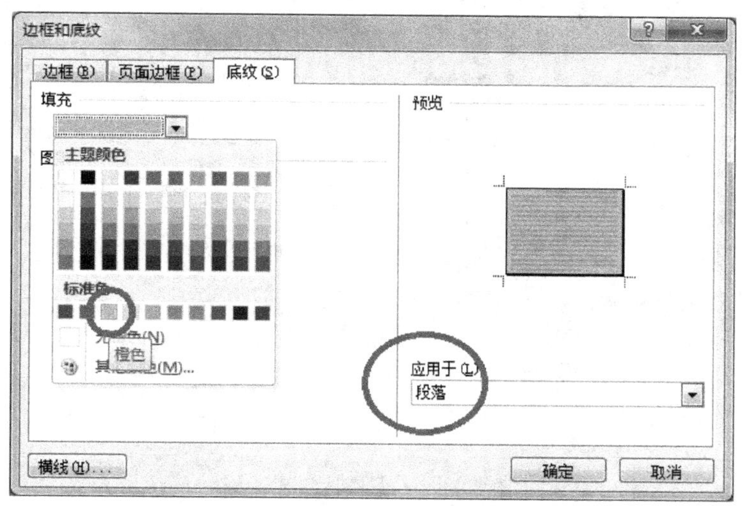

图 2.14　“边框和底纹”对话框→“底纹”选项卡

9. (1) 单击“页面布局”选项卡→“页面背景”选项组→“页面颜色”按钮，在下拉列表中选择“填充效果”命令，弹出“填充效果”对话框。

(2) 单击“纹理”选项卡，在“纹理”列表中选择“花束”样式，然后单击“确定”按钮，如图 2.15 所示。

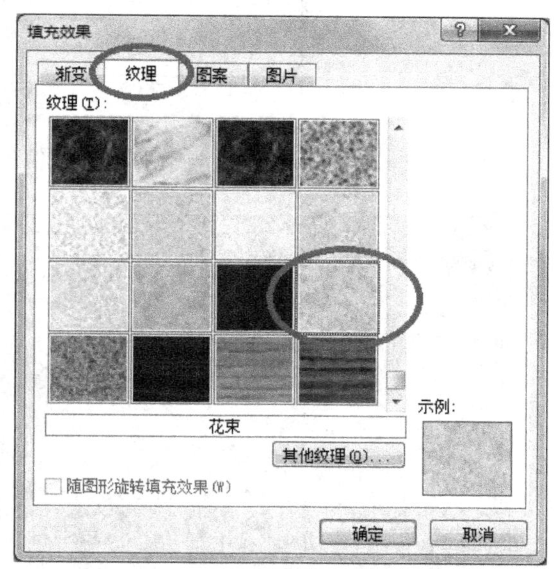

图 2.15　“填充效果”对话框

10. (1) 单击“文件”选项卡→“保存”命令，或单击“快速访问工具栏”上的“保存”按钮，弹出“另存为”对话框。

(2) 在“另存为”对话框中指定“保存位置”为“本地磁盘 (D:)”、“文件名”为“Example211.docx”、保存类型为“Word 文档 (*.docx)”，单击“保存”按钮即可，如图 2.16 所示。

【说明】

在退出 Word 时，如果文档没有保存，会出现如图 2.17 所示的提示对话框。选择“是”按钮，将保存文档并退出 Word 应用程序；选择“否”按钮，将不保存文档并退出 Word 应用程序；选择“取消”按钮，回到原编辑状态下。

Example211.docx 文档格式设置效果如图 2.18 所示。

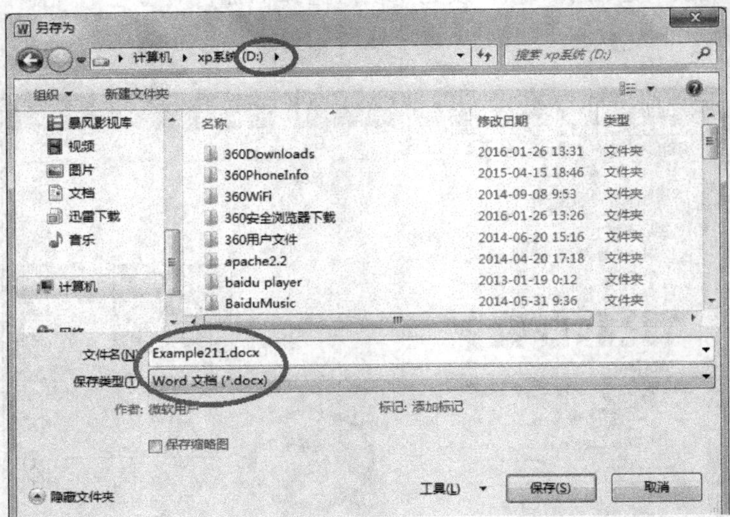

图 2.16　“另存为”对话框

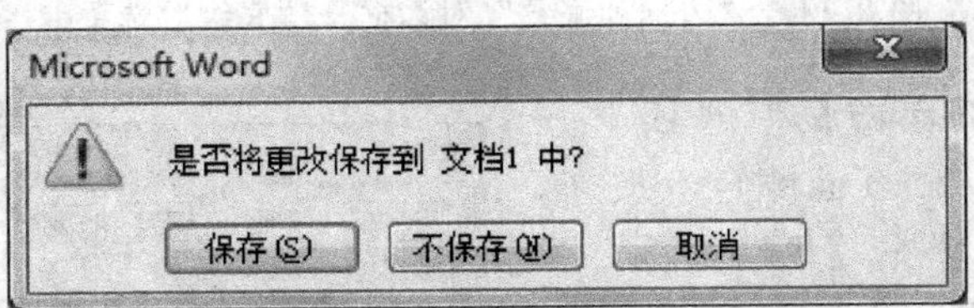

图 2.17　保存提示对话框

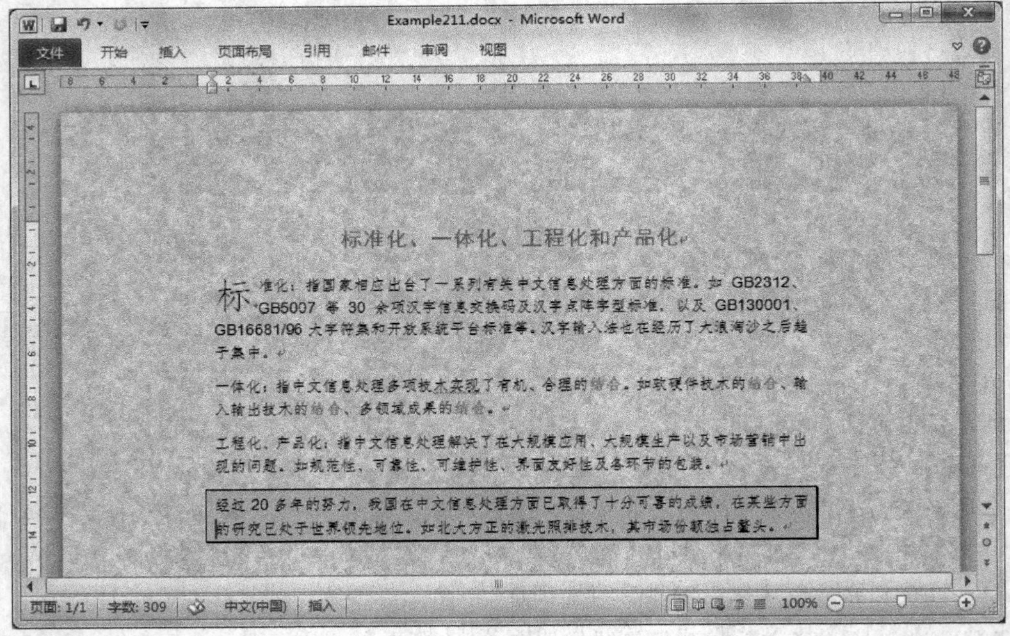

图 2.18　Example211.docx 文档格式设置效果

任务二：在 D 盘根目录下创建一个新文档 Example212. docx，并录入如图 2. 19 所示文字。

神舟九号飞船↵
神舟九号飞船是中国航天计划中的一艘载人宇宙飞船，是神舟号系列飞船之一。神九是中国第一个宇宙实验室项目 921-2 计划的组成部分，天宫与神九载人交会对接将为中国航天史掀开极具突破性的一章。中国计划于 2020 年建成自己的太空家园，中国空间站届时将成为世界唯一的空间站。↵
2012 年 6 月 16 日 18 时 37 分，神舟九号飞船在酒泉卫星发射中心发射升空。2012 年 6 月 18 日约 11 时左右转入自主控制飞行，14 时左右与天宫一号实施自动交会对接，这是中国实施的首次载人空间交会对接。↵

图 2. 19　输入文字内容

【实验内容与要求】

1. 设置标题文字“神舟九号飞船”字体为“华文行楷”，字号为“一号”，颜色为“红色”，对齐方式为“居中”，段前、段后间距均为“0. 5 行”。

2. 设置正文字体为“黑体”，字号为“小四”，左右缩进 1 厘米，首行缩进为“2 字符”。

3. 为正文第一句“神舟九号……之一。”添加着重号。

4. 将“神九是中国第一个宇宙实验室……中国航天史上掀开极具突破性的一章。”这句话的字符间距设置为“加宽 2 磅”，并为这句话添加标准色浅绿色底纹。

5. 在正文的右侧插入“第 2 行第 2 列”样式的艺术字，设置文字内容为“庆祝神舟九号飞船发射成功”，将艺术字设置为“艺术字竖排文字”效果，环绕方式为“紧密型”。

6. 将正文最后一段设置为等宽两栏，栏间添加分隔线。

7. 设置正文第一段首字悬挂，行数为“2 行”，距正文“15 磅”，首字字体为隶书、红色。

8. 在文章适当位置插入文本框“历史性突破”，设置文字格式为华文新魏、二号字、红色；设置文本框格式为：填充色“橙色，强调文字颜色 6，淡色 60%”、红色边框，高度为 1. 2cm，宽度为 4. 5cm，环绕方式为“四周型”，并适当调整其位置。

9. 设置页眉文字为“神州九号”，宋体，5 号字。设置页脚，“居中”，插入页码，页码格式为“1，2，3”。

10. 将页面设置为：A4 纸，上、下、左、右页边距均为 3 厘米，将文档的纸张大小设置为 16 开（18. 4 厘米×26 厘米），页眉距纸张上边界 0. 4 厘米，页脚距纸张下边界 1 厘米。

11. 设置页面边框艺术型为“第 1 行”的“苹果”，应用范围为“整篇文档”。

12. 在 D 盘根目录下以 Example212. docx 为名保存文档，并关闭 Word。

【实验步骤】

启动 Word 2010，在 Word 2010 窗口中自动建立一个名为“文档 1”的空白文档，选择一种输入法，录入图 2. 19 所示文字内容。

1. (1) 选中标题文字“神舟九号飞船”，在“开始”选项卡→“字体”选项组中进行设置，单击“字体”下拉列表 华文彩云 ，从中选择“华文行楷”；单击“字号”下拉列表 小三 ，从中选择“一号”；单击“字体颜色”下拉列表 A ，从中选择“红色”；在“段落”选项组中单击“居中”对齐按钮，使标题居中。

(2) 在“开始”选项卡→“段落”选项组→“对话框启动器”按钮，弹出“段落”对话框，在“间距”组的“段前”、“段后”均输入 0. 5 行，如图 2. 20 所示，单击“确定”按钮。

2. (1) 选中正文各段落，在“开始”选项卡→“字体”选项组中进行设置，单击“字体”下拉列表华文彩云，从中选择“黑体”；单击“字号”下拉列表小三，从中选择“小四”。

(2) 在“开始”选项卡→“段落”选项组→“对话框启动器”按钮，弹出“段落”对话框，单击“缩进和间距”选项卡，将“缩进”选项组中的“左侧”和“右侧”分别输入“1厘米”，“特殊格式”列表拉开选择“首行缩进”，“磅值”列表中输入“2字符”，如图2.21所示，单击“确定”按钮。

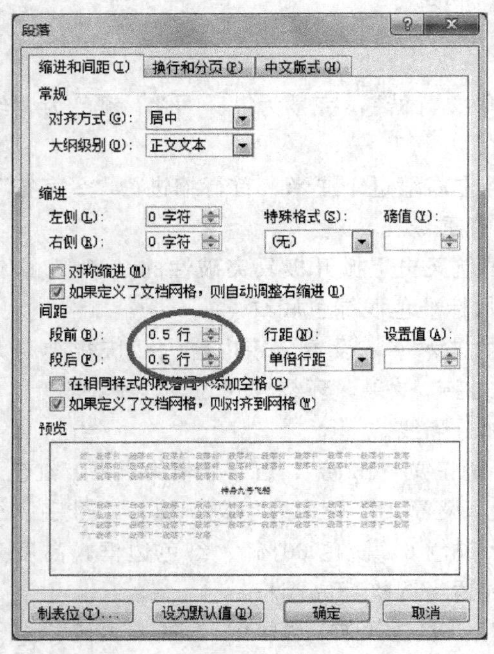

图 2.20　“段落”对话框→设置段落间距

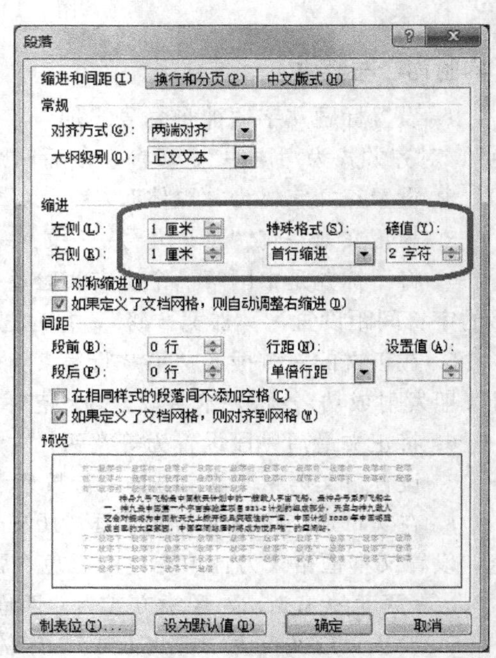

图 2.21　“段落”对话框→设置缩进

【说明】

当度量值的单位与要求的单位不同时，最简单的方法就是连同单位和值一起输入，但要注意不能写错字。如果要求设置行距16磅，在图2.22中的行距下拉列表中选择“固定值”，“设置值”为“16磅”。

3. (1) 选中正文第一句“神舟九号……之一。”，单击“开始”选项卡→“字体”选项组→“对话框启动器”按钮，弹出“字体”对话框。

(2) 在“字体”对话框的“字体”选项卡中“所有文字”组中的“着重号”列表中选择“•”，单击“确定”完成设置，如图2.23所示。

4. (1) 选中“神九是中国第一个宇宙实验室……中国航天史上掀开极具突破性的一章。”这句话，单击“开始”选项卡→“字体”选项组→“对话框启动器”按钮，弹出“字体”对话框。

(2) 单击“高级”选项卡，在“间距”下拉列表中选择“加宽”，并输入磅值为“2磅”，如图2.2所示，单击“确定”按钮。

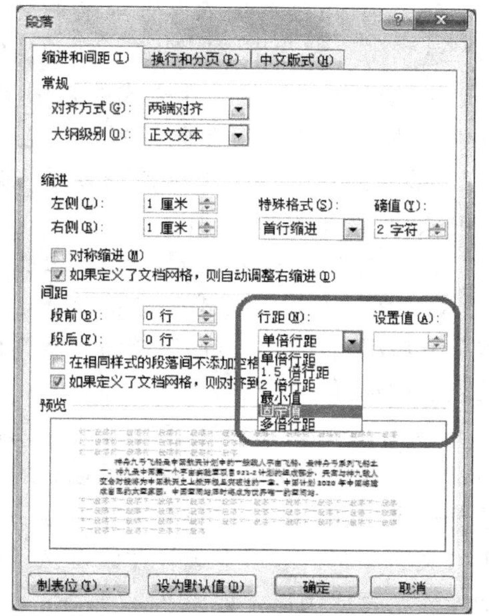

图 2.22　“段落”对话框→设置指定值的行距

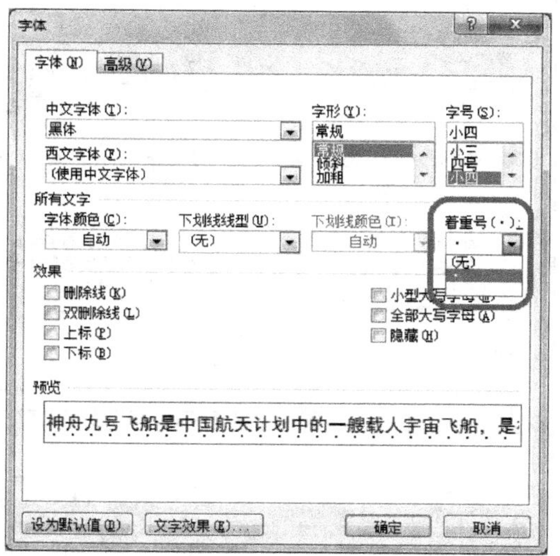

图 2.23　“字体”对话框→“字体”选项卡

(3) 单击“开始”选项卡→“段落”选项组→“下框线”按钮旁边的下三角按钮，从弹出的菜单中选择“边框和底纹”命令，打开“边框和底纹”对话框，单击“底纹”选项卡，在“填充”栏内选择标准色“浅绿”，在“应用于”下拉列表中选择“文字”，如图 2.24 所示，单击“确定”按钮。

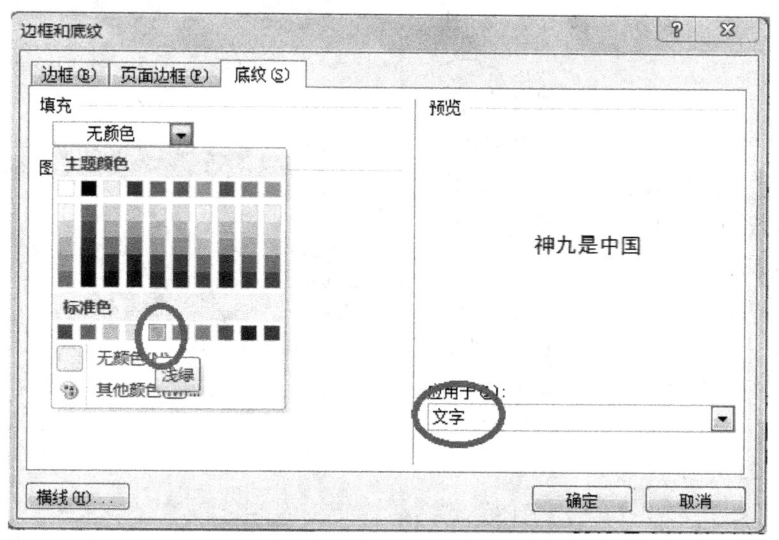

图 2.24　“边框和底纹”对话框→“底纹”选项卡

【说明】

使用“字体”对话框可以对文字进行更复杂、更美观的排版。例如输入 170m^2，则首先输入 170m2，然后选中 2，打开“字体”对话框，在“字体”选项卡的“效果”区域中单击“上标”复选框即可，如图 2.25 所示。

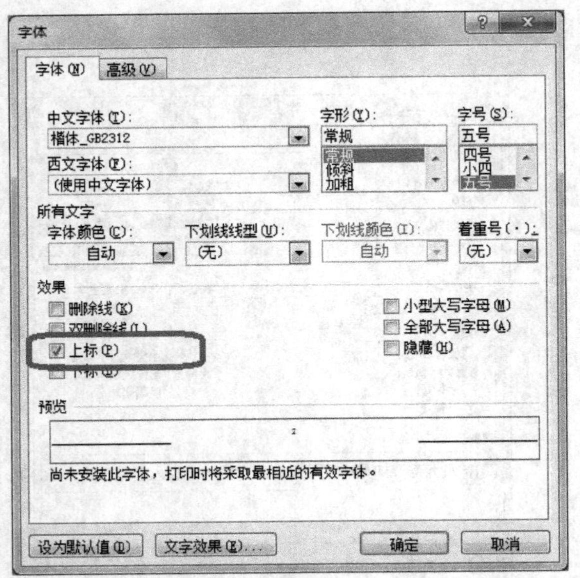

图 2.25　“字体”对话框→设置字体效果

5. (1) 单击“插入”选项卡→“文本”选项组→“艺术字”按钮，从弹出的列表中选择第 2 行第 2 列样式的艺术字，选中文本框中的“请在此放置您的艺术字”，输入文字内容“庆祝神舟九号飞船发射成功”，如图 2.26 所示。

(2) 单击艺术字区域，单击功能区“绘图工具”下的“格式”选项卡→“文本”选项组→“文字方向”按钮，从弹出的列表中选择“垂直”。

(3) 在艺术字的文本边框上单击鼠标右键，在弹出的菜单中选择“其他布局选项”命令，在弹出的“布局”对话框中单击“文字环绕”选项卡选择“紧密型”环绕方式，完成操作，如图 2.27 所示。

6. (1) 在最后一段末尾按下回车键【Enter】，然后选中正文最后一段，单击“页面布局”选项卡→“页面设置”选项组→“分栏”按钮下面的下三角按钮，从弹出的菜单中选择“更多分栏”命令，打开“分栏”对话框。

(2) 单击“预设”栏中的“两栏”图标，选中“分隔线”复选框和“栏宽相等”复选框，单击“确定”按钮，如图 2.28 所示

图 2.26　艺术字文本框

7. (1) 将光标定位在第一段中的任意位置，单击“插入”选项卡→“文本”选项组→“首字下沉”按钮，从弹出的菜单中选择“首字下沉选项”命令，打开“首字下沉”对话框。

(2) 在“位置”栏内单击“悬挂”按钮，在“字体”下拉列表框中选择“隶书”，在“下沉行数”列表框中输入“2”，“距正文”列表框中输入“15 磅”，单击“确定”按钮，如图 2.29 所示。

(3) 在“开始”选项卡→“字体”选项组中进行设置，单击“字体颜色”下拉列表 A -，从中选择“红色”。

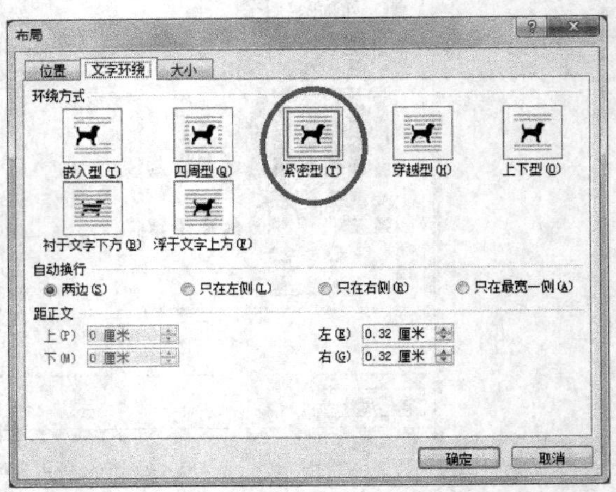

图 2.27　艺术字文字环绕方式

【说明】

某一段同时进行首字下沉和分栏操作时，应先进行分栏，然后再设置首字下沉较为方便。如果先进行首字下沉，再进行分栏，那么不要将下沉的首字选中，否则分栏命令无效。

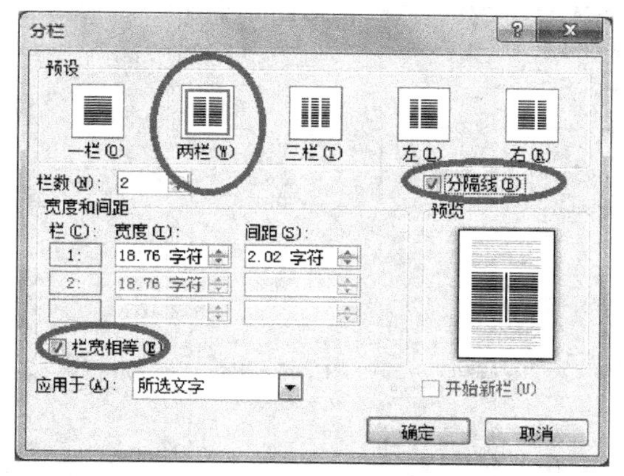

图 2.28　“分栏”对话框

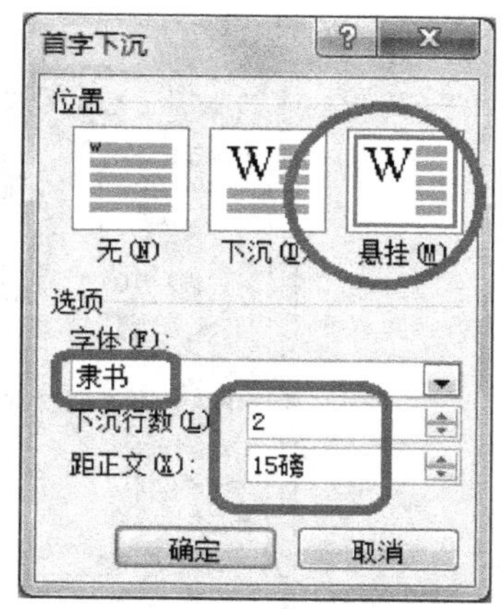

图 2.29　“首字下沉”对话框

8.（1）单击“插入”选项卡→“文本”选项组→“文本框”按钮，选择“绘制文本框”命令，在文章适当位置拖动鼠标画出一个矩形文本框区域，然后在文本框区域内输入文字“历史性突破”。

（2）单击文本边框，在“开始”选项卡→“字体”选项组中进行设置，单击“字体”下拉列表华文彩云，从中选择“华文新魏”；单击“字号”下拉列表小三，从中选择“二号”；单击“字体颜色”下拉列表A，从中选择“红色”。

（3）单击文本边框，单击“绘图工具”下的“格式”选项卡进行设置，在“文本框样式”选项组→“形状填充”按钮，从弹出的列表中选择“主题颜色”组中的“橙色，强调文字颜色 6，淡色 60%”；单击“形状轮廓”按钮，从弹出的列表中选择“标准色”组中的“红色”。

（4）单击文本边框，单击“绘图工具”下的“格式”选项卡→“大小”选项组输入高度 1.2cm，宽度 4.5cm，适当调整其位置。

（5）在文本边框上单击鼠标右键，在弹出的菜单中选择“其他布局选项……”命令，在打开的“布局”对话框中单击“文字环绕”选项卡选择“四周型”环绕方式，完成操作，如图 2.30 所示。

9.（1）单击“插入”选项卡→“页眉和页脚”选项组→“页眉”按钮，在弹出的菜单中选择“编辑页眉”命令，在页面的上面将出现页眉编辑区，同时出现“页眉和页脚工具”的“设计”选项卡，在页眉编辑区输入“神州九号”，如图 2.31 所示。选中页眉文字，单击“开始”选项卡→“字体”选项组，单击“字体”下拉列表华文彩云，从中选择“宋体”；单击“字号”下拉列表小三，从中选择“五号”。

（2）单击“设计”选项卡→“导航”选项组→“转至页脚”按钮，即可切换页脚编辑区。

（3）单击“页眉和页脚”选项组→“页码”按钮，在下拉菜单中选择“页面底端”，在弹出的子菜单中选择“普通数字 2”。然后再次单击“页码”按钮，在下拉菜单中选择“设置页码格式”命令，打开“页码格式”对话框。在对话框中从“编号格式”下拉列表中选择“1，2，3…”格式，如图 2.32 示。

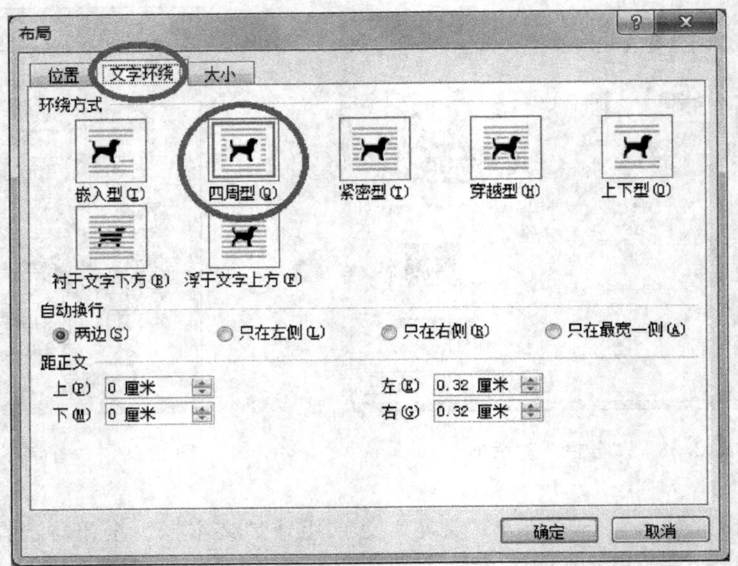

图 2.30　“边框和底纹”对话框→“边框”选项卡

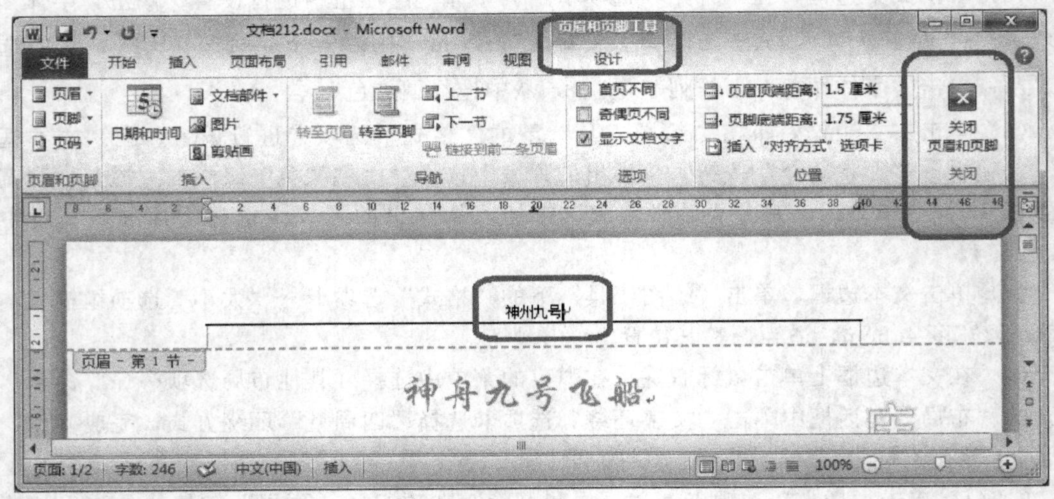

图 2.31　“页眉和页脚工具”的“设计”选项卡

(4) 单击“设计”选项卡→“关闭”选项组→“关闭页眉和页脚”命令，即插入了页眉和页脚。

10. (1) 单击“页面布局”选项卡→“页面设置”选项组→“对话框启动器”按钮，弹出“页面设置”对话框。

(2) 单击“页边距”选项卡，输入上、下、左、右页边距均为“3 厘米”，在“应用于”下拉列表中选择“整篇文档”，如图 2.33 所示。

(3) 单击“纸张”选项卡，在“纸张大小”下拉列表中选择“16 开（18.4 厘米×26 厘米）”，在“应用于”下拉列表中选择“整篇文档”，如图 2.34 所示。

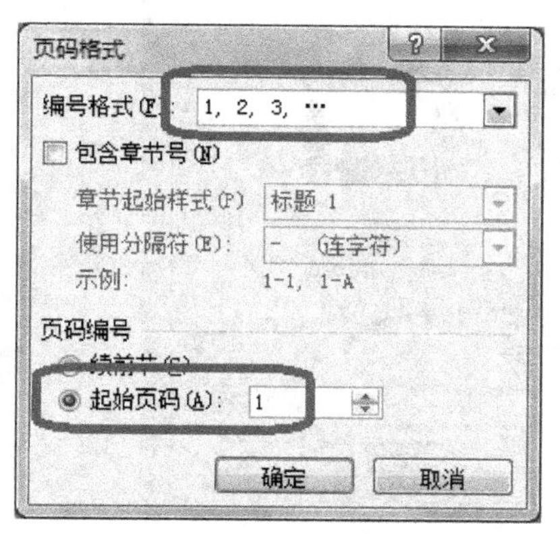

图 2.32　“页码格式”对话框

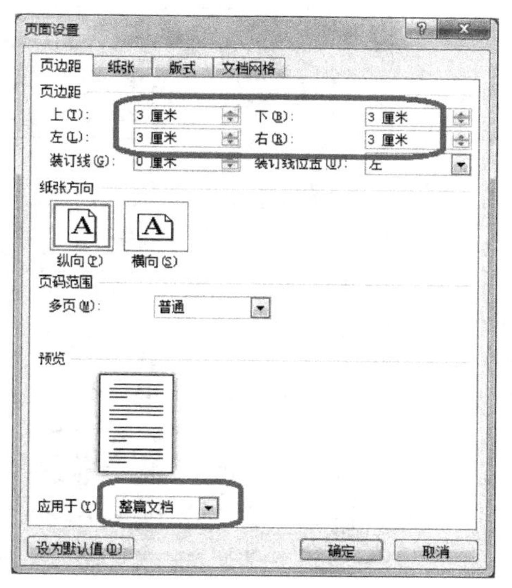

图 2.33　“页面设置”对话框→“页边距”选项卡

（4）单击“版式”选项卡，在“距边界”组中“页眉”域中输入“0.4 厘米”，“页脚”域中输入“1 厘米”，在“应用于”下拉列表中选择“整篇文档”，如图 2.35 所示，单击“确定”按钮。

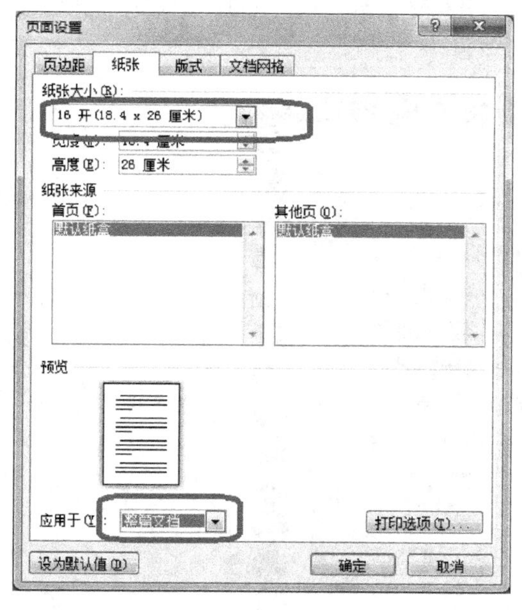

图 2.34　“页面设置”对话框→“纸张”选项卡图

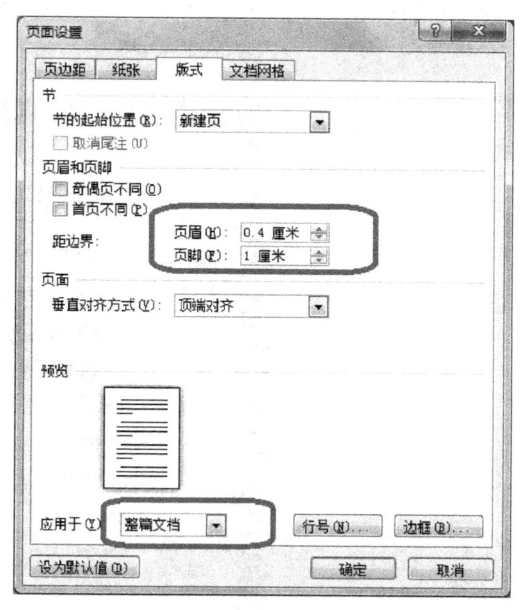

图 2.35　“页面设置”对话框→“纸张”选项卡

11.（1）单击“开始”选项卡→“段落”选项组→“下框线”按钮旁边的下三角按钮，从弹出的菜单中选择“边框和底纹”命令，打开“边框和底纹”对话框。

（2）单击“页面边框”选项卡，从“艺术型”下拉列表框中选择第 1 行的“苹果”，在“应用范围”下拉列表框中选择“整篇文档”，如图 2.36 所示，单击“确定”按钮。

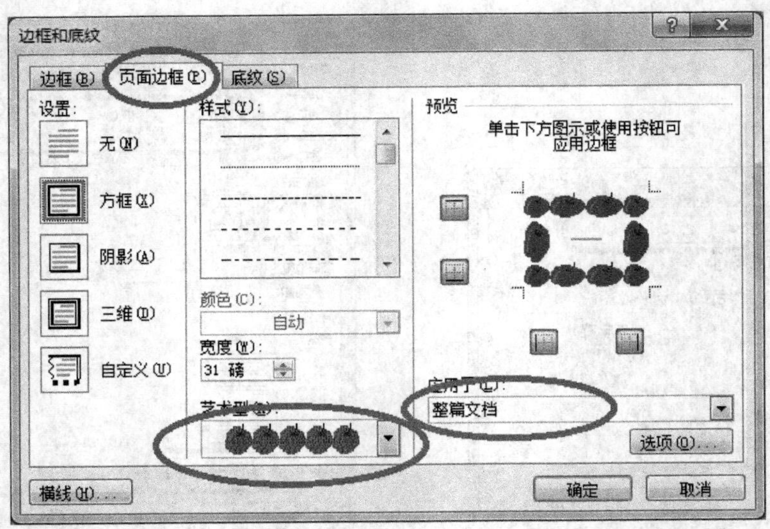

图 2.36　“边框和底纹”对话框→“页面边框”选项卡

12.（1）单击“文件”选项卡→“保存”或者“另存为”命令，或单击“快速访问工具栏”上的“保存”按钮，弹出“另存为”对话框。

（2）在“另存为”对话框中指定“保存位置”为“本地磁盘（D:）”、“文件名”为“Example212.docx”、保存类型为“Word 文档（*.docx）”，单击“保存”按钮即可。

Example212.docx 文档格式设置效果如图 2.37 所示。

图 2.37　Example212.docx 文档格式设置效果

实验 2.2　图文混排

任务：在 D 盘根目录下创建一个新文档 Example221. docx，并录入如图 2. 38 所示文字，并根据“实验内容与要求”完成文档格式设置，设置效果如图 2. 39 所示。

嫦娥工程的三步走
据栾恩杰介绍，“嫦娥工程”设想为三期，简称为“绕、落、回”三步走，在 2020 年前后完成。
第 1 步为“绕”，即在 2007 年 10 月，发射我国第 1 颗月亮探测卫星，突破至地球外天体的飞行技术，实现首次绕月飞行。
第 3 步为“回”，即在 2020 年前，发射月亮采样返回器，软着陆在月亮表面特定区域，并进行分析采样，然后将月亮样品带回地球，在地面上对样品进行详细研究。这一步将主要突破返回器自地外天体自动返回地球的技术。
第 2 步为“落”，即计划在 2012 年前后，发射月亮软着陆器，并携带月亮巡视勘察器（俗称月亮车），在着陆区附近进行就位探测，这一阶段将主要突破在地外天体上实施软着陆技术和自动巡视勘测技术。

图 2. 38　输入文字内容

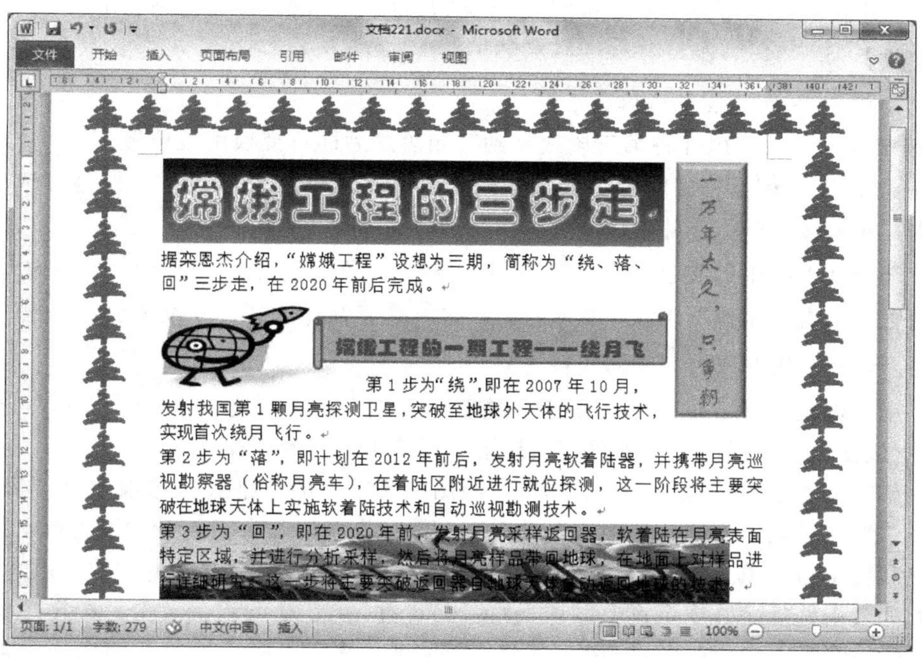

图 2. 39　Example221. docx 文档格式设置效果

【实验内容与要求】

1. 将正文第三、第四段相互交换位置。

2. 将文档标题“嫦娥工程的三步走”居中放置，字体为“华文彩云”，字号为“小初”，并设置为艺术字，样式为“第 4 行第 1 列”。设置艺术字的填充颜色为预设“暮霭沉沉”，线条颜色为“浅蓝”，粗细为“1 磅”，环绕方式为“四周型”，如图 2. 39 所示。

3. 在文档中插入一个竖排文本框，高度为“190 磅”，宽度为“50 磅”，设置文字内容为“一万年太久，只争朝夕”，字体为“方正舒体”，字号为“小二”，颜色为“红色”。

4. 设置文本框填充色为“浅绿色”，无线条颜色，形状效果为“圆”，对齐方式为“顶端对齐”，环绕方式为“紧密型”。

5. 在文档中插入任意图片，图片高度为“60磅”，宽度为“410磅”，图片颜色调整为“灰度”效果，环绕方式为“衬于文字下方”，位置如图2.39所示。

6. 在任意位置插入一幅剪贴画，设置剪贴画高度为“60磅”和宽度为“60磅”，环绕方式为“穿越型”，图片样式为“矩形投影”。

7. 在文档中插入一个形状图形“横卷形”，填充颜色为“橄榄色，强调文字颜色3”，透明度为“15%”，线条颜色为“橄榄色，强调文字颜色3，深色50%”，粗细为“1.25磅”，环绕方式为“上下型”。

8. 在“横卷形”中添加文字“嫦娥工程的一期工程——绕月飞行”，字体为“华文琥珀”，字号为“小三”，颜色为“深红色”，图形位置如图2.39所示。

9. 设置纸张大小为“A4”。上、下页边距均为“80磅”，左、右页边距为“85磅”，每页38行，每行37个字符。

10. 设置页面边框艺术型为“第8行”的“绿树”，应用范围为“整篇文档”。

11. 在D盘根目录下以Example221.docx为名保存文档，并关闭Word。

【实验步骤】

输入如图2.38所示文档内容。

1. 选中第三段，用鼠标将第三段拖动到第四段之后即可交换两段位置。

2. (1) 选中标题文字“嫦娥工程的三步走”，在“开始”选项卡的“段落”选项组中单击“居中”对齐按钮，使标题居中。

(2) 选中文本框中的文字“嫦娥工程的三步走”，在“开始”选项卡→“字体”选项组中进行设置，单击“字体”下拉列表 华文彩云 ，从中选择“华文彩云”；单击“字号”下拉列表 小三 ，从中选择“小初”。

(3) 选中标题文字“嫦娥工程的三步走”，单击“插入”选项卡→“文本”选项组→“艺术字”按钮，在弹出的下拉列表中选择第4行第1列艺术字样式。

(4) 单击艺术字文本边框，然后单击“绘图工具”下的“格式”选项卡→“形状样式”选项组→“形状填充”按钮→“渐变”菜单→“其他渐变”命令，打开“设置形状格式”对话框，左侧栏单击“填充”，在右侧区域单击选择“渐变填充”，再单击“预设颜色”按钮，在打开的列表中选择“暮霭沉沉”，单击“关闭”，如图2.40所示；单击“绘图工具”下的“形状轮廓”按钮，在“标准色”组中选择“浅蓝”；单击“形状轮廓”按钮→“粗细”菜单，在弹出的菜单中选择“1磅”，完成操作。

(5) 在艺术字文本的边框上单击鼠标右键，在弹出的菜单中选择“其他布局选项”命令，在弹出的“布局”对话框中单击“文字环绕”选项卡选择“四周型”环绕方式，完成操作，如图2.41所示。

【说明】

将鼠标指针放在艺术字上拖动，可随意移动它的位置。

3. (1) 单击“插入”选项卡→“文本”选项组→“文本框”按钮，从弹出的菜单中选择“绘制竖排文本框”命令，此时鼠标指针变成十字形，按住左键，拖动鼠标，绘制出文本框，并在其内输入“一万年太久，只争朝夕”。

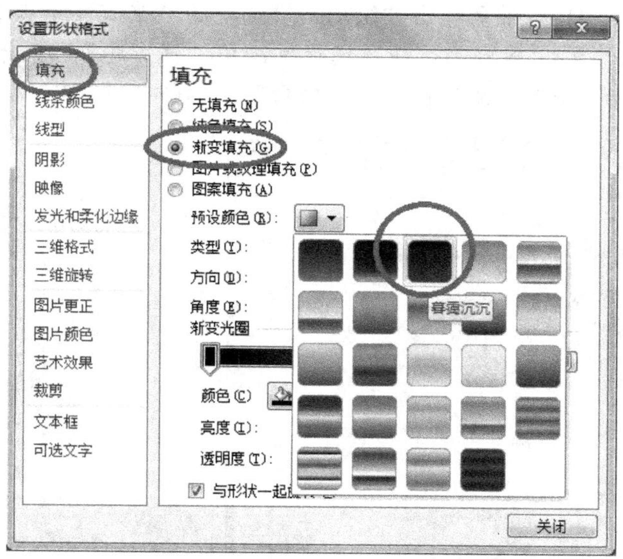

图 2.40　“设置形状格式”对话框

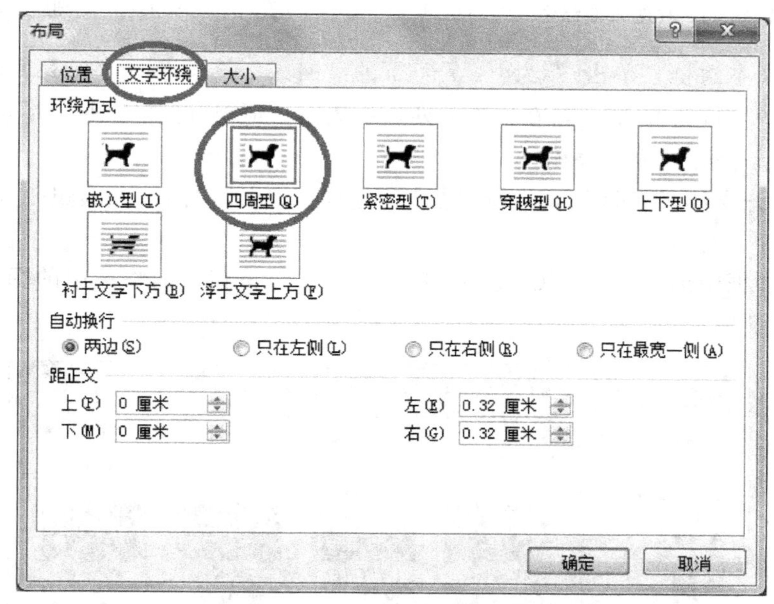

图 2.41　“布局”对话框中单击→“文字环绕”选项卡

(2) 将光标定位在文本框内，单击“绘图工具”→“格式”选项卡，选择“大小”选项组→“对话框启动器”按钮，弹出“设置文本框格式”对话框，如图 2.42 所示。

(3) 单击“大小”选项卡，在“高度”区域中，选中“绝对值”单选框，并在其后的数值框中输入“190 磅”，在“宽度”区域中，也选中“绝对值”单选框，并在其后的数值框中输入“50 磅”。去掉“锁定纵横比”复选框中的“√”，单击“确定”按钮。

(4) 选中文本内容“一万年太久，只争朝夕”，在“开始”选项卡→“字体”选项组中进行设置，单击“字体”下拉列表，从中选择“方正舒体”；单击“字号”下拉列表小三，从中选择“小二”；单击“字体颜色”下拉列表，从中选择“红色”。

4. (1) 单击文本边框，然后单击“绘图工具”下的“格式”选项卡→“形状样式”选项组进行设置：单击“形状填充”按钮，选择标准色“浅绿色”；单击“形状轮廓”按钮，选择“无轮廓”；单击“形状效果”按钮→“棱台”→“圆”，如图 2.43 所示。

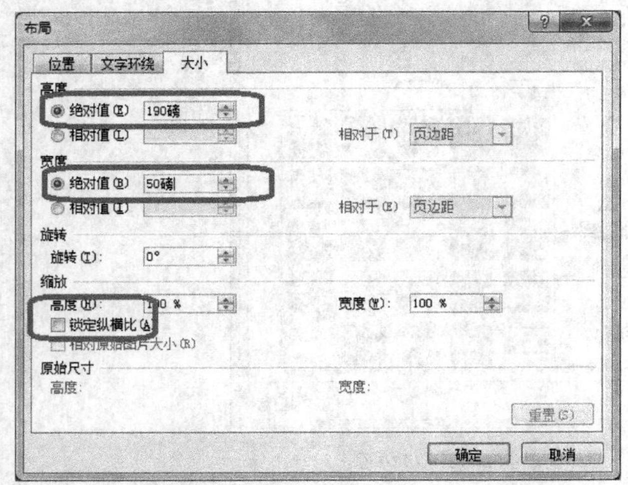

图 2.42　“设置文本框格式”对话框

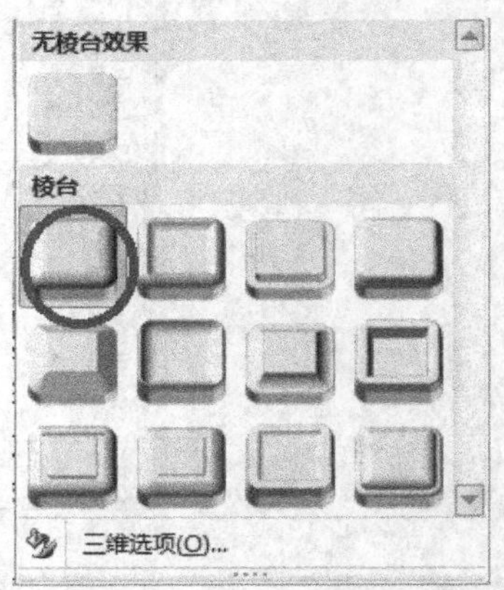

图 2.43　“形状效果”→棱台

(2) 单击文本边框，单击“绘图工具”下的“格式”选项卡→“排列”选项组进行设置：单击“对齐”按钮 对齐，在弹出的列表中选择“顶端对齐”命令；单击“自动换行”按钮→“紧密型环绕”，完成操作。

5. (1) 单击文档任意区域，选择“插入”选项卡→“插图”选项组→“图片”按钮，弹出“插入图片”对话框。

(2) 在对话框中选择任意 JPG 文件，单击“插入”按钮，即将选中的图片插入到文档中，如图 2.44 所示。

图 2.44　“插入图片”对话框

(3) 单击“调整”选项组→“颜色”按钮，打开如图 2.45 所示的下拉列表，在“重新着色”组中选取“灰度”效果，调整图片所放位置。

(4) 单击“排列”选项组→“自动换行”按钮，打开如图 2.46 所示的下拉列表，选取“衬于文字下方”环绕方式。

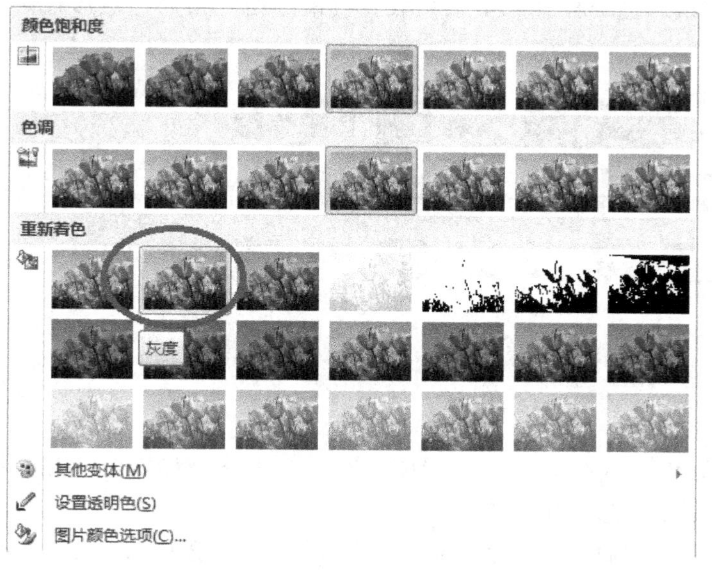

图 2.45　设置图片为冲蚀效果

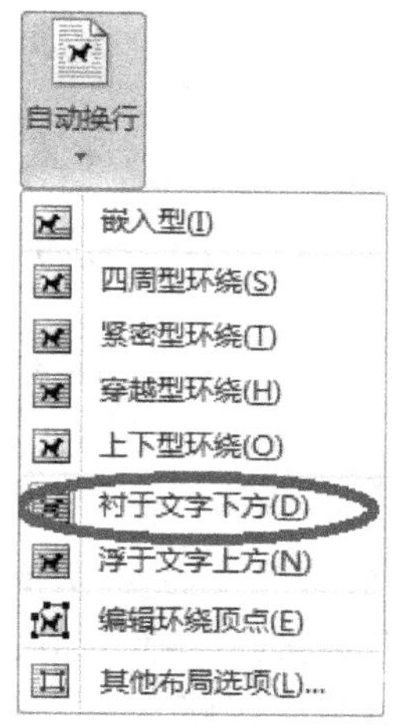

图 2.46　环绕方式下拉列表

【说明】

(1) 当图片衬于文字下方时，如果要选中图片，单击“开始”选项卡→“编辑”选项组中的“选择”按钮右侧的下拉箭头，从其弹出的下拉列表中选中“选择对象”按钮，然后再用鼠标单击图片，即可选定图片。

(2) 设置图片大小时，高度与宽度的缩放比例不一致时，必须取消选中“锁定纵横比”复选框。

6. (1) 在文档中将光标定位在要插入剪贴画的位置，选择“插入”选项卡→“插图”选项组→“剪贴画”按钮，打开“剪贴画”任务窗格。

(2) 在任务窗格的“搜索文字”文本框中输入要搜索的关键字，例如“cartoons”，然后单击“搜索”按钮，如图 2.47 所示。

(3) 在列表框中将显示出主题中包含该关键字的所有剪贴画，单击需要插入的剪贴画，将其插入文档。

(4) 选中剪贴画，单击“格式”选项卡→“大小”选项组→“对话框启动器”按钮，弹出“大小”对话框。

(5) 单击“大小”选项卡，在“尺寸和旋转”区域中的“高度”数值框中输入“60 磅”，在“宽度”数值框中输入“60 磅”，取消选中“锁定纵横比”复选框，单击“关闭”按钮。

(6) 单击“排列”选项组→“自动换行”按钮，选择“穿越型”环绕方式。

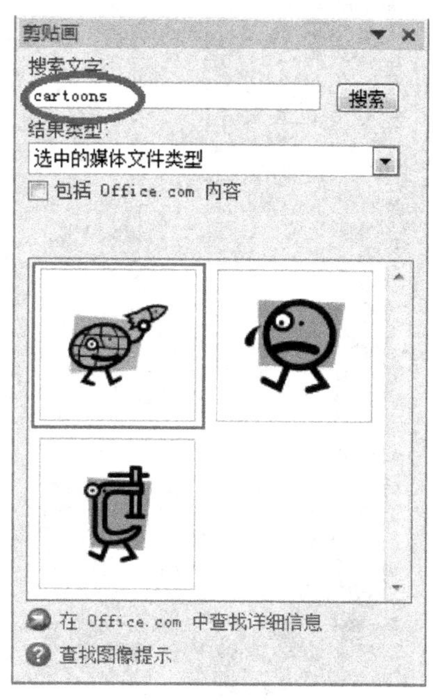

图 2.47　“剪贴画”任务窗格

（7）单击“图片样式”选项组，打开样式库下拉列表，将鼠标指针指向“矩形投影”，完成操作，如图 2.48 所示。

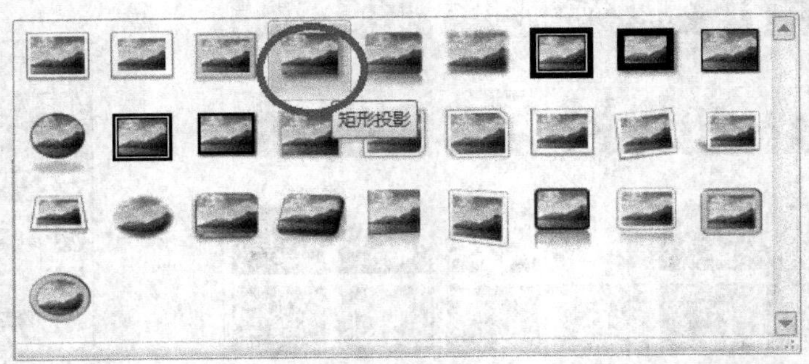

图 2.48　阴影效果下拉列表

7.（1）将光标定位在要插入图形的位置，单击“插入”选项卡→“插图”选项组→“形状”按钮，弹出如图 2.49 所示的图形下拉列表。

（2）在图形下拉列表中选择“星与旗帜”中的“横卷形”，此时鼠标指针变成十字形，按住左键，拖动鼠标，绘制出图形。

（3）右击图形，从快捷菜单中选择“设置形状格式”命令，打开“设置形状格式”对话框。

（4）单击左侧“填充”，在右侧填充颜色区域的“颜色”列表中选择“橄榄色，强调文字颜色 3”，在“透明度”列表中输入“15%”，如图 2.50 所示；单击左侧“线条颜色”，在右侧区域选择“实线”，在“颜色”列表中选择“橄榄色，强调文字颜色 3，深色 50%”，如图 2.51 所示；单击左侧“线型”，在右侧“宽度”列表中选择“1.25 磅”，单击“关闭”按钮。

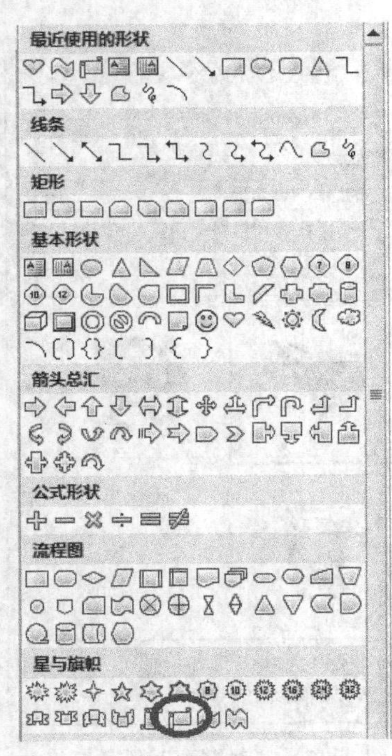

图 2.49　图形下拉列表

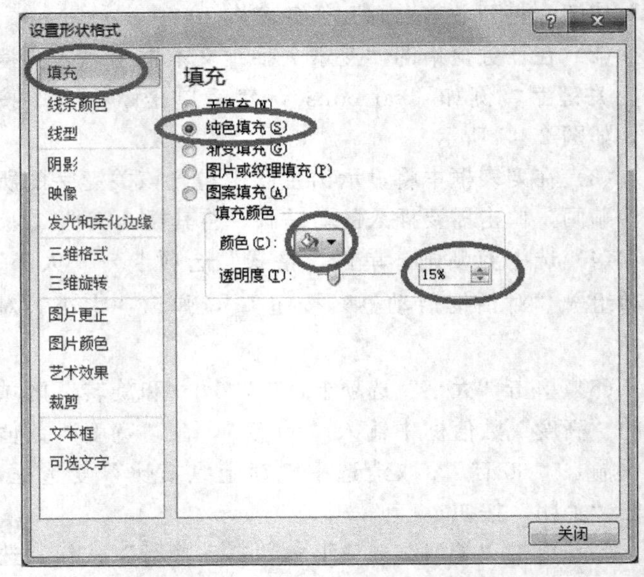

图 2.50　“设置形状格式”对话框→纯色填充

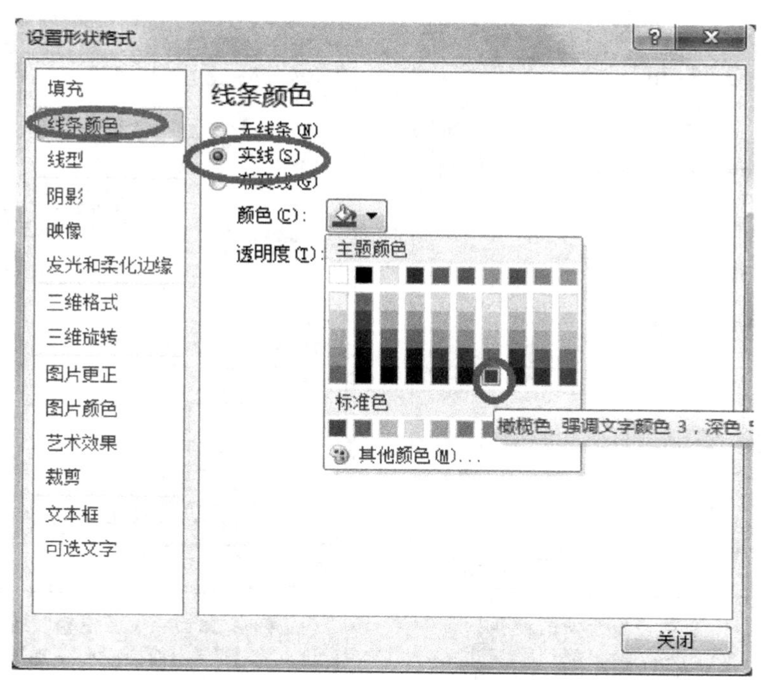

图 2.51　“设置形状格式”对话框→线条颜色

(5) 选中图形，单击“绘图工具”下的“格式”选项卡→“排列”选项组→“自动换行”按钮，选择“上下型环绕”方式。

8. (1) 右击横卷形，从快捷菜单中选择“添加文字”命令，然后输入“嫦娥工程的一期工程——绕月飞行”。

(2) 选中“嫦娥工程的一期工程——绕月飞行”，单击“开始”选项卡，在“字体”选项组中设置其字体为“华文琥珀”，字号为“小三”，颜色为“深红色”，调整到合适的位置。

9. (1) 单击“页面布局”选项卡→“页面设置”选项组→“对话框启动器”按钮，弹出“页面设置”对话框。

(2) 单击“页边距”选项卡，分别输入上、下页边距为“70 磅”，左、右页边距为“80 磅”，在“应用于”下拉列表中选择“整篇文档”。如图 2.52 所示。

(3) 单击“纸张”选项卡，在“纸张大小”下拉列表中选择“A4”，在“应用于”下拉列表中选择“整篇文档”。

(4) 单击“文档网格”选项卡，在“网格”组中选定“指定行和字符网格”，“字符数”的每行域中输入“37”，在“行数”的每页域中输入“38”，“应用于”下拉列表中选择“整篇文档”，如图 2.53 所示。

10. (1) 单击“开始”选项卡→“段落”选项组→“下框线”按钮旁边的下三角按钮，从弹出的菜单中选择“边框和底纹”命令，打开“边框和底纹”对话框。

(2) 单击“页面边框”选项卡，从“艺术型”下拉列表框中选择第 8 行的“绿树”，在“应用于”下拉列表框中选择“整篇文档”，如图 2.54 所示，单击“确定”按钮。

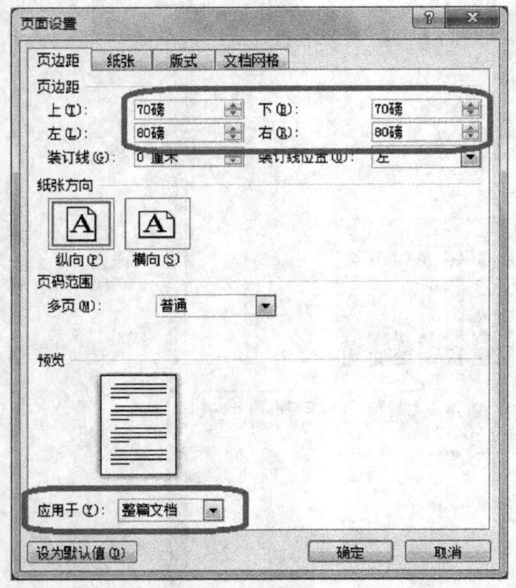

图 2.52　“页面设置”对话框→“页边距”选项卡

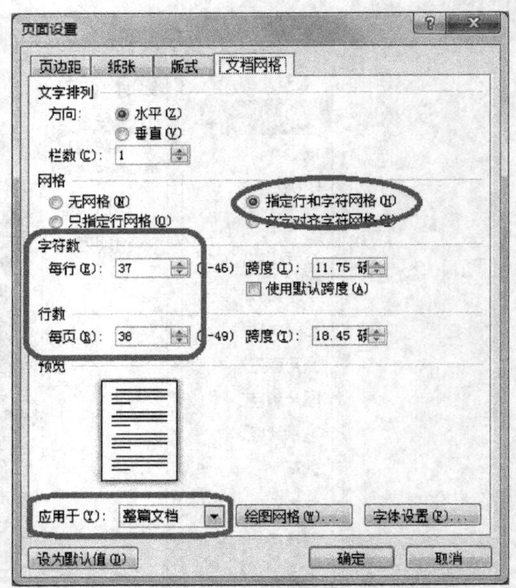

图 2.53　“页面设置”对话框→“文档网格”选项卡

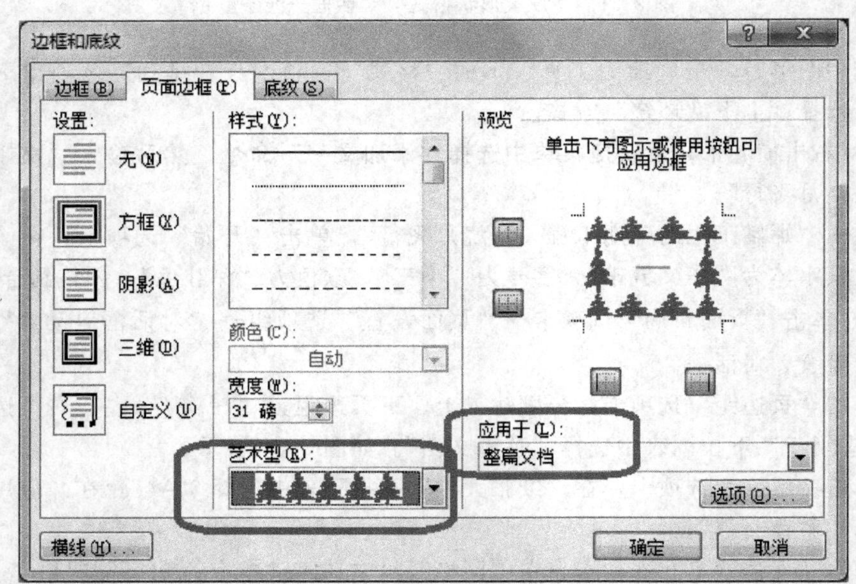

图 2.54　“边框和底纹”对话框→“页面边框”选项卡

11. (1) 单击“Office 按钮”→“保存”命令，或单击“快速访问工具栏”上的“保存”按钮，弹出“另存为”对话框。

(2) 在“另存为”对话框中指定“保存位置”为“本地磁盘（D:）”、“文件名”为“Example221. docx”、保存类型为“Word 文档（*. docx）”，单击“保存”按钮即可。

实验 2.3　表格处理

任务一：请在新建的文件名为"实验 2.3 任务 1.docx"的 Word 文档中，进行插入表格、设置表格属性等操作，最终结果如图 2.55 所示。

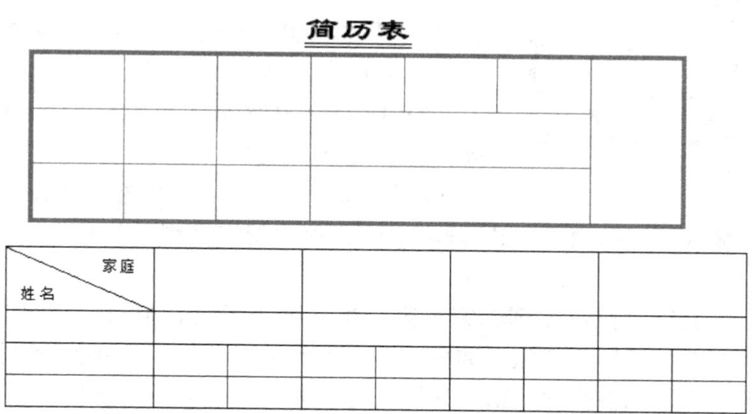

图 2.55　文档最终效果图

【实验内容与要求】

1. 输入并设置表格标题"简历表"字体为"隶书"，对齐方式为"居中"，字号为"20"，字形为"粗体"，下划线线型为"双下划线"。

2. 插入一 7 列 3 行的表格，行高为"34 磅"，列宽为"56.7 磅"，将第 2 行第 4 列、第 5 列、第 6 列单元格合并为一个单元格，将第 3 行第 4 列、第 5 列、第 6 列单元格合并为一个单元格，将第 7 列第 1 行、第 2 行、第 3 行合并为一个单元格。

3. 设置表格外边框线型为"单实线"，颜色为"红色"，宽度为"3 磅"，内边框为"单实线 0.75 磅"，颜色为"蓝色"。

4. 设置表内所有文字的字体为"宋体"，字号为"五号"，对齐方式为"居中"。设置表格的对齐方式为"居中"。

5. 再插入一 4 行 5 列的表格，表格行高为 20 磅，列宽为 90 磅。将第 3 行第 2 列至第 3 行第 5 列的单元格拆分为 1 行 8 列的单元格。将第 4 行第 2 列至第 4 行第 5 列的单元格拆分为 1 行 8 列的单元格。

6. 在最后插入的表格中，将第 1 行的行高设置为 40 磅，在第 1 行第 1 列绘制斜线表头，行标题为"家庭"，列标题为"姓名"，字体为"宋体小五号"。

【实验步骤】

1. 输入并设置表格标题

新建文件名为"实验 2.3 任务 1.docx"的 Word 文档，输入表格标题"简历表"，然后选中该文本，单击"开始"选项卡，在"字体"选项组中设置字体为"隶书"，字号为"20"，字形为"加粗"，下划线线型为"双下划线"；在"段落"选项组中设置对齐方式为"居中"。

2. 创建表格并合并单元格

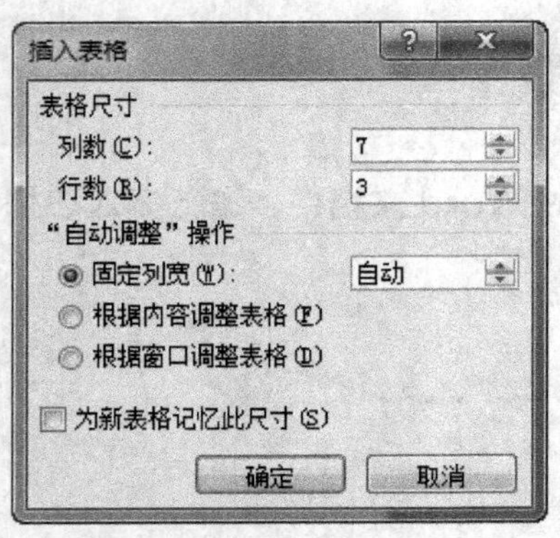

图 2.56　"插入表格"对话框

(1) 单击"插入"选项卡→"表格"选项组→"表格"按钮，从弹出的菜单中选择"插入表格"命令，打开"插入表格"对话框，如图 2.56 所示，输入列数为 7，行数为 3，单击"确定"按钮，即插入了一个 3 行 7 列的表格。

(2) 选中整个表格，单击"布局"选项卡，在"单元格大小"选项组中的高度和宽度文本框中分别输入 34 磅和 56.7 磅，如图 2.57 所示。

(3) 或者选中整个表格，单击"布局"选项卡→"表"选项组→"属性"按钮，弹出"表格属性"对话框，在对话框"行"选项卡中选中"指定高度"复选框，在其后的微调框输入 34 磅，在"列"选项卡中选中"指定高度"复选框，在其后的微调框输入 56.7 磅，单击"确定"按钮。

(4) 选中表格的第 2 行第 4 列、第 5 列、第 6 列单元格，单击"布局"选项卡→"合并"选项组→"合并单元格"按钮，如图 2.58 所示，合并上述单元格。同样将第 3 行第 4 列、第 5 列、第 6 列单元格合并，第 7 列第 1 行、第 2 行、第 3 行合并。

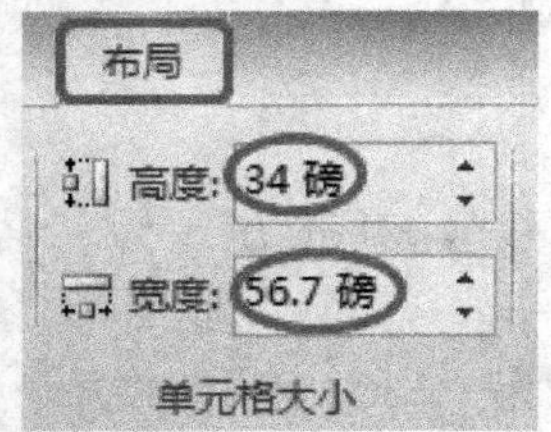

图 2.57　设置表格行高和列宽

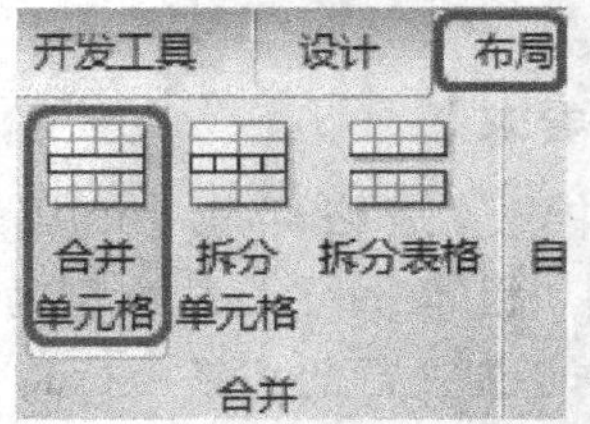

图 2.58　合并单元格

3. 设置表格边框

(1) 选中整个表格，单击"设计"选项卡→"表格样式"选项组→"边框"旁边的小箭头，从弹出的菜单中选择"边框和底纹"命令，打开"边框和底纹"对话框，如图 2.59 所示。

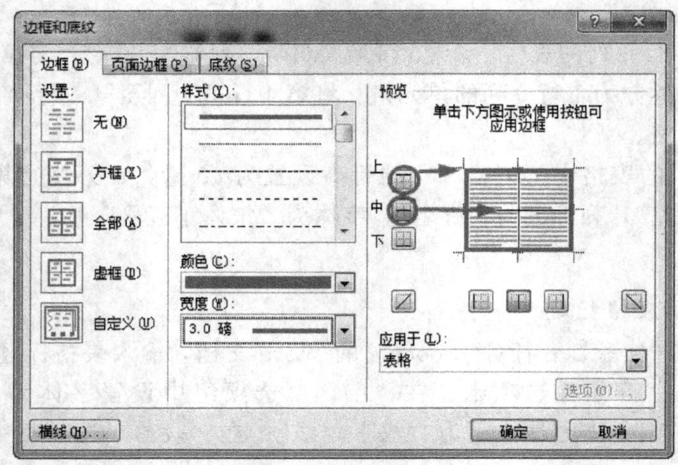

图 2.59　"边框和底纹"对话框

（2）单击“边框”选项卡，在“样式”下拉列表中选择“单实线”，在“颜色”下拉列表中选择“红色”，在“宽度”下拉列表中选择“3 磅”，单击“预览”区域图示表格的四条外围框线以便更改表格外框线。

（3）同样在“样式”下拉列表中选择“单实线”，在“颜色”下拉列表中选择“蓝色”，在“宽度”下拉列表中选择“0.75 磅”，然后单击“预览”区域图示表格内部的横竖两条中间框线以便更改表格内框线，如图 2.59 所示，单击“确定”按钮，即可得到表格的边框效果。

4. 设置表格内文字的字体及对齐方式

（1）选中整张表格，单击“开始”选项卡，在“字体”选项组中设置字体为“宋体”，字号为“五号”。

（2）选中整张表格，在表格内部的高亮度显示区单击鼠标右键，从弹出的快捷菜单中选择“单元格对齐方式”子菜单中的“水平居中”命令，如图 2.60 所示，则表格内的所有文字相对单元格水平和垂直都居中对齐。

或者选中整个表格，单击“布局”选项卡→“对齐方式”选项组中的“水平居中”按钮，如图 2.61 所示，则整个表格中所有文本文字相对单元格水平和垂直都居中对齐。

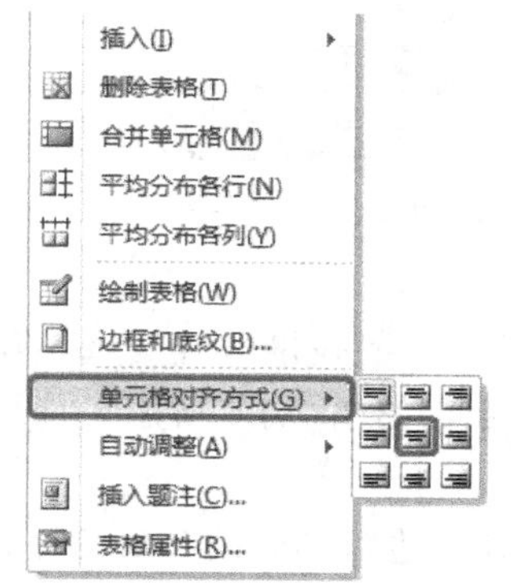

图 2.60　“单元格”对齐方式

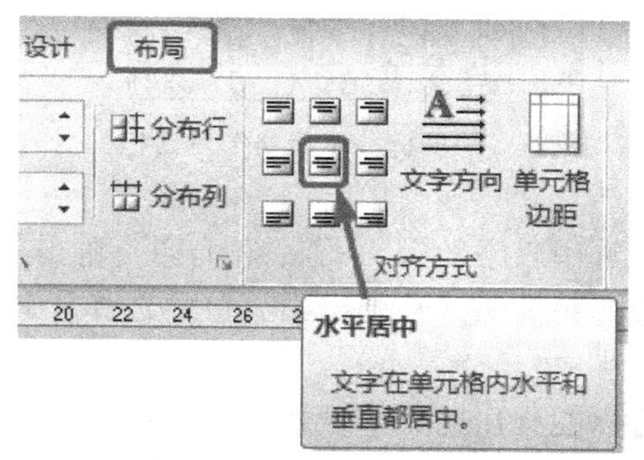

图 2.61　“对齐方式”选项组

（3）选中整张表格，单击“布局”选项卡→“表”选项组→“属性”按钮，弹出如图 2.62 所示的“表格属性”对话框。在“表格”选项卡的“对齐方式”区域中选择“居中”按钮，则表格相对页面居中。

5. 创建表格并拆分单元格

（1）创建单元格，具体操作见前面第 2 步的介绍，这里只介绍拆分单元格。

（2）选中表格第 3 行的第 2～5 列，单击“布局”选项卡→“合并”选项组→“拆分单元格”按钮，弹出“拆分单元格”对话框，在“列数”文本框输入“8”，“行数”文本框输入“1”，选中“拆分前合并单元格”单选框，如图 2.63 所示，单击“确定”按钮，即可将第 3 行第 2 列至第 5 列的单元格拆分为 1 行 8 列的单元格。

（3）以同样方法将第 4 行第 2 列至第 5 列的单元格拆分为 1 行 8 列的单元格。

6. 绘制斜线表头

（1）选中表格的第 1 行，单击“布局”选项卡，在“单元格大小”选项组中的高度文本框中输入 40 磅。

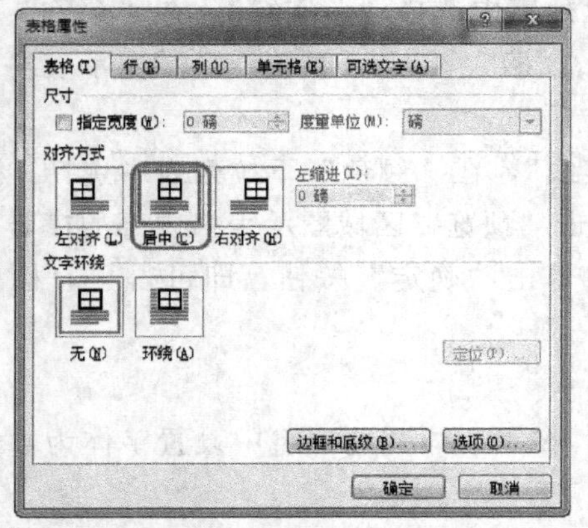

图 2.62　“表格属性”对话框

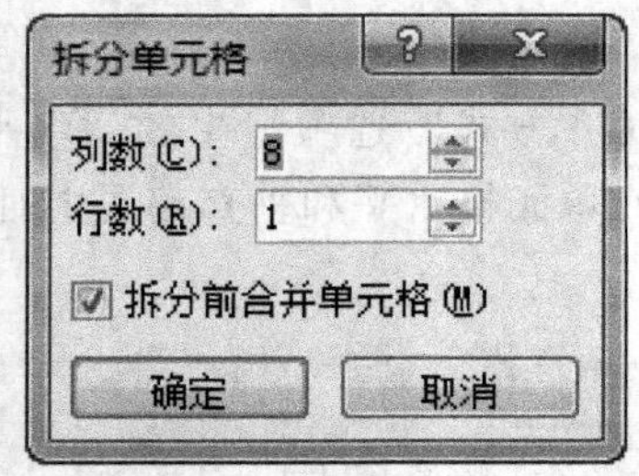

图 2.63　“拆分单元格”对话框

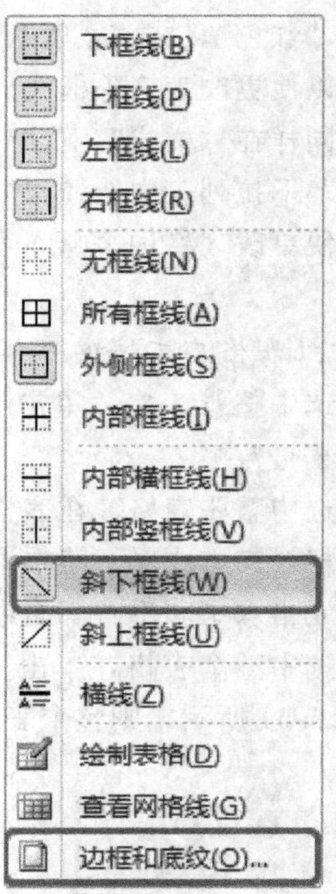

图 2.64　“边框”菜单

(2) 选中表格的第 1 行的第 1 列，单击“设计”选项卡→“表格样式”选项组→“边框”旁边的小箭头，从弹出的菜单中选择“斜下框线”命令，如图 2.64 所示，即可得到斜线表头。

也可以在弹出的菜单中选择“边框和底纹”命令，打开“边框和底纹”对话框，参见前面介绍过的图 2.59，单击“预览”区域图示表格内部的斜下框线按钮，以便添加单元格内斜下框线，单击“确定”按钮，即可得到所需效果。

(3) 单击“插入”选项卡→“文本”选项组→“文本框”按钮→“绘制文本框”命令，在适当位置拖动鼠标画出文本框，调整大小，注意不要覆盖周围边框线。

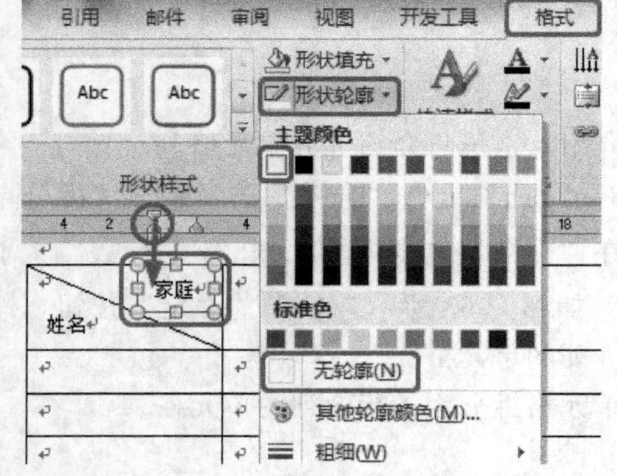

图 2.65　文本框设置为无轮廓

然后在文本框中输入文字“家庭”，注意调整标尺上显示出的“首行缩进”滑块与“左缩进”位置对齐，如图 2.65 所示。然后选中文本，设置字体为“宋体小五号”。

选择文本框，单击“格式”选项卡→“形状样式”选项组→“形状轮廓”按钮→“无轮廓”命令或“白色”(与背景色相同就看不出轮廓)，如图 2.65 所示。

(4) 同样方法建立列标题“姓名”。

任务二：利用现有的文本文件“实验 2. 3 任务 2. txt”创建一个文件名为“实验 2. 3 任务 2. docx”的文档，制作成表格并对成绩进行简单的数据处理，最终结果如图 2. 66 所示。

姓名	Word	Excel	PowerPoint	总分	平均分
蔡步湘	90	85	85	260	86.67
梅友前	80	70	70	220	73.33
汤秦贤	83	55	66	204	68.00
范以良	70	45	65	180	60.00
周太锡	56	45	70	171	57.00
杜子鄂	55	54	60	169	56.33
最高分	90	85	85	260	86.67
最低分	55	45	60	169	56.33

图 2. 66　文档最终效果图

【实验内容与要求】

1. 新建一个文件名为“实验 2.3 任务 1.docx”的 Word 文档，把“实验 2.3 任务 2.txt”文本文件中的内容复制到文档中来，并将其转换成表格。

2. 在表格的最后插入两行、两列，并分别输入行标题“最高分”、“最低分”，列标题“总分”、“平均分”。

3. 将表格设置为行高为“30 磅”，列宽为“60 磅”。

4. 利用函数计算每个人的总分、平均分（保留两位小数）以及各科最高分、最低分，然后设置所有单元格对齐方式为水平垂直均居中。

5. 将表格按“总分”递减排序，如果“总分”分数相同，则以“Excel”递减排序（不包括标题行和最后两行）。

6. 表格边框线设置为绿色 1.5 磅双实线，表内线设置为红色 0.5 磅单实线，将第 8 行上框线设置为 1.5 磅单实线，为最后两行添加填充颜色为浅蓝色的底纹。

7. 将表格中 6 个人的三门成绩中不及格的分数用红色表示。

【实验步骤】

将光标定位到合格率列的第 2 行，单击“布局”选项卡→“数据”选项组→“公式”按钮，在“公式”文本框中输入公式“＝C2/B2＊100”，并在“编号格式”列表框中选择“0.00%”形式，单击“确定”按钮，如图 2.67 所示，再计算 B 班合格率。

（1）在输入计算公式时，要用到单元格地址。单元格的地址用其所在的列号和行号表示。每一列号依次用字母 A，B，C…表示，每一行号依次用数字 1，2，3…表示，如 B5 表示第 2 列第 5 行的单元格。

（2）注意公式中不能使用全角的标点符号（比如“＝”等），否则将显示“语法错误”。

(3) 可依据公式进行表格的数据计算。

比如：如图 2.67 所示，计算合格率公式：合格率=合格数/总数＊100，并以百分比(0.00%)的形式表示。

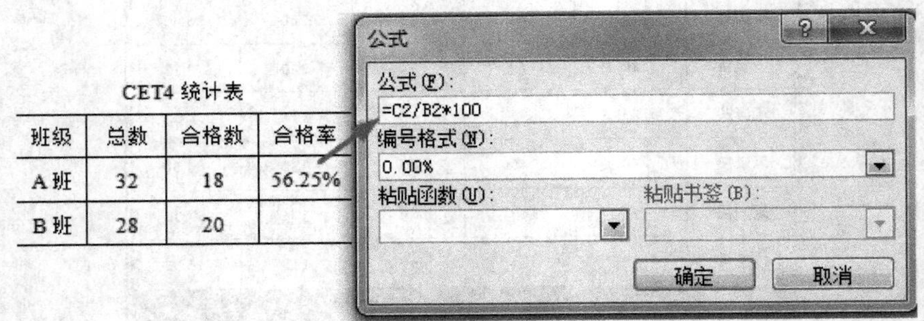

图 2.67　用公式计算比率

1. 文字转换为表格

(1) 新建一个文件名为“实验 2.3 任务 2.docx”的 Word 文档，把指定的文本文件中的内容复制到文档中来。

(2) 选中复制过来的所有文本，单击“插入”选项卡→“表格”选项组→“表格”按钮，从弹出的菜单中选择“文本转换成表格”命令，打开“将文字转换成表格”对话框，如图 2.68 所示。

(3) 在对话框中，根据所选文本自动设置表格的行数、列数、文字分隔位置等，单击“确定”按钮，则将选定的文本转换成一个 7 行 4 列的表格。

2. 插入行、列

(1) 选中表格最后两列，单击“布局”选项卡→“行和列”选项组→“在右侧插入”按钮，插入两列，输入列标题分别为“总分”、“平均分”。

(2) 选中表格最后两行，单击“布局”选项卡→“行和列”选项组→“在下方插入”按钮，插入两行，输入行标题分别为“最高分”、“最低分”。

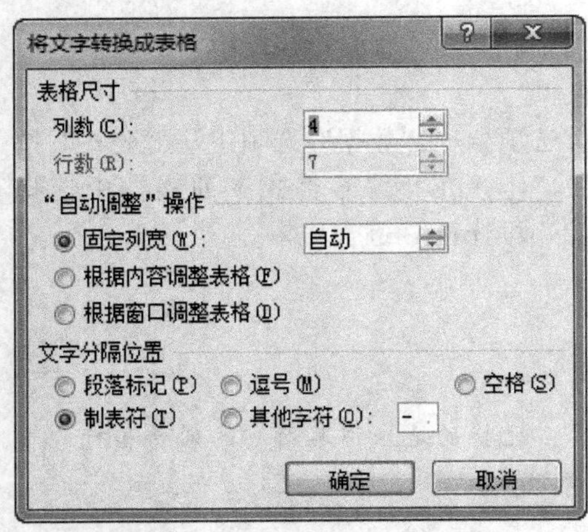

图 2.68　“将文字转换成表格”对话框

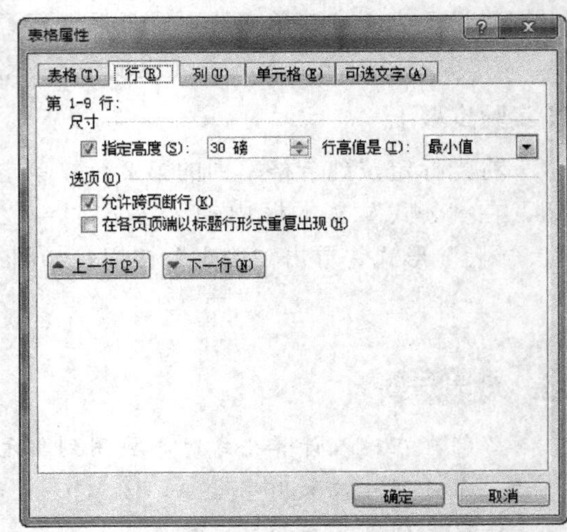

图 2.69　“表格属性”对话框

【说明】

选中多行多列可以插入多行多列，单击表格则插入单行单列。

3. 调整表格的行高和列宽

(1) 选中整个表格，单击“布局”选项卡→“表”选项组→“属性”按钮，弹出“表格属性”对话框。

(2) 如图 2.69 所示，在对话框“行”选项卡中选中“指定高度”复选框，在其后的微调框输入 30 磅，在“列”选项卡中选中“指定高度”复选框，在其后的微调框输入 60 磅，单击“确定”按钮。

或者选中整个表格，单击“布局”选项卡，在“单元格大小”选项组中的宽度和高度文本框中分别输入 30 和 60，如图 2.70 所示。

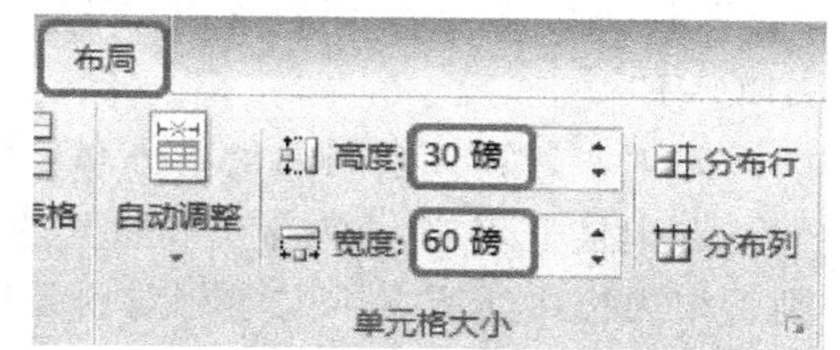

图 2.70　在“单元格大小”选项组中设置高宽

4. 表格的数据计算

(1) 将光标定位到“总分”列的第 2 行，计算“汤泰贤”的总分：

① 单击“布局”选项卡→“数据”选项组→“公式”按钮，弹出“公式”对话框，如图 2.71 所示。

② 在“公式”文本框中输入公式“=SUM (LEFT) ”（或输入公式“=SUM (b2: d2) ”），然后单击“确定”按钮，系统自动计算出“汤泰贤”的总分。

(2) 将光标定位到“平均分”列的第 2 行，计算“汤泰贤”的平均分：

① 单击“布局”选项卡→“数据”选项组→“公式”按钮，弹出“公式”对话框。

② 在“公式”对话框中，删除系统自动给出的公式“=SUM (LEFT) ”，但是等号“=”一定要保留。

③ 单击“粘贴函数”下拉列表，选择 AVERAGE 函数，在该函数的括号内输入“b2: d2”，单击“编号格式”下拉列表，从中选择“0.00”格式，即保留小数点后两位小数，单击“确定”按钮，如图 2.72 所示。

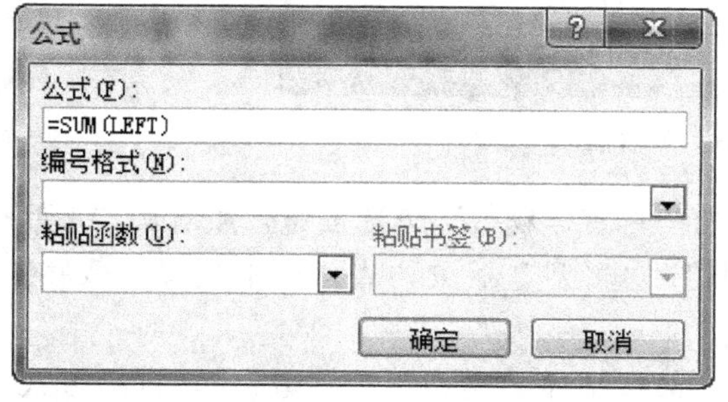

图 2.71　用函数计算总分

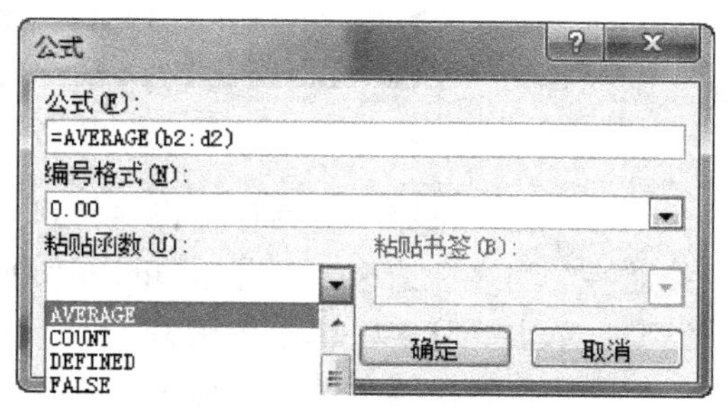

图 2.72　用函数计算平均分

(3) 以同样方式计算其余行的总分和平均分。为提高操作效率，可以采用复制粘贴的方法：单击选中单元格，按【Ctrl+C】快捷键，拖动鼠标选择多个可以粘贴该公式的单元格，按【Ctrl+V】快捷键粘贴；然后，在每个单元格复制过来的结果上单击鼠标右键，在弹出的快捷菜单中选择“更新域”。但注意粘贴过去的公式不会自动调整参数，所以公式“=SUM (LEFT) ”采用复制粘贴后再更新域就可以了，而公式“=SUM (b2: d2) ”会原样粘贴过去，需要修改参数“行号 2”为“行号 (3-7) ”，方法为：单击每个复制过来结果的单元格，再单击“布局”选项卡上的“公式”按钮，在弹出的“公式”对话框中修改参数，最后单击“确定”按钮。

（4）将光标定位到“最高分”行的第2列，即计算“Word”的最高分。

① 单击“布局”选项卡→“数据”选项组→“公式”按钮，弹出“公式”对话框。

② 在“公式”对话框中，删除系统自动给出的公式“＝SUM（ABOVE）”，但是“＝”一定要保留。

③ 单击“粘贴函数”下拉列表，从中选择MAX函数，在该函数的括号内输入“ABOVE”（或“b2：b7”），单击“确定”按钮，系统自动计算出“Word”的最高分。同理，用“＝MIN（b2：b7）”函数求出“Word”的最低分，注意这里的单元格范围参数不能使用“ABOVE”。

（5）同理，计算其余列的最高分和最低分。

（6）选中整个表格，单击“布局”选项卡→“对齐方式”选项组中的“水平居中”按钮，则整个表格中所有文本文字相对单元格水平和垂直都居中对齐。

5. 表格的数据排序

（1）选择表格的前7行数据，单击“布局”选项卡→“数据”选项组→“排序”按钮，弹出“排序”对话框，如图2.73所示。

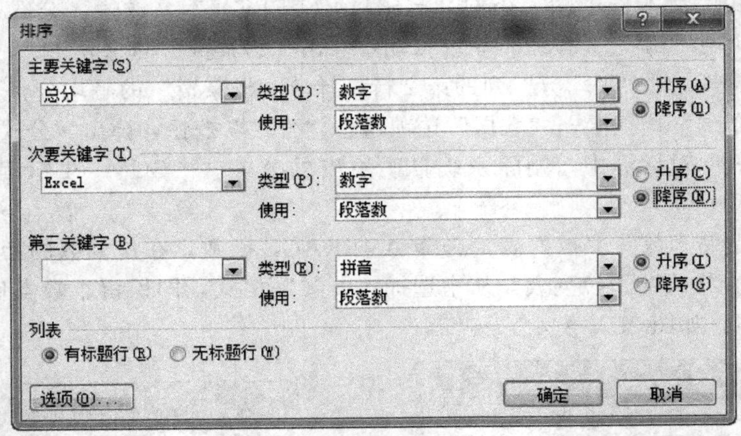

图2.73　“排序”对话框

（2）在“排序”对话框中，在“列表”区域选中“有标题行”单选按钮，然后从“主要关键字”列表中选择“总分”，单击“总分”的排序“类型”下拉列表，从中选择“数字”类型，单击“降序”单选按钮。

（3）从“次要关键字”列表中选择“Excel”，选择排序“类型”为“数字”，排序方式为“降序”，单击“确定”按钮。

6. 设置表格的边框和底纹

（1）选中整个表格，单击“设计”选项卡→“表格样式”选项组→“边框”旁边的小箭头，从弹出的菜单中选择“边框和底纹”命令，打开“边框和底纹”对话框。

（2）单击“边框”选项卡，在“样式”下拉列表中选择“双实线”，在“颜色”下拉列表中选择“绿色”，在“宽度”下拉列表中选择“1.5磅”，单击“预览”区域图示表格的四条外围框线以便更改表格外框线。

（3）同样在“样式”下拉列表中选择“单实线”，在“颜色”下拉列表中选择“红色”，在“宽度”下拉列表中选择“0.5 磅”，然后单击“预览”区域图示表格内部的横竖两条中间框线以便更改表格内框线，单击“确定”按钮，即可得到表格的边框效果，如图 2.74 所示。

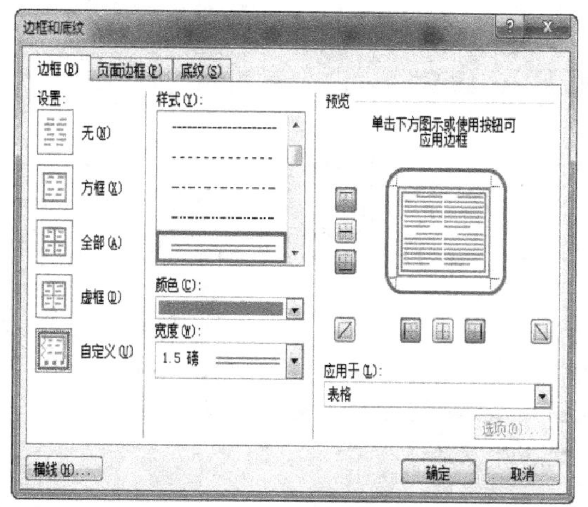

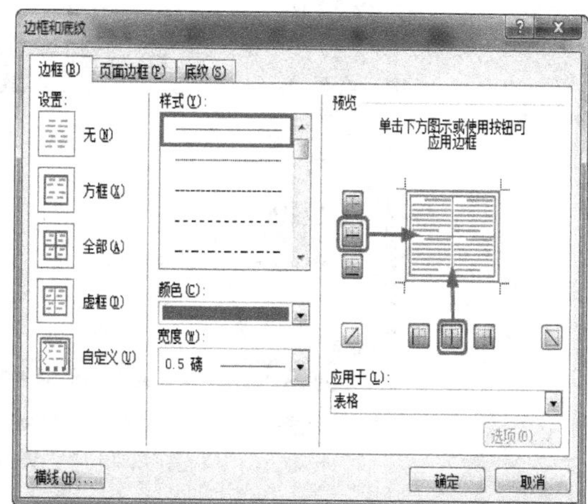

图 2.74　“边框和底纹”对话框

（4）选择表格第 8 行，用上述方法设置上框线 1.5 磅单实线。

（5）选中表格最后两行，在“表格和边框”对话框中单击“底纹”选项卡，在“填充”区域的下拉列表框中选择“浅蓝色”。

或者选中表格最后两行后，单击“设计”选项卡→“表格样式”选项组→“底纹”旁边的小箭头，从弹出的窗口中选择浅蓝色，如图 2.75 所示。

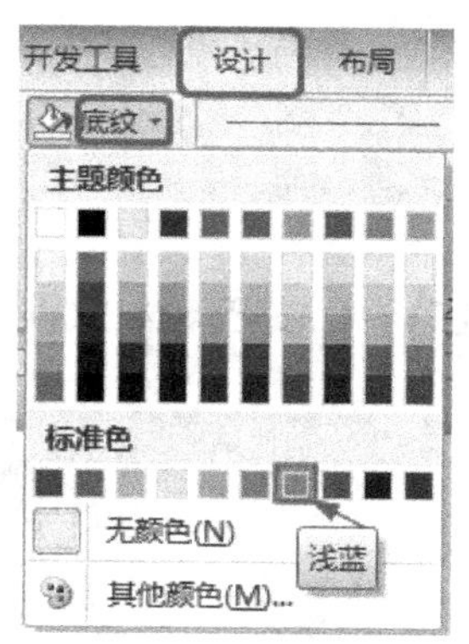

图 2.75　设置底纹

7. 标记不及格分数为红色

需要说明的是，Word 中并没有 Excel 中的条件格式功能，所以实现方法不够简单便捷。这里介绍一种利用查找替换功能实现本任务的方法。

（1）选中表格中 6 个人的三门成绩，然后按【Ctrl＋H】快捷键调出“查找和替换”对话框；当然也可单击“开始”选项卡→“编辑”选项组→“替换”按钮调出“查找和替换”对话框，如图 2.76 所示。

（2）在对话框中，在“查找内容”文本框中输入“（[1-5][0-9]）”，在“替换为”文本框中输入“\1”。注意这里的符号必须是半角符号。

（3）单击对话框左下角的“更多”按钮，在“搜索选项”中选中“使用通配符”复选框，光标放到“替换为”的输入框中，单击“替换”区中的“格式”按钮，在弹出的命令列表中单击“字体”命令，弹出“替换字体”对话框，在“字体”选项卡的“字体颜色”下拉列表中选择“红色”，单击“确定”按钮返回到“查找和替换”对话框，可见“替换为”的格式标识为红色，点击全部替换。

（4）弹出如图 2.77 所示的对话框，单击“否”按钮，完成操作。可见表格中 6 个人的三门成绩中不及格的分数呈红色。

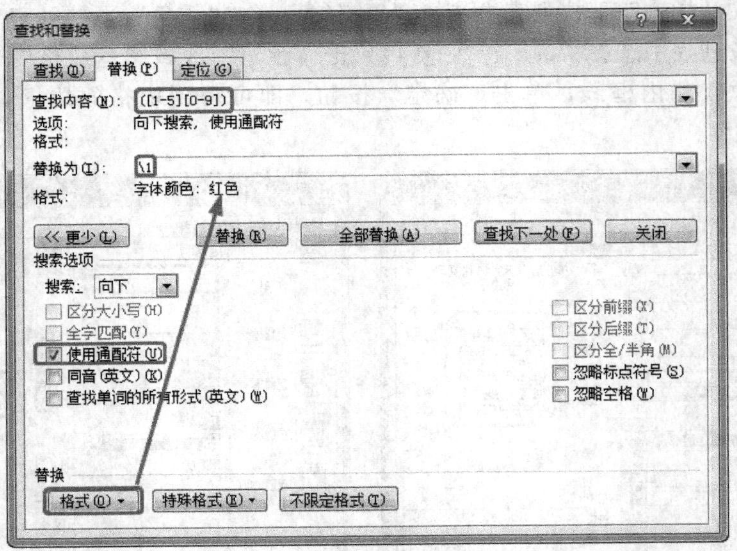

图 2.76 “查找和替换”对话框

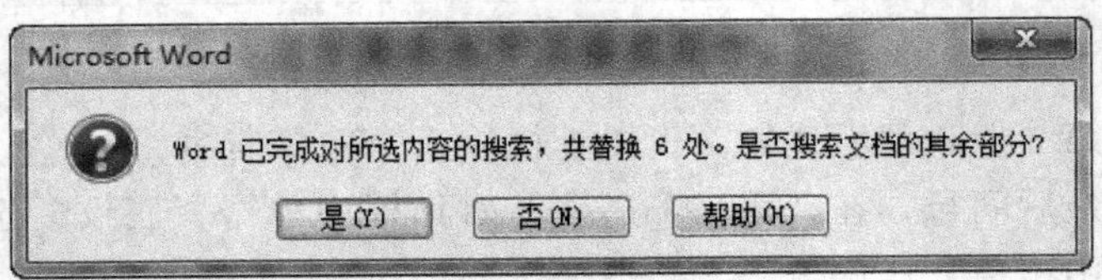

图 2.77 “确认”对话框

实验 2.4 综合实验

任务一：打开素材文件“实验 2.4 任务 1.docx”，完成如下要求，最终结果如图 2.78 所示。

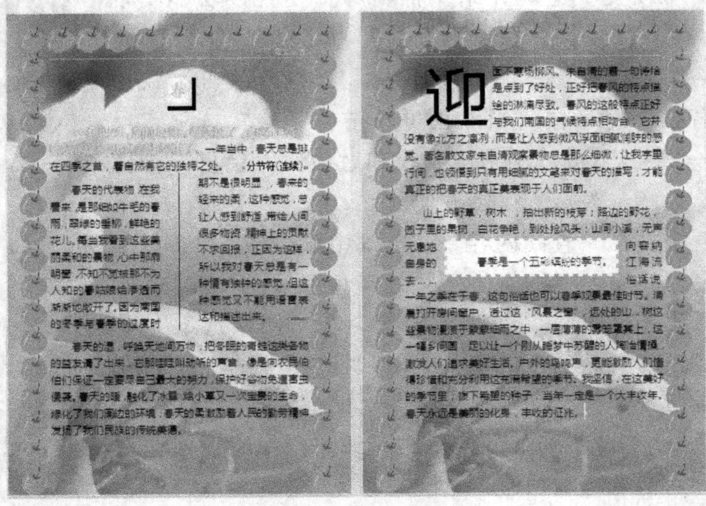

图 2.78 最终效果示意图

1. 页面设置

上下页边距均设置为“60 磅”，左右页边距均设置为“50 磅”，纸型设置为大 32 开，页眉页脚距边界均为“40.5 磅”。

操作步骤：鼠标左键单击“页面布局”选项卡→“页面设置”选项组→“页边距”按钮，从弹出的菜单中选择“自定义边距”命令，打开“页面设置”对话框，如图 2.79 所示。单击“页边距”选项卡，在上、下边距框中输入 60 磅，左、右边距框中输入 50 磅；单击“纸张”选项卡，在纸张大小中选择“大 32 开”；单击“版式”选项卡，在页眉页脚框中输入 40.5 磅。

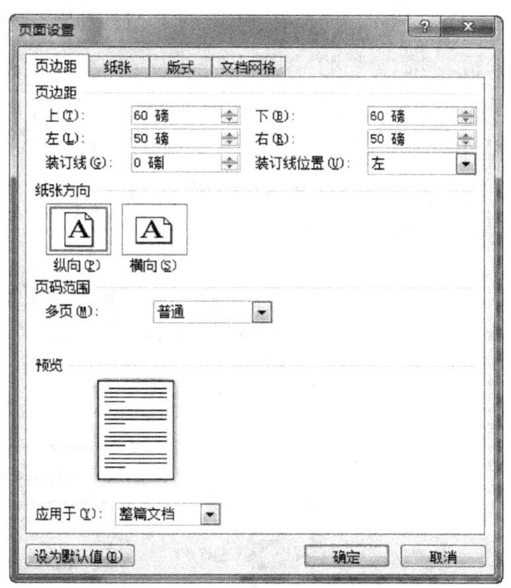

图 2.79　“页面设置”对话框

2. 设置奇偶数页眉文字

设置奇数页页眉文字为“散文欣赏”，对齐方式为“右对齐”；设置偶数页页眉文字为“春天来了”，对齐方式为“左对齐”。

操作步骤：鼠标左键单击“插入”选项卡→“页眉和页脚”选项组→“页眉”按钮，在弹出的菜单中选择“编辑页眉”命令，选中“设计”选项卡中→“选项”组→“奇偶页不同”复选框，在奇数页页眉单击“开始”选项卡→“段落”选项组→“文本右对齐”按钮，输入文字“散文欣赏”；单击“设计”选项卡→“导航”选项组→“下一节”按钮转到偶数页页眉位置，按同样方式设置“左对齐”对齐方式，并输入文字“春天来了”，如图 2.80 所示。双击页眉和页脚编辑区外任意位置即可退出页眉页脚编辑状态，或单击“设计”选项卡→“关闭”选项组→“关闭页眉和页脚”按钮退出页眉页脚编辑状态。需要说明的是关于页眉页脚的对齐方式，使用“设计”选项卡“位置”组中的“插入‘对齐方式’选项卡”命令也可以，但使用这里介绍的方法更为简捷。

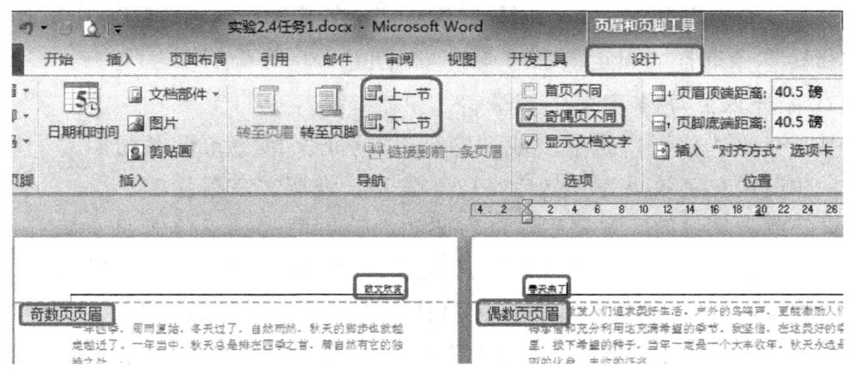

图 2.80　页眉页脚设置

3. 设置标题

将标题“春”设置为楷体、二号、红色、加粗、居中，添加文字（非段落）的绿色阴影双波浪线边框、橙色文字底纹。

操作步骤：选中标题文字“春”，单击“开始”选项卡→“字体”选项组→“对话框启动器”按钮，弹出“字体”对话框。按题目要求，选择楷体、加粗、二号、红色；在“开始”选项卡的“段落”选项组中，设置对齐方式为“居中”；单击“页面布局”选项卡→“页面背景”选项组→“页面边框”按钮，弹出“边框和底纹”对话框，单击“边框”选项卡，在“设置”中选择“阴影”，“样式”中选择“双波浪”，“颜色”中选择“绿色”，应用于“文字”，如图 2.81 所示；单击“底纹”选项卡，在“填充”中选择“橙色”，应用于“文字”，最后单击“确定”按钮。

图 2.81　“边框和底纹”对话框

4. 设置正文

将所有正文内容设置为微软雅黑、小四号，首行缩进 2 个字符，行距设置为 20 磅，段前 0.5 行。

操作步骤：选中所有正文内容，在“开始”选项卡→“字体”选项组中，设置“微软雅黑、小四号”，单击“段落”选项组→“对话框启动器”按钮，弹出“段落”对话框，在“特殊格式”中选择“首行缩进”，并输入磅值“2 字符”，在“间距”中设置“段前”为“0.5 行”，“行距”项选择“固定值”，并输入设置值“20 磅”。

5. 替换文字并设置字体及文字效果

将正文中所有的“秋天”全部改成“春天”。将正文第一句设置为四号、加粗、红色、添加着重号，并设置文字效果为“蓝色，18pt 发光，强调文字颜色 1”。

操作步骤：单击“导航”窗格搜索框右侧放大镜后面的倒三角按钮“▼”，在弹出的命令窗口中选择“替换”（或单击“开始”选项卡→“编辑”选项组→“替换”按钮，或按【Ctrl＋H】快捷键），弹出“查找和替换”对话框并默认处于“替换”选项卡，在“查找内容”中输入“秋天”，在“替换为”中输入“春天”，单击“全部替换”按钮；选中“正文第一句”，单击“字体”选项组→“对话框启动器”按钮，弹出“字体”对话框，按题目要求设置“四号、加粗、红色、添加着重号”；然后单击“文字效果”按钮，弹出“设置文本效果格式”对话框，如图 2.82 所示，单击“发光和柔化边缘”→“发光”区域的“预设”，在弹出的下拉列表中选择“蓝色，18pt 发光，强调文字颜色 1”，单击“关闭”按钮关闭对话框返回到“字体”对话框，单击“确定”按钮完成操作。

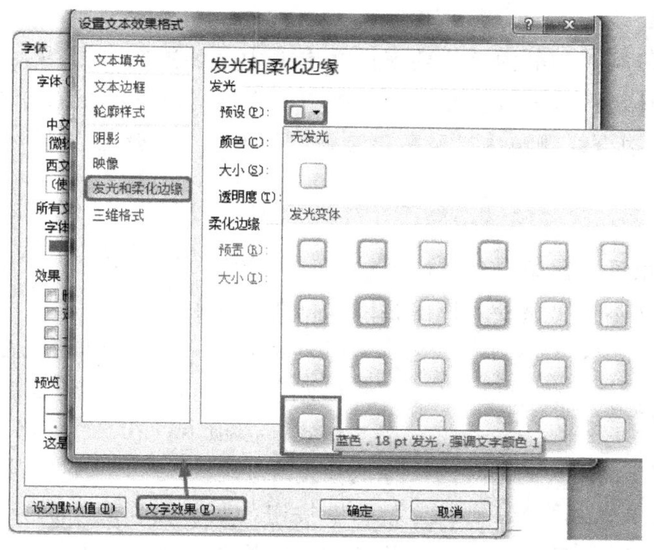

图 2.82　“设置文本效果格式”对话框

6. 设置分栏

将正文第二段“春天的代表物……表达和描述出来。”分成两栏，栏宽为 12 字符，栏间添加“分隔线”。

操作步骤：选中正文第二段“春天的代表物……表达和描述出来。”，单击“页面布局”选项卡→“页面设置”选项组→“分栏”按钮，选择“更多分栏”命令，弹出“分栏”对话框，如图 2.83 所示，在“预设”中选择“两栏”，在“宽度和间距”中，输入宽度“12 字符”，选中“分隔线”选项。

7. 正文字体效果

对正文第四段设置“首字下沉”效果，下沉 4 行，距正文距离为 4 磅。

操作步骤：单击正文第四段内任意位置，单击“插入”选项卡→“文本”选项组→“首字下沉”按钮→“首字下沉选项”命令，弹出“首字下沉”对话框，在“位置”中选择“下沉”，在“选项”中按题目要求进行设置，如图 2.84 所示。

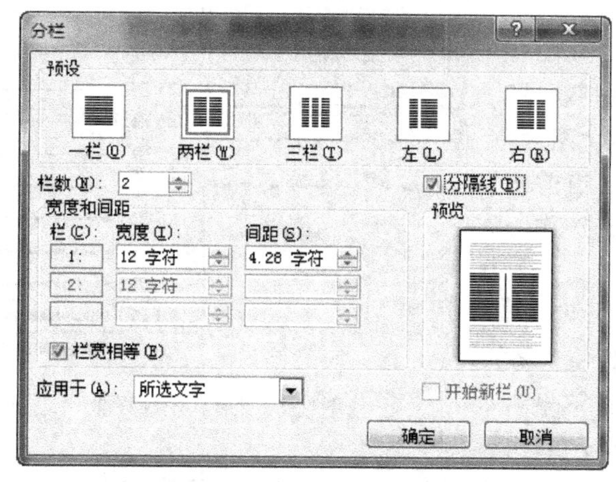

图 2.83　“分栏”对话框

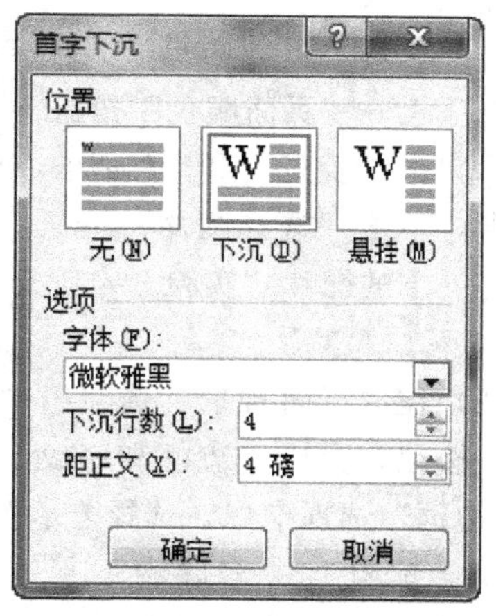

图 2.84　“首字下沉”对话框

8. 设置文本框

把正文最后一段第一句的内容放到横排文本框中。设置文本框的大小为高度 40 磅、宽度 195 磅，以四周环绕的方式放置在最后一段中。文本框设置填充色为“红色，强调文字颜色 2，淡色 80%”；边框线颜色为“蓝色，强调文字颜色 1，淡色 80%”，虚实设置为圆点虚线，线型为 6 磅单线。

操作步骤：

（1）选中正文最后一段第一句的内容，单击“插入”选项卡→“文本”选项组→“文本框”按钮→“绘制文本框”命令，该内容出现在文本框中。

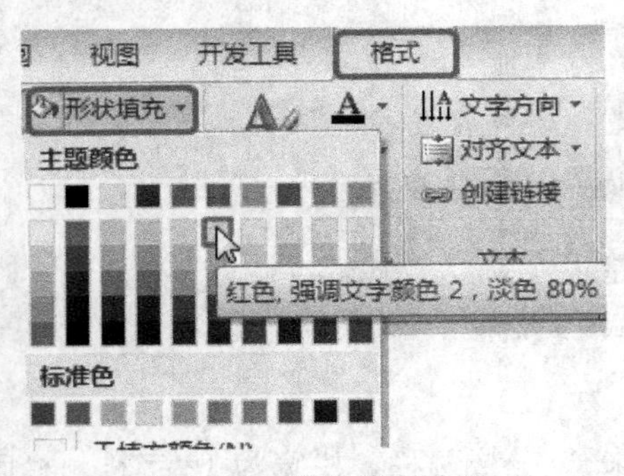

图 2.85　形状填充设置

（2）选择文本框，功能区会出现“绘图工具”的“格式”选项卡，是文本框相关的设置工具。单击“格式”选项卡，在“大小”选项组中输入文本框的高度和宽度；在“排列”选项组中单击“自动换行”按钮，在下拉列表中选择“四周型环绕”，再将该文本框拖移到最后一段中。

（3）选择文本框，单击“格式”选项卡，在“形状样式”选项组中单击“形状填充”按钮，按题目要求设置填充色为“红色，强调文字颜色 2，淡色 80%”，如图 2.85 所示；单击“形状轮廓”按钮，按题目要求设置边框线颜色为“蓝色，强调文字颜色 1，淡色 80%”，点击“虚线”命令，设置为“圆点虚线”，点击“粗细”命令，设置为“6 磅”单线，如图 2.86 所示。

9. 设置页面背景及页面边框

将当前试题文件夹下的图片“实验 2.4 任务 1.jpg”作为背景添加到页面中，并且为文档设置“红苹果”艺术型页面边框，边框仅在上部、左部和右部围绕，下部没有边框，设置边框距页边距均为 15 磅。

操作步骤：

（1）单击“页面布局”选项卡→“页面背景”选项组→“页面颜色”按钮→“填充效果”命令，弹出“填充效果”对话框，单击“图片”选项卡，单击“选择图片”按钮，插入当前试题文件夹下的图片“实验 2.4 任务 1.jpg”作为背景。

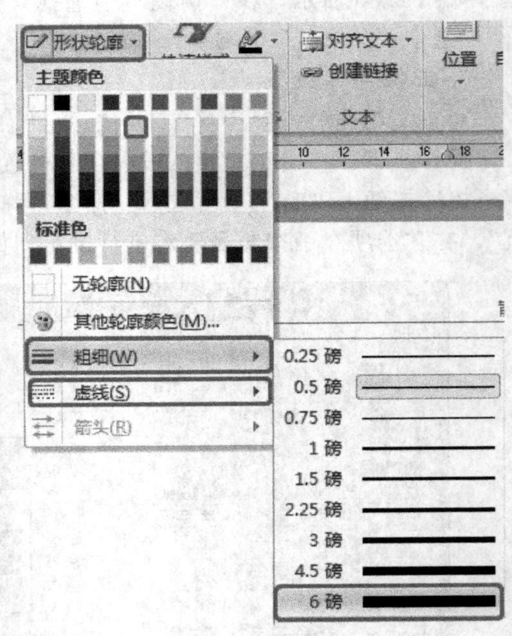

图 2.86　形状轮廓设置

（2）在“页面背景”选项组中单击“页面边框”按钮，弹出“边框和底纹”对话框，在“页面边框”选项卡中，选择艺术型“红苹果”，在右侧“预览”中删除“下部”围绕，单击“选项”按钮，在弹出的对话框中设置边框距页边距均为“15 磅”，如图 2.87 所示。

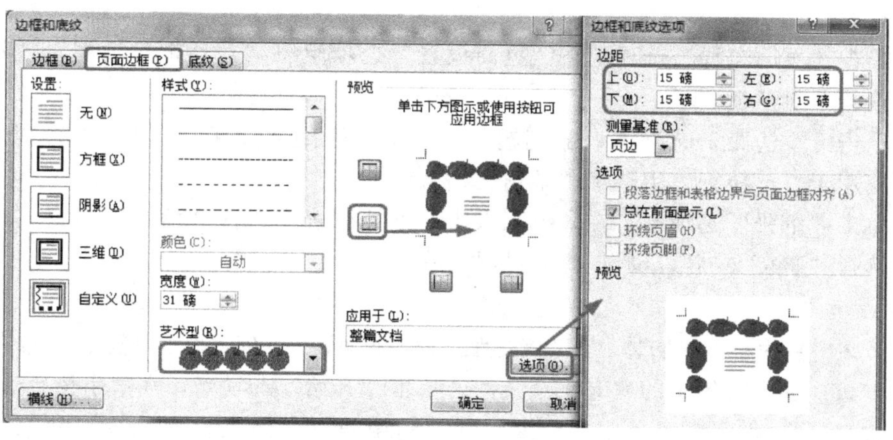

图 2.87 页面边框

任务二：打开素材文件“实验 2.4 任务 2.docx”，完成如下要求。最终结果如图 2.88 所示。

1. 设置页边距

上、下页边距为 3 厘米，左、右页边距为 2 厘米。设置纸张为信纸。

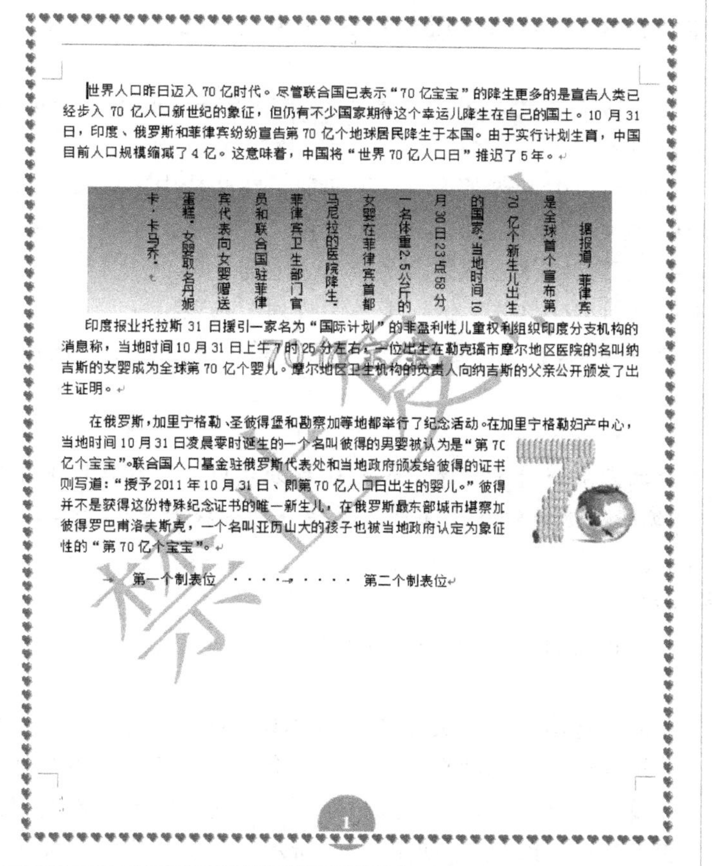

图 2.88 最终效果示意图

操作步骤：

（1）单击“页面布局”选项卡→“页面设置”选项组→“对话框启动器”按钮，弹出“页面设置”对话框。

（2）单击“页边距”选项卡，分别输入上、下页边距为3厘米，左、右页边距为2厘米。在“应用于”下拉列表中选择“整篇文档”。

（3）单击“纸张”选项卡，在“纸张大小”下拉列表中选择“信纸”，在“应用于”下拉列表中选择“整篇文档”，单击“确定”按钮。

2. 设置正文

设置正文字号为小四，宋体，1.2倍行距，段后间距为10磅，所有段落首行缩进2字符。

操作步骤：选中文档中的所有正文文本，单击“开始”选项卡，在“字体”选项组中设置字体为宋体，字号为小四；在“段落”选项组中单击“对话框启动器”按钮，弹出“段落”对话框，单击“缩进和间距”选项卡，在“间距”区域中，“行距”下拉列表框中选择“多倍行距”，在其后的“设置值”文本框中输入“1.2”，在“段后”文本框中输入“10磅”，在“缩进”区域中，在“特殊格式”下拉列表框中选择“首行缩进”，在其后的“磅值”文本框中选择“2字符”。

3. 插入艺术字

参考样张，在正文第三段适当位置插入艺术字“70亿宝宝”。要求选择艺术字样式为第二行第四列，字体为楷体，字号36，居中对齐，环绕方式为衬于文字下方。

操作步骤：

（1）将光标定位在所需位置，单击“插入”选项卡→“文本”选项组→“艺术字”按钮，弹出艺术字下拉列表。

（2）在艺术字下拉列表中，选择第二行第四列，在文档中出现文本框。

（3）在文本框中输入“70亿宝宝”，注意调整标尺上显示出的“首行缩进”滑块与“左缩进”位置对齐，并设置其字体为楷体，字号为36。

（4）选中文本框，单击“格式”选项卡→“排列”选项组→“对齐”按钮，弹出下拉列表，选择“左右居中”；再单击“自动换行”按钮，弹出下拉列表，选择“衬于文字下方”，如图2.89所示。

【说明】

在将文本框等对象设置为衬于文字下方的环绕方式后，需要再次选择该对象时，可单击“开始”选项卡→“编辑”选项组→“选择”按钮→“选择对象”命令，然后就可以选择该环绕方式类型的对象。

4. 添加文字水印

添加文字水印“禁止复制”，水印颜色为红色。

操作步骤：

（1）在“页面布局”选项卡的“页面背景”选项组中，单击“水印”按钮。

（2）在弹出的下拉列表中选择“自定义水印”命令，打开“水印”对话框。

（3）在对话框中单击“文字水印”单选按钮，在“文字”下拉列表中选择“禁止复制”，在“颜色”下拉列表中选择“红色”，如图2.90所示，单击“确定”按钮，即可为整篇文档添加水印效果。

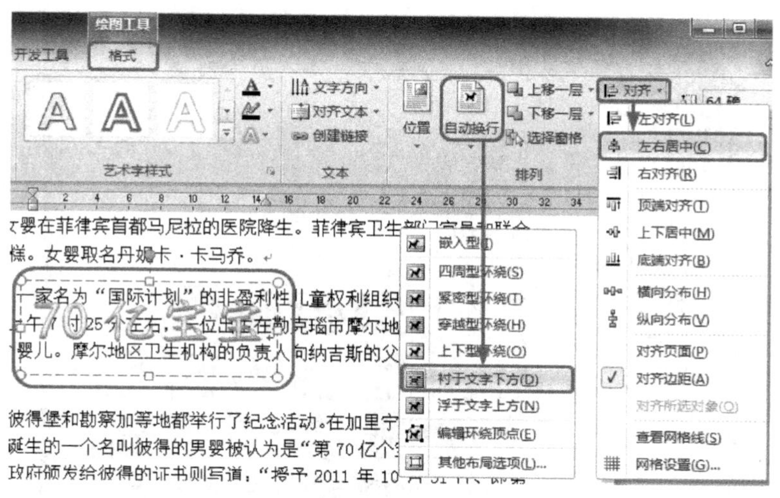

图 2.89　艺术字对齐及环绕方式设置

5. 设置文本框

将第二段放置到竖排文本框中，文本框高度为 4 厘米，宽度为 16 厘米，居中。文本框设置为无边框，填充色为“雨后初晴”。

操作步骤：

(1) 选中文档第二段，单击“插入”选项卡→“文本”选项组→“文本框”按钮→“绘制竖排文本框”命令，第二段文本被放置到竖排文本框中。

(2) 选中文本框，单击“格式”选项卡，在“大小”选项组中的“高度”文本框中输入“4 厘米”，“宽度”文本框中输入“16 厘米”。

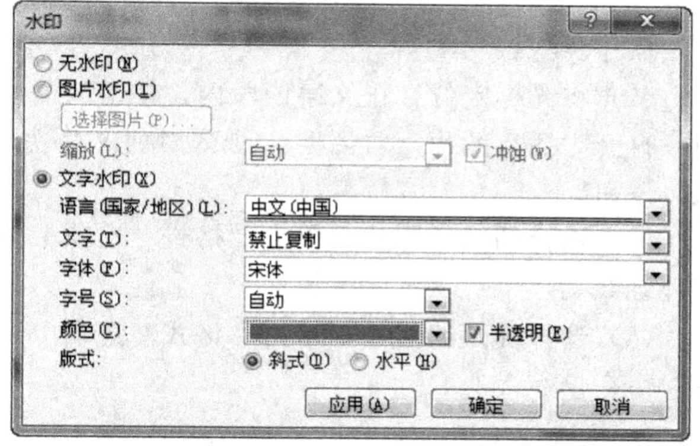

图 2.90　“水印”设置对话框

【说明】

如果输入宽度数值后，高度值自动改变，则可单击该组的“对话框启动器”按钮，在弹出的对话框中，取消“锁定纵横比”复选框，然后即可自由设置高度和宽度。输入设置值后，系统会自动转换为等值的当前默认显示单位。

(3) 单击“格式”选项卡→“排列”选项组→“对齐”按钮→“左右居中”命令。

(4) 单击“格式”选项卡→“形状样式”选项组→“形状轮廓”按钮→“无轮廓”命令，设置文本框为无边框。

(5) 单击“格式”选项卡→“形状样式”选项组中的“对话框启动器”按钮（或者单击“格式”选项卡→“形状样式”选项组→“形状填充”按钮→“渐变”→“其他渐变”命令），弹出“设置形状格式”对话框，单击“填充”选项卡，在“填充”下选择“渐变填充”，在“预设颜色”列表中选择“雨后初晴”，如图 2.91 所示，单击“关闭”按钮。

6. 插入图片

在正文第四段插入当前文件夹下的图片“70 亿人口日 .jpg”，环绕方式设置为“紧密型环绕”，右对齐。

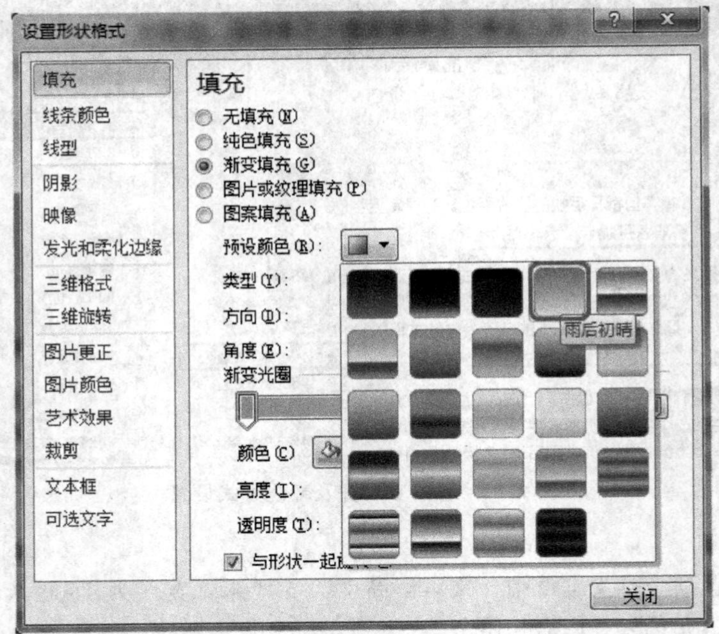

图 2.91 “设置形状格式”对话框

操作步骤：

(1) 将光标定位在正文第四段内，单击“插入”选项卡→“插图”选项组→“图片”按钮，打开“插入图片”对话框，浏览当前文件夹下的图片“70 亿人口日 .jpg”，单击“插入”按钮。

(2) 选择插入的图片，单击“格式”选项卡→“排列”选项组→“自动换行”→“紧密型环绕”。

(3) 选择插入的图片，单击“格式”选项卡→“排列”选项组→“对齐”按钮→“右对齐”命令。

7. 插入制表位

在第四段后设置两个制表位，第 1 个制表位在 6 字符处，左对齐；第 2 个制表位在 32 字符处，右对齐。

操作步骤：

(1) 定位光标到第四段后下一行开始处，单击“开始”选项卡→“段落”选项组→“对话框启动器”按钮，弹出“段落”对话框，单击左下角的“制表位”按钮，弹出“制表位”对话框。

(2) 在“制表位位置”下的文本框中输入“6”，在“对齐方式”中选择“左对齐”，单击“设置”按钮。

(3) 在“制表位位置”下的文本框中输入“32”，在“对齐方式”中选择“右对齐”，在“前导符”中选择“5”，如图 2.92 所示，单击“设置”按钮。

8. 制表位的使用

根据制表位输入如最终效果中所示的文字（提示：为处于第 32 字符处的制表位设置前导符类型为 5）。

操作步骤：

如果看不到文档顶部的水平标尺，请单击垂直滚动条顶部的“查看标尺”按钮，使页面中的标尺显示可见。当前光标位于第四段后下一行开始处，按【Tab】键，可见当前光标定位到该行的第 1 个制表位处，输入文字“第一个制表位”；然后再按【Tab】键，可见当前光标定位到该行的第 2 个制表位处，输入文字“第二个制表位”。

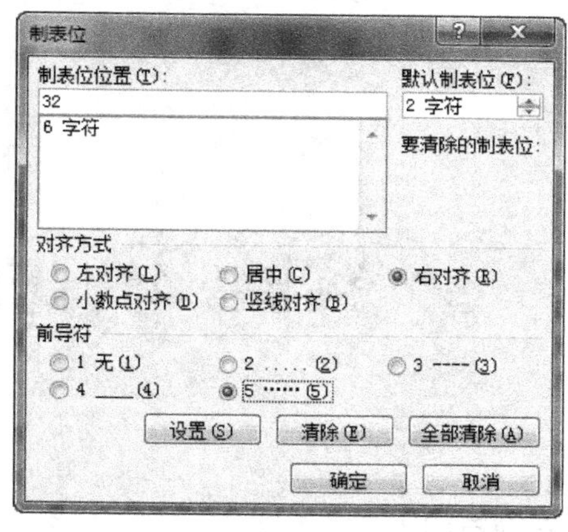

图 2.92　“制表位”对话框

9. 插入页码

在页面底端加入样式为“圆形”的页码。

操作步骤：

单击“插入”选项卡→“页眉和页脚”选项组→“页码”下拉按钮→“页面底端”命令，选择样式为“圆形”的页码，如图 2.93 所示。

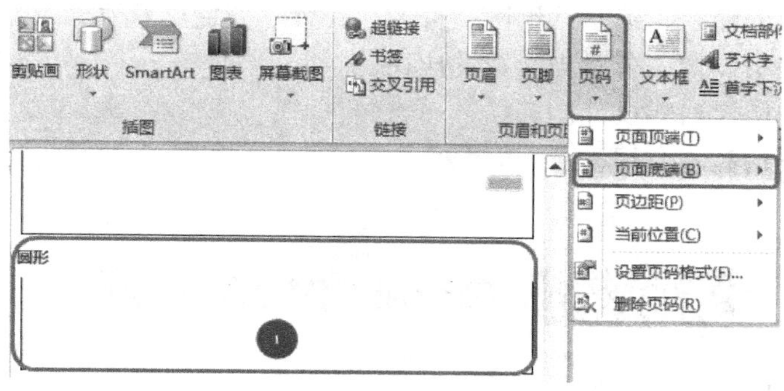

图 2.93　添加页码

10. 设置页面边框

设置如结果样张所示的页面边框。

操作步骤：

单击“页面布局”选项卡→“页面背景”选项组→“页面边框”按钮，弹出“边框和底纹”对话框，且当前自动选中“页面边框”选项卡，在“艺术型”下拉列表框中选择所需的“红心”类型，如图 2.94 所示，单击“确定”按钮。

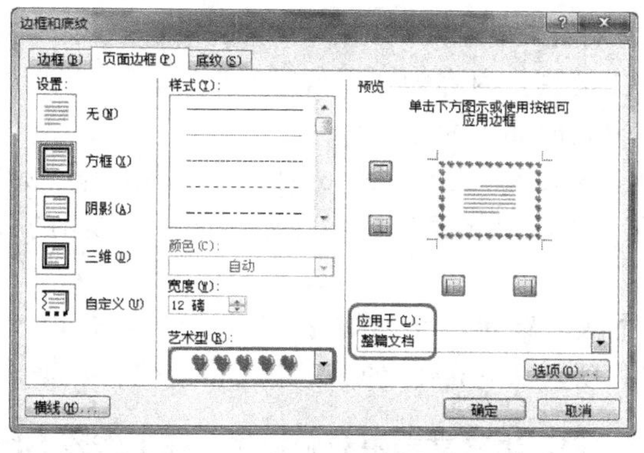

图 2.94　“边框和底纹”对话框

实验3 Excel电子表格制作

【实验目的】

1. 掌握 Excel 文件的建立、保存与打开。
2. 掌握工作表的选择、添加、删除、重命名、复制与移动。
3. 掌握单元格的输入、编辑、删除、修改、插入、复制与移动。
4. 掌握工作表的修饰、公式与函数的应用。
5. 掌握文本的版面格式设计。
6. 掌握工作表的高级应用。

实验 3.1 Excel 2010 基本操作

【实验内容与要求】

任务一：打开任务一素材文档，素材文档由教师提供，在文档中完成如下操作。

1. 在工作表 Sheet1 中完成如下操作：

（1）设置“姓名”列单元格字体为“方正姚体”，字号为“16”。

（2）将表格中的数据以“销售额”为关键字，按降序排序。

（3）利用公式计算“销售额”列的总和，并将结果存入相应单元格中。

2. 在工作表 Sheet2 中完成如下操作：

（1）利用“产品销售收入”和“产品销售费用”行创建图表，图表标题为“费用走势表”，图表类型为“带数据标记的折线图”，作为对象插入 Sheet2 中。

（2）为 B7 单元格添加批注，内容为“零售产品”。

3. 在工作表 Sheet3 中完成如下操作：

（1）设置表 B～E 列，宽度为“12”，表 6～26 行，高度为“20”。

（2）利用条件格式化功能将“英语”列中介于 80～90 之间的数据，单元格文本颜色设为“红色文本”。

（3）利用表格中的数据，新建一个数据表“Sheet4”，并以“姓名”为报表筛选，以“数学”和“英语”为求和项，从 Sheet4 的 A1 单元格处建立数据透视表。

任务二：打开任务二素材文档，素材文档由教师提供，在工作表 Sheet1 中完成如下操作。

（1）将 Sheet1 工作表的 A1：D1 单元格合并为一个单元格，内容水平居中。

（2）计算历年销售量的总计和所占比例列（百分比型，保留小数点后两位）的内容。

（3）按递减次序计算各年销售量的排名（利用 RANK 函数）。

（4）对 A2：D11 的数据区域，以“销售量”为主要关键字，按递增次序进行排序。

（5）将 A2：D12 区域格式设置为“表样式浅色 3”自动套用格式。

（6）将工作表命名为“销售情况表”。

（7）选取“销售情况表”的 A2：B11 数据区域，建立“带数据标记的堆积折线图”（数据系列产生在“列”），在图表上方插入图表标题，图表标题为“销售情况统计图”，图例位置靠上，设置 Y 轴刻度最小值为 5000，主要刻度单位为 10000，分类（X 轴）交叉于 5000；将图插入表的 A15：E29 单元格区域内。

【实验步骤】

任务一：操作步骤如下（操作步骤分别与任务中的题号对应）。

（1）选中 Sheet1 中 B6：B22 单元格区域，在“开始”选项卡下“字体”组中的“字体”下拉列表中选择字体为“方正姚体”，在“字号”下拉列表中选择字号为“16”。也可以单击“开始”选项卡下“字体”组中或者“对齐方式”组或者“数字”组的对话框启动按钮，打开“设置单元格格式”对话框，在“字体”标签下设置字体和字号，如图 3.1 所示。

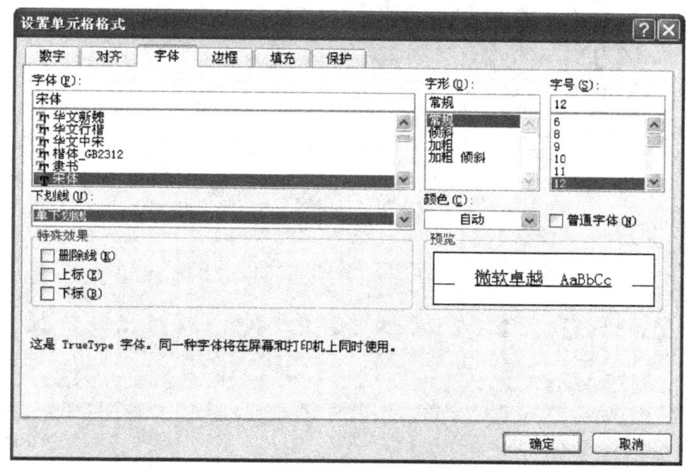

图 3.1　“设置单元格格式”对话框

（2）选中 Sheet1 中的数据区域 B6：C21，单击“数据”选项卡下“排序和筛选”组中的“排序”按钮，弹出“排序”对话框，选择“主要关键字”为“销售额”，“次序”为“降序”，如图 3.2 所示，单击“确定”按钮。

（3）单击 Sheet1 中的 C22 单元格，输入公式

“＝C7＋C8＋C9＋C10＋C11＋C12＋C13＋C14＋C15＋C16＋C17＋C18＋C19＋C20＋C21”，按下【Enter】键，如图 3.3 所示。

（4）选中 Sheet2 中 B7：G7 区域，按住【Ctrl】键，同时选中 B9：G9 区域，单击“插入”选项卡下“图表”组中的“折线图”按钮，在弹出的下拉列表中选择“带数据标记的折线图”，如图 3.4 所示。选择“图表工具”→“布局”选项卡下“标签”组中的“图表标题”按钮，在弹出的下拉列表中选择“图表上方”，单击默认的“图表标题”，将其更改为“费用走势表”，如图 3.5 所示。

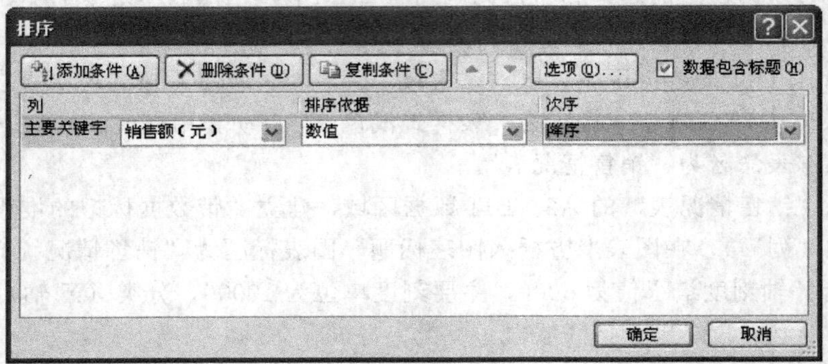

图 3.2　“排序”对话框

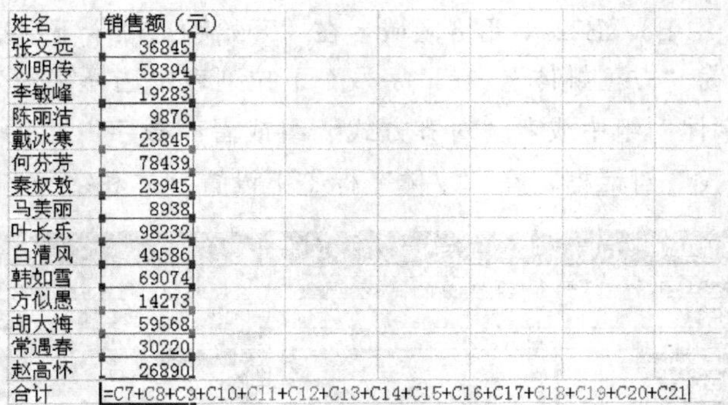

姓名	销售额（元）
张文远	36845
刘明传	58394
李敏峰	19283
陈丽洁	9876
戴冰寒	23845
何芬芳	78439
秦叔敖	23945
马美丽	8938
叶长乐	98232
白清风	49586
韩如雪	69074
方似愚	14273
胡大海	59568
常遇春	30220
赵高怀	26890
合计	=C7+C8+C9+C10+C11+C12+C13+C14+C15+C16+C17+C18+C19+C20+C21

图 3.3　利用“公式”计算

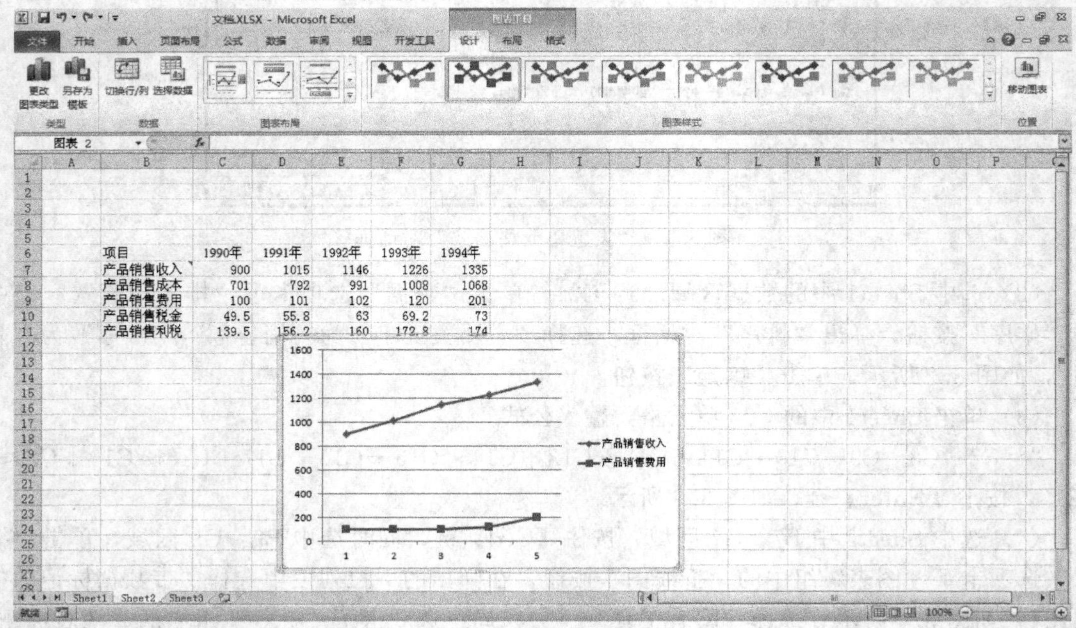

项目	1990年	1991年	1992年	1993年	1994年
产品销售收入	900	1015	1146	1226	1335
产品销售成本	701	792	991	1008	1068
产品销售费用	100	101	102	120	201
产品销售税金	49.5	55.8	63	69.2	73
产品销售利税	139.5	156.2	160	172.8	174

图 3.4　带数据标记的折线图

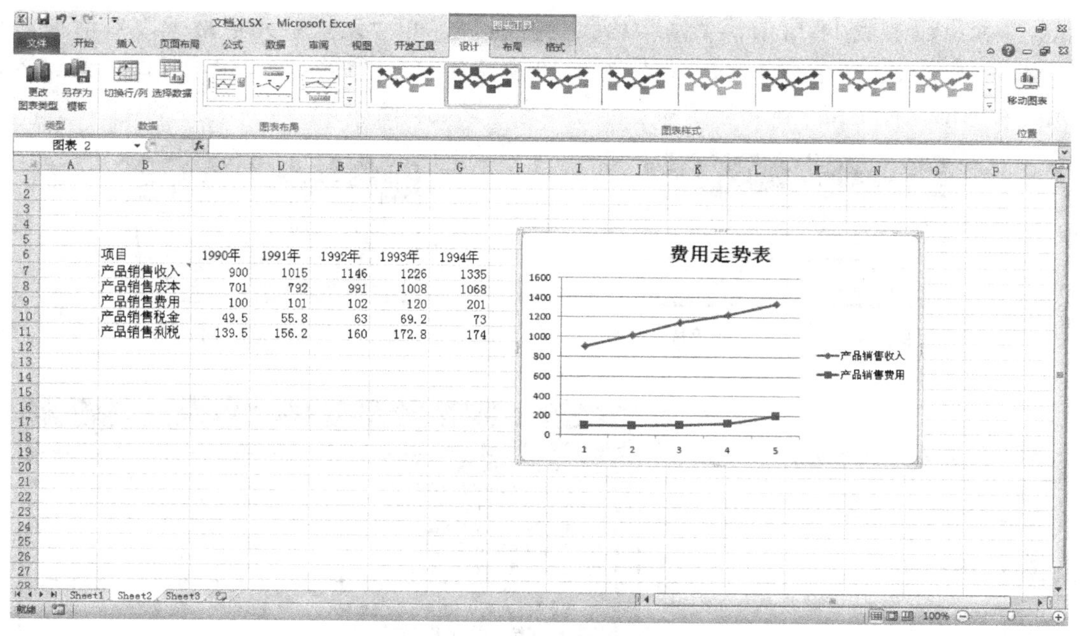

图 3.5　设置图表标题

（5）选中 Sheet2 中的 B7 单元格，单击“审阅”选项卡下“批注”组中的“新建批注”按钮，在弹出的“批注”对话框中输入“零售产品”，如图 3.6 所示。

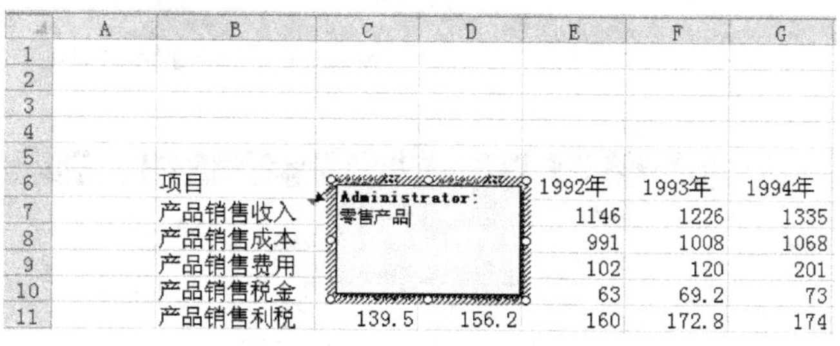

图 3.6　新建批注

（6）打开 Sheet3 工作表，按住【Ctrl】键，单击需要调整列宽的 B～E 列的列号，选中 B～E 列。单击“开始”选项卡下“单元格”组中的“格式”按钮，在弹出的如图 3.7 所示的下拉列表中选择“列宽”命令，在弹出的“列宽”对话框中输入“12”，单击“确定”按钮，如图 3.8 所示。从行号 6 开始单击并拖动鼠标到行号 26，选中需要调整行高的 6～26 行，在行号上单击鼠标右键，在弹出的快捷菜单中选择“行高”命令，弹出如图 3.9 所示的“行高”对话框，在“行高”文本框中输入“20”，单击“确定”按钮。

（7）选中 Sheet3 工作表中的 E8：E26 区域，单击“开始”选项卡下“样式”组中的“条件格式”按钮，在弹出的如图 3.10 所示的下拉列表中选择“新建规则”命令，打开“新建格式规则”对话框，在“选择规则类型”列表中选择“只为包含以下内容的单元格设置格式”选项，在“编辑规则说明”下设置条件：单元格值介

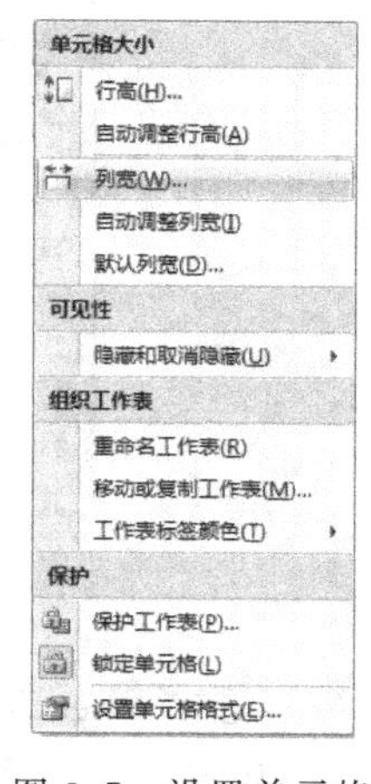

图 3.7　设置单元格大小菜单

于 80 到 90，如图 3.11 所示，单击“格式”按钮，打开“设置单元格格式”对话框，在“字体”标签下设置颜色为“红色”，如图 3.12 所示，单击“确定”按钮，返回“新建格式规则”对话框，再单击“确定”按钮，即可完成设置，如图 3.13 所示。

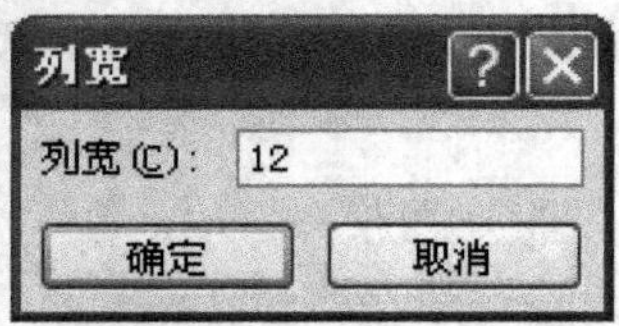

图 3.8 “列宽”对话框

图 3.9 “行高”对话框

图 3.10 “新建规则”命令

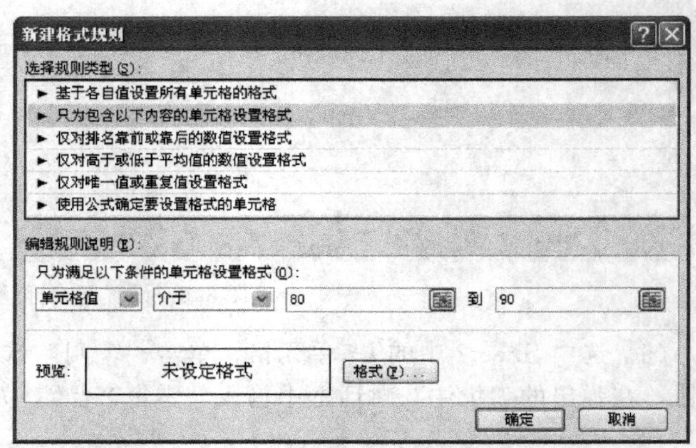

图 3.11 “新建格式规则”对话框

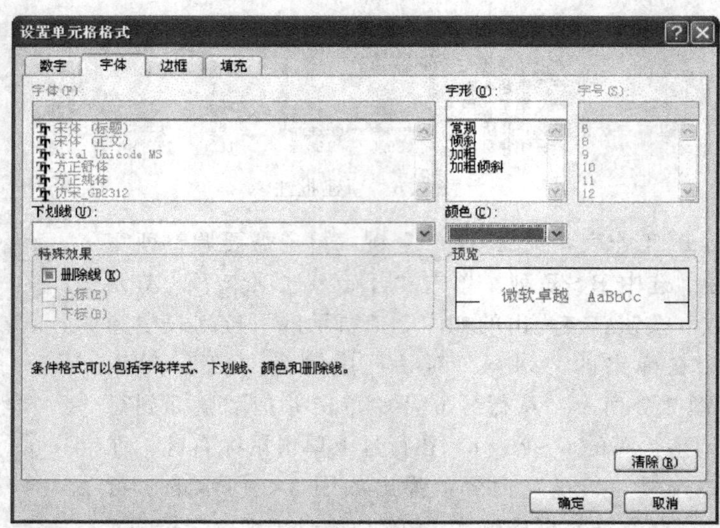

图 3.12 “设置单元格格式”对话框

（8）选中 Sheet3 任意非空单元格，单击“插入”选项卡下“表格”组中的“数据透视表”右侧的下拉按钮，在弹出的列表中选择“数据透视表”命令，打开“创建数据透视表”对话框，选择区域为 B6：E26，在“选择放置数据透视表的位置”下选择“新工作表”，

如图 3.14 所示，单击“确定”按钮，如图 3.15 所示。在“数据透视表字段列表”窗口下，将“选择要添加到报表的字段”中的“姓名”字段拖动至“报表筛选”区，“数学”、“英语”字段拖动至“数值”区，最终结果如图 3.16 所示。

	A	B	C	D	E
1					
2					
3					
4					
5					
6		姓名	语文	数学	英语
7		令狐冲	90	85	92
8		任盈盈	95	89	91
9		林平之	89	83	76
10		岳灵珊	80	75	83
11		仪琳	89	77	88
12		曲飞燕	79	68	84
13		田伯光	50	70	63
14		向问天	85	75	90
15		刘振峰	75	80	89
16		陆大有	78	95	65
17		劳德诺	68	56	78
18		左冷禅	78	92	77
19		东方不败	88	90	83
20		上官云	56	78	89
21		杨莲亭	81	82	67
22		童百熊	72	80	88
23		木高峰	78	45	89
24		余沧海	87	77	59
25		宁中则	69	93	78
26		陶根仙	75	73	89

图 3.13　设置条件格式后的工作表

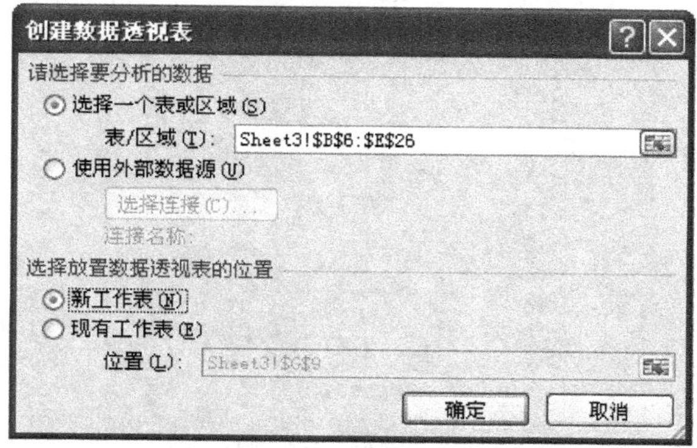

图 3.14　“创建数据透视表”对话框

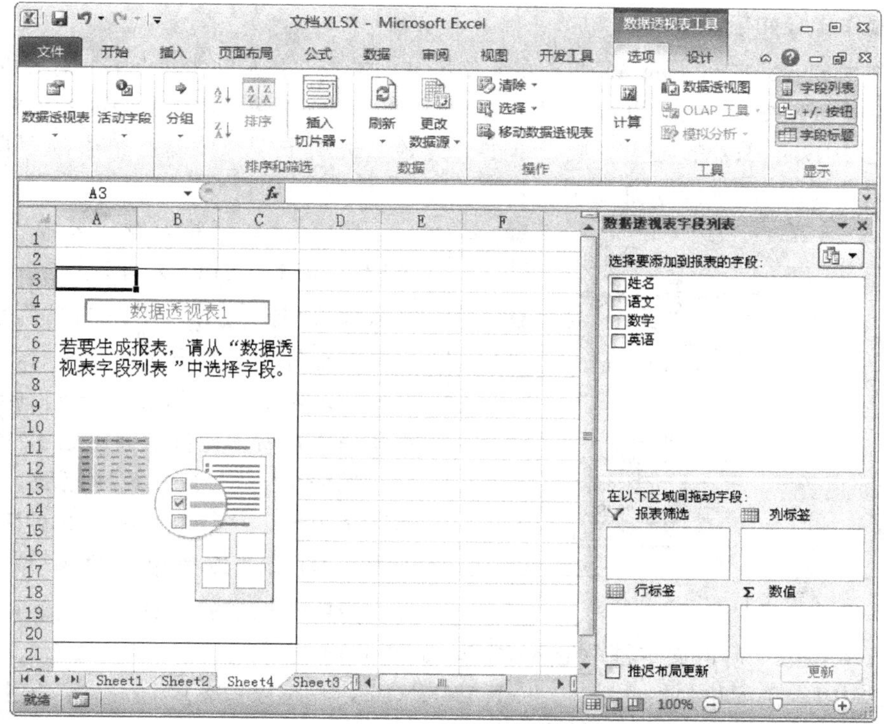

图 3.15　新工作表中的数据透视表

图 3.16　结果数据透视表

任务二：操作步骤如下。

（1）选中 Sheet1 工作表的 A1：D1 单元格区域，单击“开始”选项卡下“对齐方式”组中的“合并后居中”按钮，就可以将 A1：D1 单元格合并为一个单元格，其中内容水平居中。

（2）选中 B3：B12 单元格区域，单击“开始”选项卡下“编辑”组中的“自动求和”按钮，可以计算出历年销售量的总计。

C11　=B11/$B$12

	A	B	C	D
1	某汽车市场历年销售情况表			
2	年份	销售量（万辆）	所占比例	销售量排名
3	2000年	25194	0.06916469	
4	2001年	39013	0.10710178	
5	2002年	22758	0.06247718	
6	2003年	28900	0.07933872	
7	2004年	52700	0.14467648	
8	2005年	46347	0.12723569	
9	2006年	34242	0.09400402	
10	2007年	54868	0.15062826	
11	2008年	60239	0.16537318	
12	总计	364261		

图 3.17　公式复制

选中 C3 单元格，输入公式“＝B3/＄B＄12”，按下【Enter】键，单击 C3 单元格，将鼠标放在右下角的黑色小方块上，当鼠标指针变成黑十字形状✚时，按住鼠标左键拖动至 C11 单元格，释放鼠标，计算出每年销售量所占比例，如图 3.17 所示。

选中 C3：C11 单元格区域，单击“开始”选项卡下“数字”组中的对话框启动按钮，打开“设置单元格格式”对话框，在“数字”标签的“分类”列表中选择“百分比”，“小数位数”后的文本框中输入“2”，如图 3.18 所示。

（3）选中 D3 单元格，输入公式“＝RANK（B3，＄B＄3：＄B＄11）”，按下【Enter】键，单击 D3 单元格，将鼠标放在右下角的黑色小方块上，当鼠标指针变成黑十字形状✚时，按住鼠标左键拖动至 D11 单元格，释放鼠标，计算出各年销售量的排名，如图 3.19 所示。

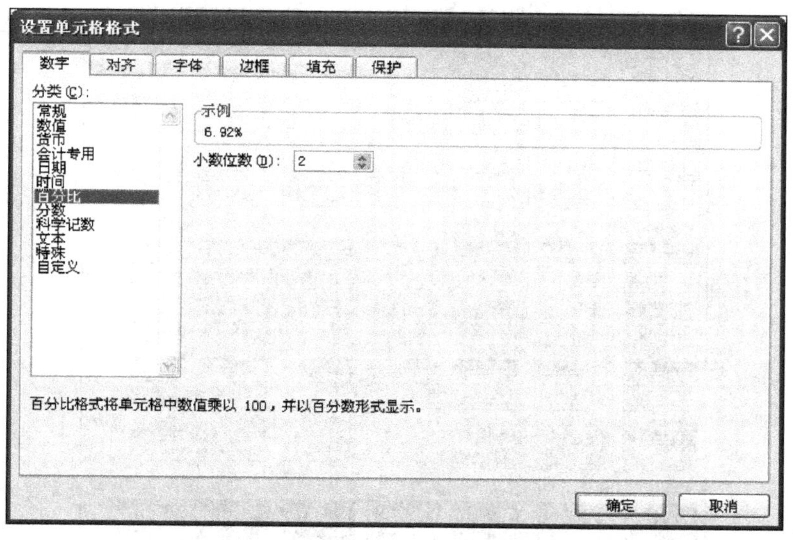

图 3.18 “设置单元格格式”对话框

【说明】

RANK 函数的功能是返回某数值在一列数字中相对于其他数值的大小排名。其基本格式为：RANK（Number，Ref，[Order]），其中 Number 参数就是要排名的数字，Ref 参数为指定数字要比较的一组数字，需要强调的是，Ref 参数需要用绝对引用，Order 为 0 或者省略表示降序排列，Order 为非零值时表示升序排列。

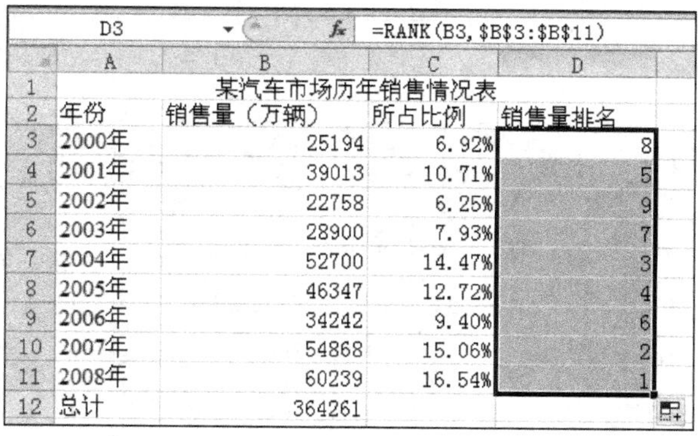

D3 =RANK(B3,$B$3:$B$11)

	A	B	C	D
1	某汽车市场历年销售情况表			
2	年份	销售量（万辆）	所占比例	销售量排名
3	2000年	25194	6.92%	8
4	2001年	39013	10.71%	5
5	2002年	22758	6.25%	9
6	2003年	28900	7.93%	7
7	2004年	52700	14.47%	3
8	2005年	46347	12.72%	4
9	2006年	34242	9.40%	6
10	2007年	54868	15.06%	2
11	2008年	60239	16.54%	1
12	总计	364261		

图 3.19 RANK 函数的使用

(4) 选中 A2：D11 的数据区域，单击“数据”选项卡下“排序和筛选”组中的“排序”按钮，弹出“排序”对话框，选择“主要关键字”为“销售量”，“次序”为“升序”，如图 3.20 所示，单击“确定”按钮。

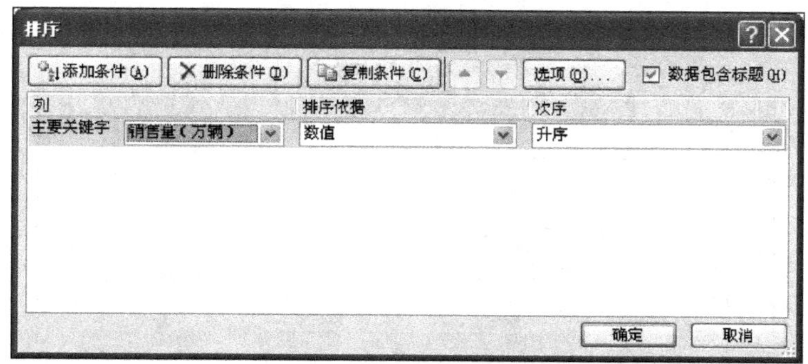

图 3.20 “排序”对话框

(5) 选中 A2：D12 的数据区域，单击“开始”选项卡下“样式”组中的“套用表格样式”右下角的下拉按钮，弹出自动套用格式列表，如图 3.21 所示，在列表中选择“表样式

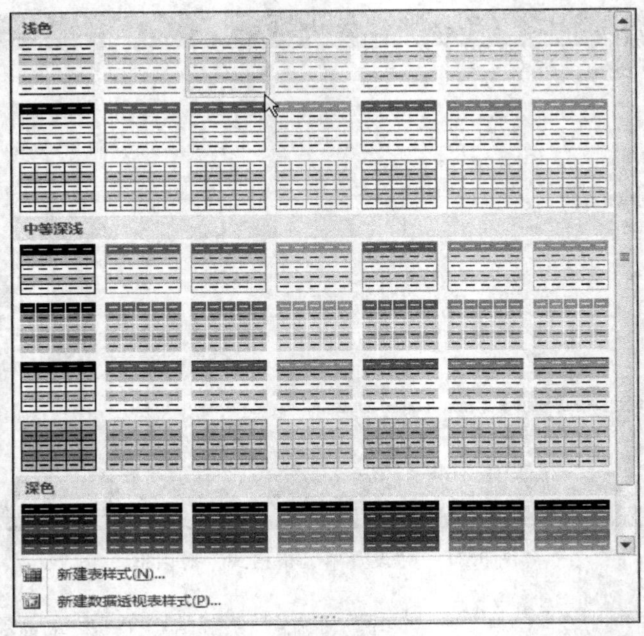

图 3.21 自动套用格式列表

某汽车市场历年销售情况表			
年份	销售量（万辆）	所占比例	销售量排名
2002年	22758	6.25%	9
2000年	25194	6.92%	8
2003年	28900	7.93%	7
2006年	34242	9.40%	6
2001年	39013	10.71%	5
2005年	46347	12.72%	4
2004年	52700	14.47%	3
2007年	54868	15.06%	2
2008年	60239	16.54%	1
总计	364261		

图 3.22 应用了套用格式的表格

浅色 3”，应用了套用格式的表格效果如图 3.22 所示。

(6) 在 Sheet1 工作表标签上单击鼠标右键，在弹出的快捷菜单中选择“重命名”命令，输入“销售情况表”，按【Enter】键即可。

(7) 选取“销售情况表”的 A2：B11 数据区域，单击“插入”选项卡下“图表”组中的“折线图”按钮，在弹出的下拉列表中选择“带数据标记的堆积折线图”，如图 3.23 所示。在数据系列上单击鼠标右键，在弹出的下拉列表中选择“选择数据”命令，打开“选择数据源”对话框，设置系列产生在“列”，如果不是，单击“切换行/列”按钮，如图 3.24 所示。

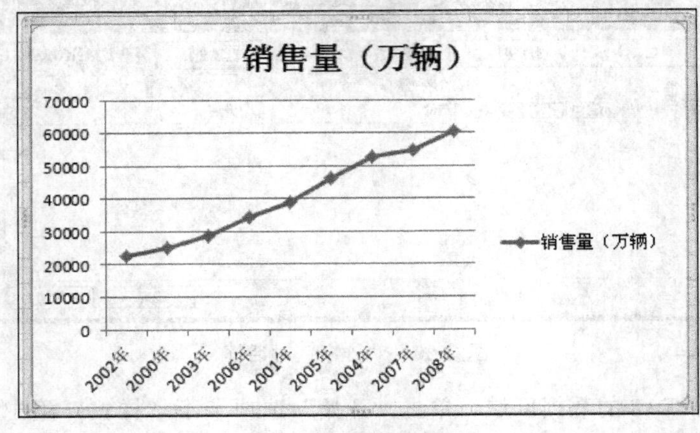

图 3.23 带数据标记的堆积折线图

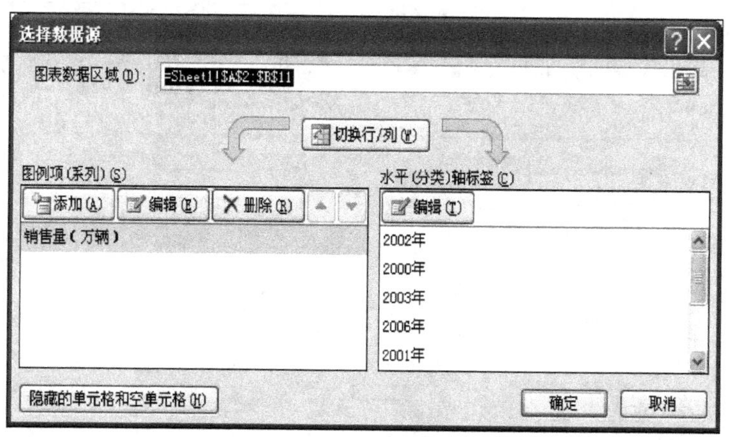

图 3.24　“选择数据源”对话框

单击“图表工具”→“布局”选项卡下“标签”组中的“图表标题”按钮，在弹出的下拉列表中，选择“图表上方”命令，如图 3.25 所示，单击默认的图表标题，将其更改为“销售情况统计图”；单击“图表工具”→“布局”选项卡下“标签”组中的“图例”按钮，在弹出的下拉列表中，选择“在顶部显示图例”命令。

单击“图表工具”→“布局”选项卡下“坐标轴”组中的“坐标轴”按钮，在弹出的下拉列表中，选择“主要纵坐标轴”下的“其他主要纵坐标轴选项”命令，打开“设置坐标轴格式”对话框，如图 3.26 所示，设置 Y 轴刻度最小值为 5000.0，主要刻度单位为 10000.0，分类（X 轴）交叉于 5000.0，单击“关闭”按钮。将图表移动到工作表的 A15：E29 单元格区域内。最终结果如图 3.27 所示。

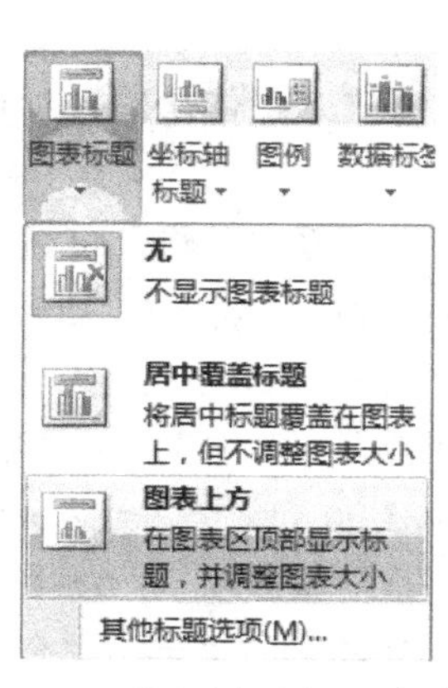

图 3.25　“图表标题”下拉菜单

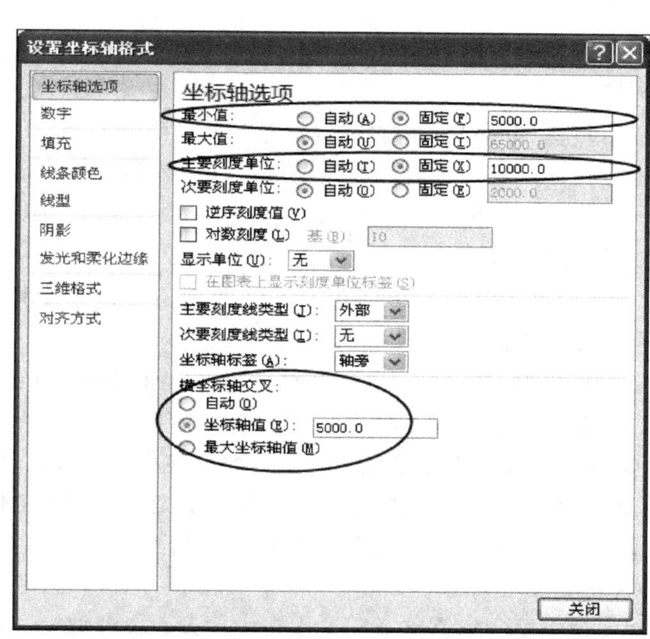

图 3.26　“设置坐标轴格式”对话框

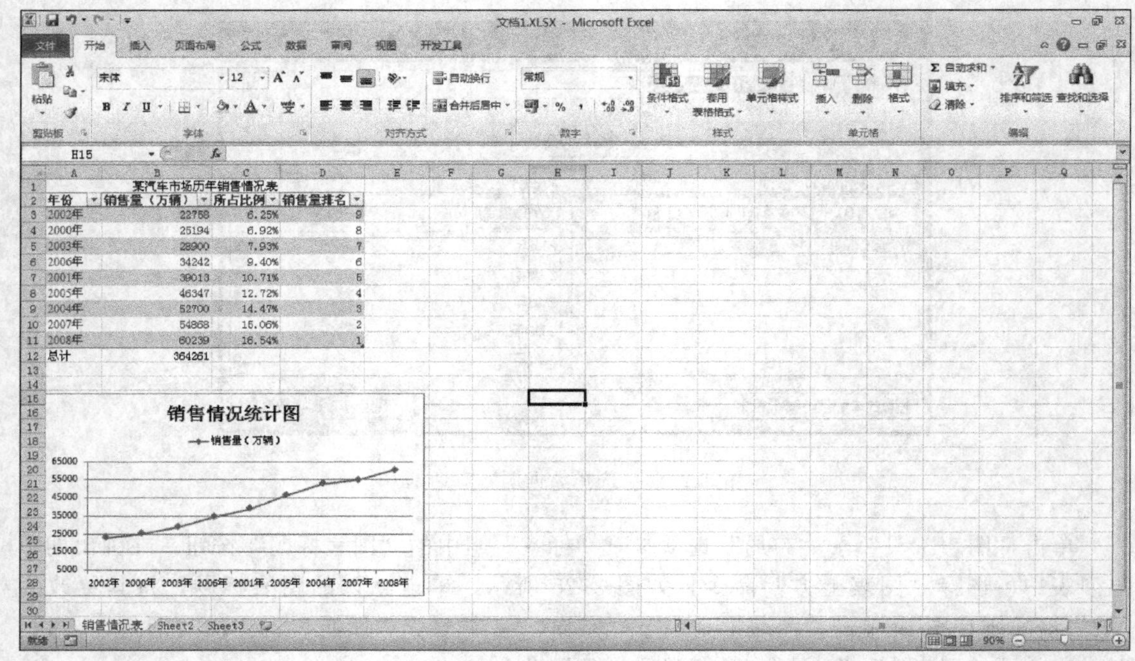

图 3.27　结果工作表

实验 3.2　Excel 2010 高级应用

【实验内容与要求】

任务三：打开任务三素材文档，素材文档由教师提供，在文档的工作表 Sheet1 中完成如下操作。

（1）将 Sheet1 工作表标签重命名为“年终奖金”。

（2）在第 1 行之前，插入 1 行，输入表格标题“年终奖金发放表”。A1：F1 单元格合并、水平居中；黑体、字号 18；行高 30。A2：F12 所有单元格水平居中，字号 10；外边框为双线，内边框为单线。

（3）“员工编号”列的 A3：A12 单元格，设置数字为“文本”格式，并依次输入“员工编号”数据“09001、09002、…、09009、09010”。

（4）使用 IF 函数计算出每位员工的年终奖金。年终奖金 ＝ 税前工资 × 奖金倍数。其中，奖金倍数的计算方法为：绩效考核大于等于 90 时，奖金倍数为 2；绩效考核大于等于 80 且小于 90 时，奖金倍数为 1；绩效考核小于 80 时，奖金倍数为 0.5。

（5）将“年终奖金”工作表复制一个副本，副本工作表标签命名为“筛选”。在“筛选”工作表中，利用“自定义筛选”命令，筛选出“绩效考核”不小于 90 且“奖金”不少于 18000 元的员工记录。

（6）根据“年终奖金”工作表中“人力资源部”三位员工的“姓名”和“年终奖金”数据，生成“三维簇状柱形图”，图表标题为“人力资源部员工奖金对比图”，图例位于底部，数据标签显示。图表置于“年终奖金”工作表中。

任务四：请打开任务四素材文档，素材文档由教师提供，在文档的工作表 Sheet1 中完成如下操作。

(1) 将总标题“学生期末成绩统计表”的格式设置为：在区域 A1：H1 中合并居中，字号为 20，字体为华文新魏，颜色为红色。

(2) 在总标题“学生期末成绩统计表”所在行的下方插入一行；将区域 A3：H3 的格式设置为：字号 14，字体为隶书，填充绿色底纹。

(3) 为区域 A3：H19 添加内外边框，边框为细实线。

(4) 用公式计算每位同学的总评成绩（总评成绩由平时成绩、期中成绩和期末成绩构成，其中平时成绩和期中成绩各占 30%，期末成绩占 40%），结果保留 1 位小数；在 G21 单元格中用 AVERAGE 函数计算平均总评成绩，计算结果保留 0 位小数。

(5) 用 RANK 函数在区域 H4：H19 中填入名次。

(6) 将工作表 Sheet1 中的区域 A3：H19（值和数字格式）复制到工作表 Sheet2 中 A1 开始的区域，在工作表 Sheet2 中使用自动筛选方式筛选出“总评成绩高于平均总评成绩”的记录。

(7) 将工作表 Sheet1 中的区域 A3：H19（值和数字格式）复制到工作表 Sheet3 中 A1 开始的区域，然后对 Sheet3 中的数据按“性别”进行分类汇总（按升序进行分类），汇总方式为最大值，汇总项为总评成绩。

(8) 设置所有“单科成绩小于 60”的学生的“姓名”单元格字形为“加粗”，单元格图案样式为“6.25%灰色”，边框为“虚线”。

【实验步骤】

任务三：操作步骤如下。

(1) 在 Sheet1 工作表标签上单击鼠标右键，在弹出的快捷菜单中选择“重命名”命令，输入“年终奖金”，按【Enter】键即可。

(2) 单击工作表第一行中任意一个单元格，单击“开始”选项卡下“单元格”组中“插入”的下拉按钮，在弹出的下拉菜单中选择“插入工作表行”命令，会在第 1 行之前插入一行。单击 A1 单元格，输入表格标题“年终奖金发放表”。选中工作表的 A1：F1 单元格区域，单击“开始”选项卡下“对齐方式”组中的“合并后居中”按钮，就可以将 A1：F1 单元格合并为一个单元格，其中内容水平居中。选中 A1 单元格，在“开始”选项卡下“字体”组中的“字体”下拉列表中选择字体为“黑体”，在“字号”下拉列表中选择字号为“18”。在行号 1 上单击鼠标右键，在弹出的快捷菜单中选择“行高”命令，打开“行高”对话框，在对话框中的“行高”文本框中输入“30”，单击“确定”按钮。

选中 A2：F12 单元格区域，在“开始”选项卡下“字体”组中的“字号”下拉列表中选择字号为“10”，在“开始”选项卡下“对齐方式”组中选择“居中”对齐按钮。

完成上述设置后的效果如图 3.28 所示。

选中 A2：F12 单元格区域，单击“开始”选项卡下“对齐方式”组中的对话框启动按钮，在弹出的“设置单元格格式”对话框中选择“边框”标签，设置外边框双线，内框单线，如图 3.29 所示。

(3) 选中 A3：A12 单元格区域，单击“开始”选项卡下“数字”组中的对话框启动按

	A	B	C	D	E	F
1	年终奖金发放表					
2	员工编号	姓名	部门	税前工资	绩效考核	年终奖金
3		王菲	人力资源部	7000	85	
4		李一飞	企划部	9000	88	
5		王南	行政部	6500	84	
6		林晓楠	人力资源部	8000	92	
7		王蒙	企划部	8200	86	
8		严菲菲	行政部	7000	87	
9		齐亚男	人力资源部	8200	83	
10		林一峰	企划部	9600	95	
11		孙小萌	行政部	7200	80	
12		孙楠	企划部	8600	87	

图 3.28　表格标题的设置

钮，在弹出的“设置单元格格式”对话框中选择“数字”标签，在“分类”列表中选择“自定义”，然后在“类型”文本框中输入“00000”，如图 3.30 所示。单击 A3 单元格，输入“09001”，再单击 A3 单元格，将鼠标放在右下角的黑色小方块上，当鼠标指针变成黑十字形状时，按住鼠标左键拖至 A12 单元格，释放鼠标，单击 A12 单元格右下角的“自动填充选项”按钮，弹出如图 3.31 所示的菜单，选择“填充序列”命令，A3：A12 单元格区域的值变为“09001、09002、…、09009、09010”，如图 3.32 所示。

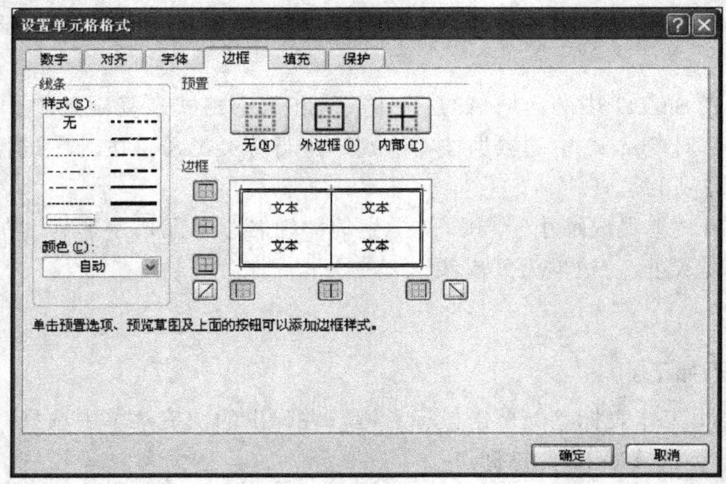

图 3.29　“设置单元格格式”对话框

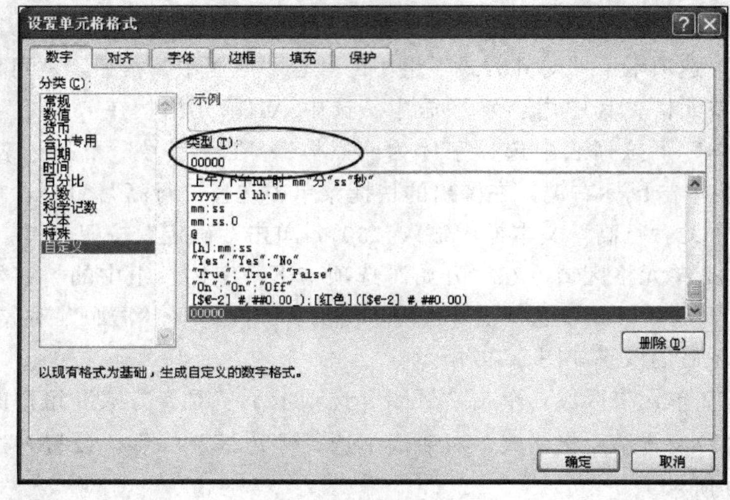

图 3.30　“设置单元格格式”对话框

（4）选中 F3 单元格，输入公式“=D3＊”，然后单击编辑栏中的“插入函数”按钮 fx，打开“插入函数”对话框，选择函数的类别为“常用函数”，选择函数为“IF”，单击“确定”按钮。打开“函数参数”对话框 1，在“Logice _ test”中输入“E3＞＝90”，在“Value _ if _ true”中输入“2”，如图 3.32 所示；再单击“Value _ if _ false”文本框，在名称框中选择“IF”，打开“函数参数”对话框 2，在“Logical _ test”中输入“E3＞＝80”，在“Value _ if _ true”中输入“1”，在“Value _ if _ false”文本框输入“0.5”，如图 3.33 所示，最后单击“确定”按钮。单击 F3 单元格，将鼠标放在▭右下角的黑色小方块上，当鼠标指针变成黑十字形状✚时，按住鼠标左键向下拖曳至 F12，释放鼠标，结果如图 3.34 所示。

年终奖金发放表

员工编号	姓名	部门	税前工资	绩效考核	年终奖金
09001	王菲	人力资源部	7000	85	
09001	李一飞	企划部	9000	88	
09001	王南	行政部	6500	84	
09001	林晓楠	人力资源部	8000	92	
09001	王蒙	企划部	8200	86	
09001	严菲菲	行政部	7000	87	
09001	齐亚男	人力资源部	8200	83	
09001	林一峰	企划部	9600	95	
09001	孙小萌	行政部	7200	80	
09001	孙楠	企划部	8600	87	

复制单元格(C)
填充序列(S)
仅填充格式(F)
不带格式填充(O)

图 3.31　填充序列

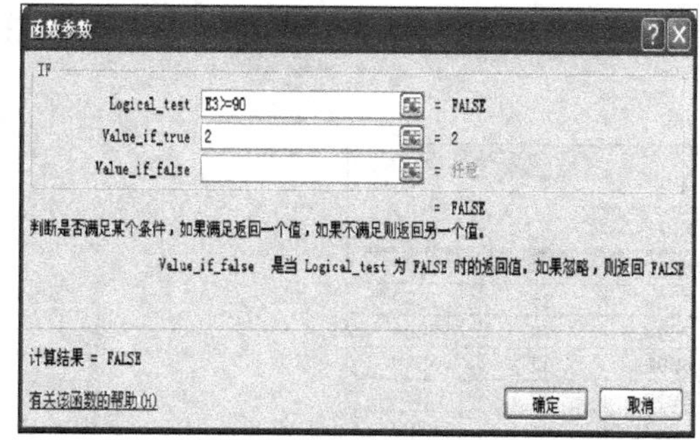

图 3.32　“函数参数”对话框 1

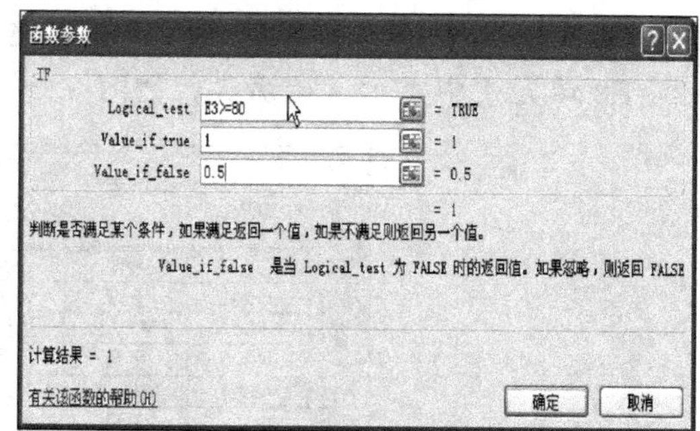

图 3.33　“函数参数”对话框 2

F3　fx　=D3*IF(E3>=90,2,IF(E3>=80,1,0.5))

	A	B	C	D	E	F	G
1	年终奖金发放表						
2	员工编号	姓名	部门	税前工资	绩效考核	年终奖金	
3	09001	王菲	人力资源部	7000	85	7000	
4	09002	李一飞	企划部	9000	88	9000	
5	09003	王南	行政部	6500	84	6500	
6	09004	林晓楠	人力资源部	8000	92	16000	
7	09005	王蒙	企划部	8200	86	8200	
8	09006	严菲菲	行政部	7000	87	7000	
9	09007	齐亚男	人力资源部	8200	83	8200	
10	09008	林一峰	企划部	9600	95	19200	
11	09009	孙小萌	行政部	7200	80	7200	
12	09010	孙楠	企划部	8600	87	8600	

图 3.34　IF 函数的使用及复制

【说明】

在 F3 单元格中也可以直接输入公式“=D3 * IF（E3>=90，2，IF（E3>=80，1，0.5））”，这里 IF 函数的功能是判断是否满足某个条件，如果满足返回一个值，如果不满足则返回另一个值。

IF 函数的基本格式为 IF（Logical _ test，Value _ if _ true，Value _ if _ false），其中 Logical _ test 是任何可能被计算为 TRUE 或 FALSE 的数值或表达式，Value _ if _ true 为表达式为真时的返回值，Value _ if _ false 为表达式为假时的返回值。本次应用为 IF 函数的嵌套应用。

（5）鼠标右键单击工作表标签，在弹出的菜单中选择“移动或复制工作表”，选中“建立副本”复选框，单击“确定”按钮（或者按住【Ctrl】键，鼠标左键按住工作表标签，横向拖动也可复制工作表）。在“年终奖金”工作表左侧多出一个名为“年终奖金（2）”的工作表副本。在工作表副本标签上单击鼠标右键，在弹出的菜单中选择“重命名”命令，输入“筛选”。

鼠标左键单击“筛选”工作表标签，此时鼠标所在位置会出现一个白板状图标，且在工作表标签的左上方出现一个黑色倒三角标志▼，沿着工作表标签拖动鼠标，当黑色倒三角移动到“年终奖金”工作表标签右侧，松开鼠标。

打开“筛选”工作表，选中 A2：F12 单元格区域，单击“开始”选项卡“编辑”组中“排序和筛选”按钮下的下拉箭头，在弹出的下拉菜单中选择“筛选”命令。可以看到在 A2：F2 单元格中显示下拉箭头，如图 3.35 所示。

	A	B	C	D	E	F
1	年终奖金发放表					
2	员工编号	姓名	部门	税前工资	绩效考核	年终奖金
3	09001	王菲	人力资源部	7000	85	7000
4	09002	李一飞	企划部	9000	88	9000
5	09003	王南	行政部	6500	84	6500
6	09004	林晓楠	人力资源部	8000	92	16000
7	09005	王蒙	企划部	8200	86	8200
8	09006	严菲菲	行政部	7000	87	7000
9	09007	齐亚男	人力资源部	8200	83	8200
10	09008	林一峰	企划部	9600	95	19200
11	09009	孙小萌	行政部	7200	80	7200
12	09010	孙楠	企划部	8600	87	8600

图 3.35 “筛选”命令

单击 E2 单元格中的下拉箭头，弹出如图 3.36 所示的菜单，单击菜单中的“数字筛选”命令，弹出如图 3.37 所示的层叠菜单。选择层叠菜单中的“自定义筛选”命令，打开如图 3.38 所示的“自定义自动筛选方式”对话框，在对话框中输入“大于或等于 90”，单击“确定”退出。单击 F2 单元格中的下拉箭头，单击菜单中的“数字筛选”命令，选择层叠菜单中的“自定义筛选”命令，打开“自定义自动筛选方式”对话框，在对话框中输入“大于或等于 18000”，单击“确定”退出。自定义筛选后的结果如图 3.39 所示。

（6）按住【Ctrl】键，依次选中 B2、F2、B3、F3、B6、F6、B9 和 F9 单元格，单击“插入”选项卡下“图表”组中的“柱形图”按钮，在弹出的下拉列表中选择“三维簇状柱形图”，如图 3.40 所示。选择“图表工具”→“布局”选项卡下“标签”组中的“图表标题”按钮，在弹出的下拉列表中选择“图标上方”，单击默认的图表标题，将其更改为“人力资源部员工

奖金对比图”；选择“图表工具”→“布局”选项卡下“标签”组中的“图例”按钮，在弹出的下拉列表中选择“在底部显示图例”；选择“图表工具”→“布局”选项卡下“标签”组中的“数据标签”按钮，在弹出的下拉列表中选择“显示”。设置后效果如图 3.41 所示。

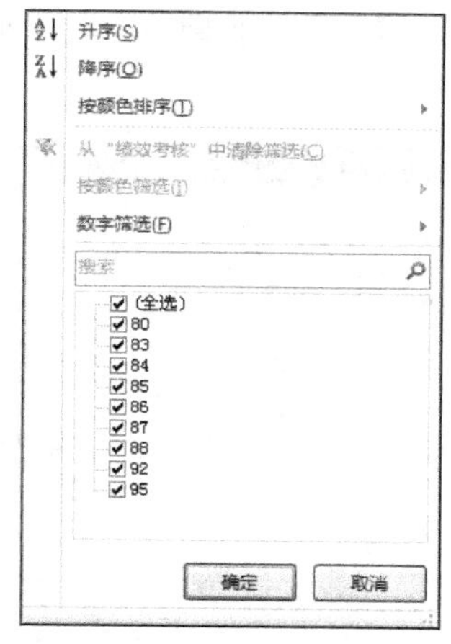

图 3.36　“筛选”菜单

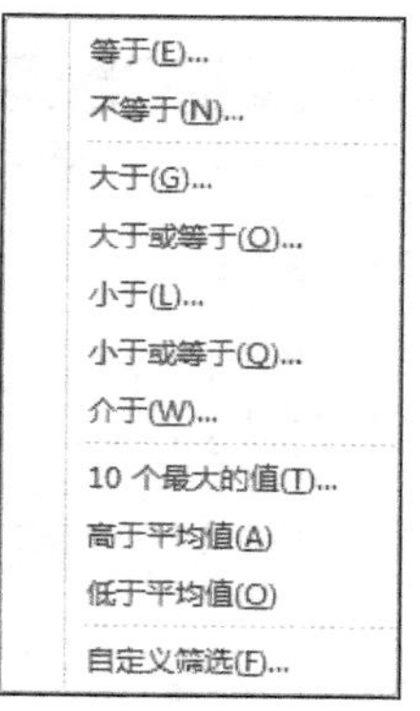

图 3.37　“数字筛选”菜单

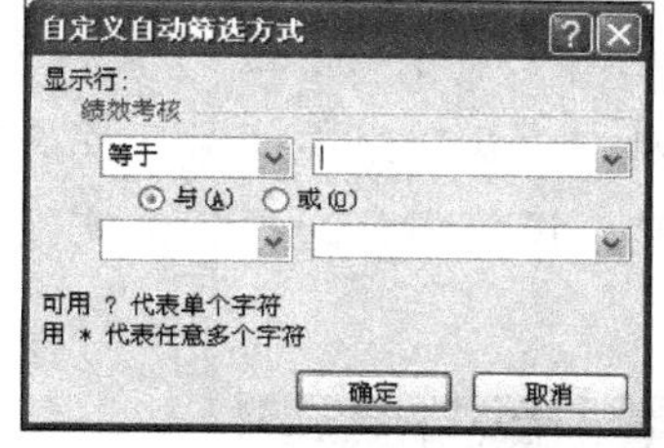

图 3.38　“自定义筛选”对话框

年终奖金发放表

员工编	姓名	部门	税前工	绩效考	年终奖
09008	林一峰	企划部	9600	95	19200

图 3.39　筛选结果

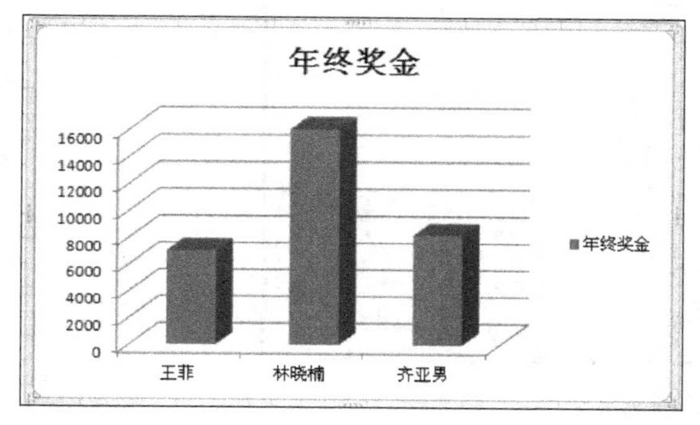

图 3.40　三维簇状柱形图

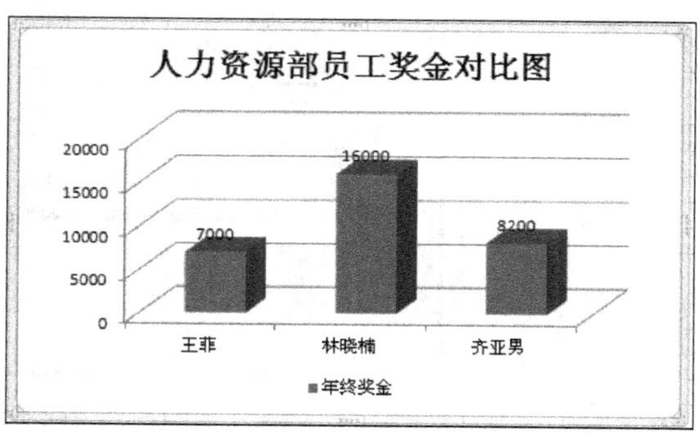

图 3.41　修饰后的三维簇状柱形图

任务四：操作步骤如下。

(1) 选中工作表的 A1：H1 单元格区域，单击“开始”选项卡下“对齐方式”组中的“合并后居中”按钮，就可以将 A1：H1 单元格合并为一个单元格，其中内容水平居中。选中 A1 单元格，在“开始”选项卡下“字体”组中的“字体”下拉列表中选择字体为“华文新魏”，在“字号”下拉列表中选择“20”，在“字体颜色”下拉列表中选择“红色”。

(2) 单击第二行中任意一个单元格，单击“开始”选项卡下“单元格”组中“插入”的

下拉按钮，在弹出的下拉菜单中选择“插入工作表行”命令，会在第 1 行之后插入一行。

选中工作表的 A3：H3 单元格区域，单击“开始”选项卡下“字体”组中的对话框启动按钮，弹出“设置单元格格式”对话框，选中“字体”标签，设置字号为“14”，字体为“隶书”，选中“填充”标签，设置背景色为“绿色”，如图 3.42 所示，单击“确定”按钮。

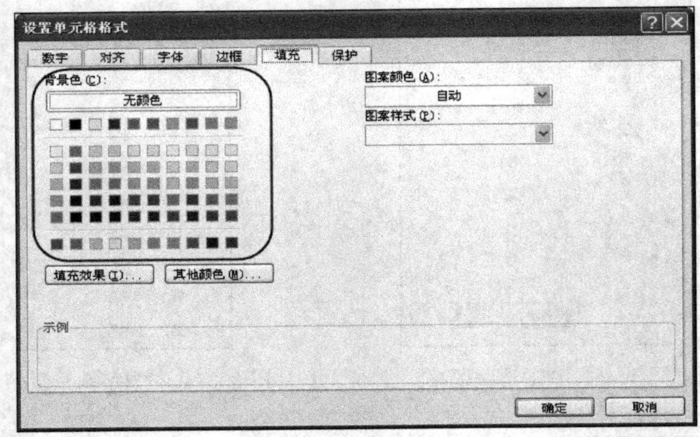

图 3.42　设置单元格底纹

(3) 选中 A3：H19 区域，单击“开始”选项卡下“对齐方式”组中的对话框启动按钮，弹出“设置单元格格式”对话框，选中“边框”标签，设置内外边框为细实线，如图 3.43 所示，单击“确定”按钮。结果如图 3.44 所示。

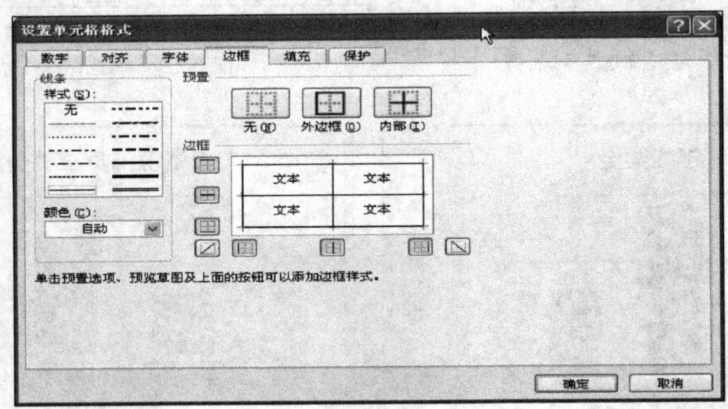

图 3.43　设置单元格边框

(4) 在 G4 单元格中输入公式“＝D4＊30％＋E4＊30％＋F4＊40％”，单击【Enter】键；单击 G4 单元格，将鼠标放在右下角的黑色小方块上，当鼠标指针变成黑十字形状十时，按住鼠标左键拖至 G19 单元格，释放鼠标，计算出所有同学的总评成绩。

选中 G4：G19 单元格区域，单击“开始”选项卡下“数字”组的对话框启动按钮，打开“设置单元格格式”对话框，在“数字”标签下，“分类”列表中选择“数值”，保留 1 位小数，如图 3.45 所示。

单击 G21 单元格，单击编辑栏中的“插入函数”按钮，打开“插入函数”对话框，

学生期末成绩统计表

学号	姓名	性别	平时成绩	期中成绩	期末成绩	总评成绩	名次
99010001	张华	女	85	90	80		
99010002	江成	男	95	88	90		
99010003	汪海	男	65	85	85		
99010004	王建国	男	71	79	96		
99010005	李明	女	66	68	78		
99010006	张路	女	56	90	80		
99010007	陈建国	男	98	56	89		
99010008	章眉	女	85	98	79		
99010009	李小笑	女	63	99	74		
99010010	张虎	男	89	57	84		
99010011	和晓飞	女	87	75	94		
99010012	何其方	女	54	65	71		
99010013	赵建华	男	88	63	96		
99010014	钱一	男	88	80	96		
99010015	孙阳	男	95	78	73		
99010016	张鸿运	男	94	74	41		

图 3.44 设置了边框和底纹的工作表

选择函数为“AVERAGE”，单击“确定”按钮，在“函数参数”对话框中选中 G4：G19 区域，如图 3.46 所示，单击“确定”按钮。选中 G21 单元格，单击“开始”选项卡下“数字”组的对话框启动按钮，打开“设置单元格格式”对话框，在“数字”标签下，“分类”列表中选择“数值”，保留 0 位小数。

学生期末成绩统计表

学号	姓名	性别	平时成绩	期中成绩	期末成绩	总评成绩	名次
99010001	张华	女	85	90	80	84.5	
99010002	江成	男	95	88	90	90.9	
99010003	汪海	男	65	85	85	79.0	
99010004	王建国	男	71	79	96	83.4	
99010005	李明	女	66	68	78	71.4	
99010006	张路	女	56	90	80	75.8	
99010007	陈建国	男	98	56	89	81.8	
99010008	章眉	女	85	98	79	86.5	
99010009	李小笑	女	63	99	74	78.2	
99010010	张虎	男	89	57	84	77.4	
99010011	和晓飞	女	87	75	94	86.2	
99010012	何其方	女	54	65	71	64.1	
99010013	赵建华	男	88	63	96	83.7	
99010014	钱一	男	88	80	96	88.8	
99010015	孙阳	男	95	78	73	81.1	
99010016	张鸿运	男	94	74	41	66.8	

图 3.45 “总评成绩”的计算

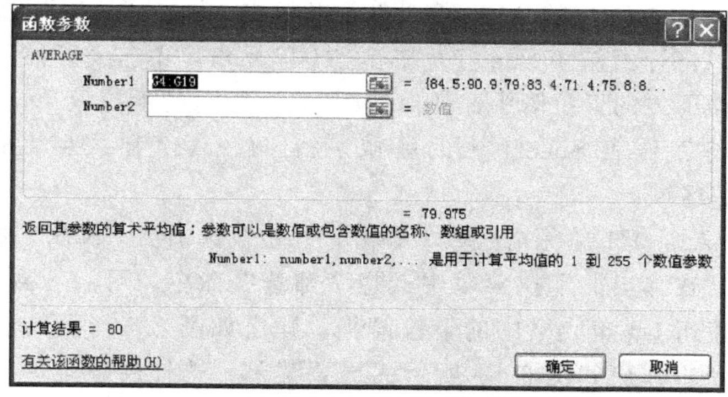

图 3.46 设置 AVERAGE 函数的参数

(5) 选中 H4 单元格，单击编辑栏中的“插入函数”按钮，打开“插入函数”对话框，选择函数为“RANK”，单击“确定”按钮，在“Number”参数文本框中输入“G4”，在“Ref”参数文本框中选择“$G$4：$G$19”，如图 3.47 所示，单击“确定”按钮。单击 H4 单元格，将鼠标放在右下角的黑色小方块上，当鼠标指针变成黑十字形状 + 时，按住鼠标左键拖至 H19 单元格，释放鼠标，如图 3.48 所示。

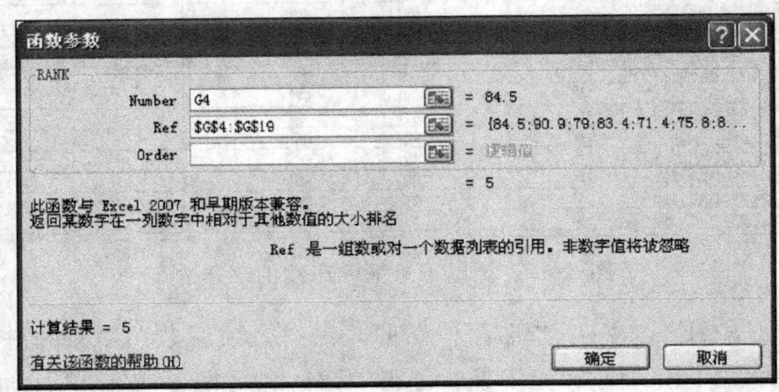

图 3.47　设置 RANK 函数的参数

	A	B	C	D	E	F	G	H
1	学生期末成绩统计表							
2								
3	学号	姓名	性别	平时成绩	期中成绩	期末成绩	总评成绩	名次
4	99010001	张华	女	85	90	80	84.5	5
5	99010002	江成	男	95	88	90	90.9	1
6	99010003	汪海	男	65	85	85	79.0	10
7	99010004	王建国	男	71	79	96	83.4	7
8	99010005	李明	女	66	68	78	71.4	14
9	99010006	张路	女	56	90	80	75.8	13
10	99010007	陈建国	男	98	56	89	81.8	8
11	99010008	章眉	女	85	98	79	86.5	3
12	99010009	李小笑	女	63	99	74	78.2	11
13	99010010	张虎	男	89	57	84	77.4	12
14	99010011	和晓飞	女	87	75	94	86.2	4
15	99010012	何其方	女	54	65	71	64.1	16
16	99010013	赵建华	男	88	63	96	83.7	6
17	99010014	钱一	男	88	80	96	88.8	2
18	99010015	孙阳	男	95	78	73	81.1	9
19	99010016	张鸿运	男	94	74	41	66.8	15
20								
21				平均总评成绩			80	

图 3.48　结果工作表

(6) 选中工作表 Sheet1 中的 A3：H19 单元格区域，单击“开始”选项卡“剪贴板”组中的“复制”按钮，打开工作表 Sheet2，单击 A1 单元格，单击“开始”选项卡“剪贴板”组中的“粘贴”按钮下方的下拉箭头，弹出如图 3.49 所示的下拉菜单，单击菜单中“值和数字格式”按钮，将工作表 Sheet1 中的区域 A3：H19（值和数字格式）复制到工作表 Sheet2 中 A1 开始的区域。

选中 Sheet2 中 A1：H1 单元格区域，单击“开始”选项卡“编辑”组中“排序和筛选”按钮下的下拉箭头，在弹出的下拉菜单中选择“筛选”命令，可以看到在 A1：H1 单元格中显示下拉箭头。单击 G1 单元格中的下拉箭头，弹出如图 3.50 所示的菜单，单击菜单中的“数字筛选”命令，弹出如图 3.51 所示的层叠菜单。选择层叠菜单中的“高于平均值”命令，自动筛选后的效果如图 3.52 所示。

图 3.49　“粘贴”下拉菜单

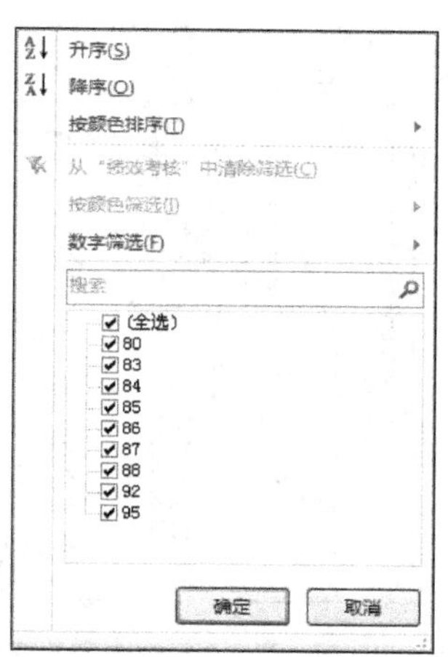

图 3.50　“筛选”菜单

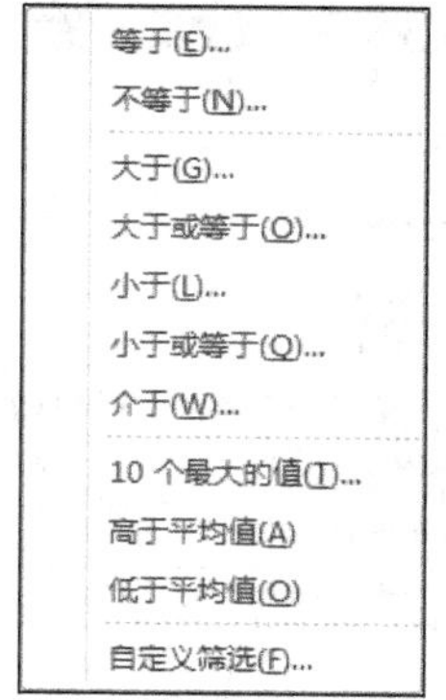

图 3.51　“数字筛选”菜单

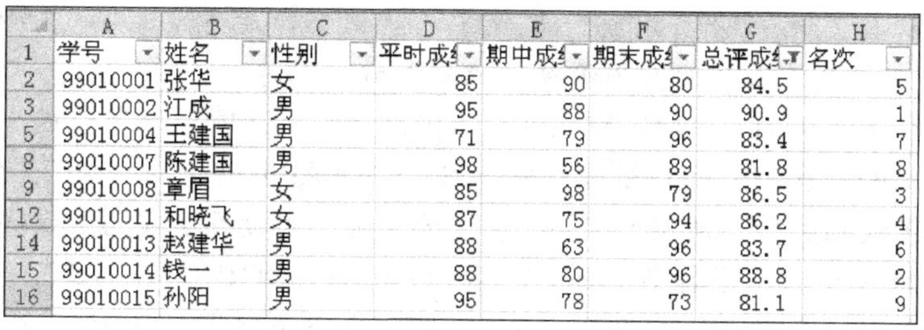

	A	B	C	D	E	F	G	H
1	学号	姓名	性别	平时成绩	期中成绩	期末成绩	总评成绩	名次
2	99010001	张华	女	85	90	80	84.5	5
3	99010002	江成	男	95	88	90	90.9	1
5	99010004	王建国	男	71	79	96	83.4	7
8	99010007	陈建国	男	98	56	89	81.8	8
9	99010008	章眉	女	85	98	79	86.5	3
12	99010011	和晓飞	女	87	75	94	86.2	4
14	99010013	赵建华	男	88	63	96	83.7	6
15	99010014	钱一	男	88	80	96	88.8	2
16	99010015	孙阳	男	95	78	73	81.1	9

图 3.52　筛选结果

(7) 重复第 (6) 步做法将工作表 Sheet1 中的区域 A3：H19 (值和数字格式) 复制到工作表 Sheet3 中 A1 开始的区域。

选中 Sheet3 中 A1：H17 单元格区域，单击“数据”选项卡下“排序和筛选”组中的排序按钮，在弹出的“排序”对话框中，设置“主要关键字”为“性别”，“次序”为“升序”，如图 3.53 所示，单击“确定”按钮。

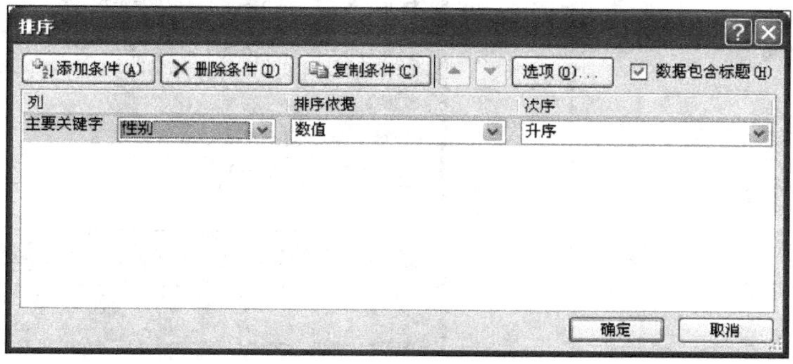

图 3.53　“排序”对话框

选中 Sheet3 中 A1：H17 单元格区域，单击“数据”选项卡下“分级显示”组中的“分类汇总”按钮，打开“分类汇总”对话框，设置“分类字段”为“性别”，“汇总方式”为“最大值”，“选定汇总项”为“总评成绩”，如图 3.54 所示，单击“确定”按钮。结果如图 3.55 所示。

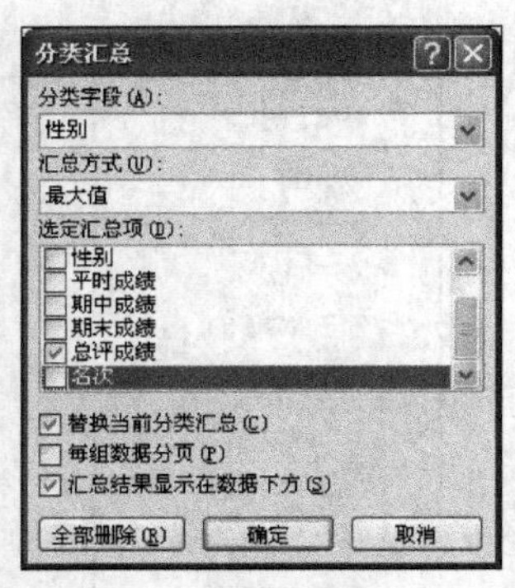

图 3.54　“分类汇总”对话框

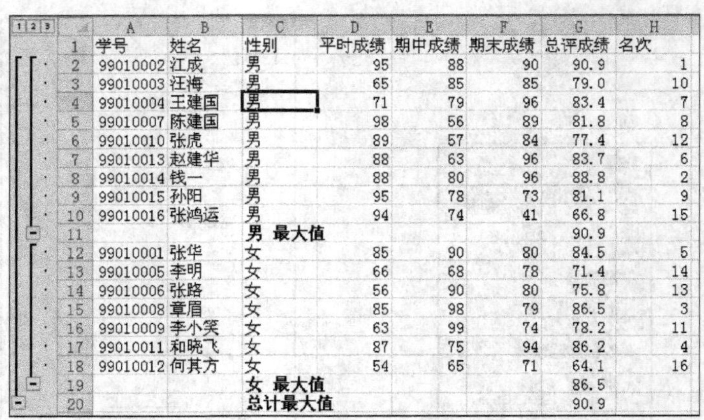

	A	B	C	D	E	F	G	H
1	学号	姓名	性别	平时成绩	期中成绩	期末成绩	总评成绩	名次
2	99010002	江成	男	95	88	90	90.9	1
3	99010003	汪海	男	65	85	85	79.0	10
4	99010004	王建国	男	71	79	96	83.4	7
5	99010007	陈建国	男	98	56	89	81.8	8
6	99010010	张虎	男	89	57	84	77.4	12
7	99010013	赵建华	男	88	63	96	83.7	6
8	99010014	钱一	男	88	80	96	88.8	2
9	99010015	孙阳	男	95	78	73	81.1	9
10	99010016	张鸿运	男	94	74	41	66.8	15
11			**男 最大值**				90.9	
12	99010001	张华	女	85	90	80	84.5	5
13	99010005	李明	女	66	68	78	71.4	14
14	99010006	张路	女	56	90	80	75.8	13
15	99010008	章眉	女	85	98	79	86.5	3
16	99010009	李小笑	女	63	99	74	78.2	11
17	99010011	和晓飞	女	87	75	94	86.2	4
18	99010012	何其方	女	54	65	71	64.1	16
19			**女 最大值**				86.5	
20			**总计最大值**				90.9	

图 3.55　分类汇总结果

【说明】

分类汇总前必须先对“分类汇总”字段排序。例如，题中要求按“性别”进行分类汇总，那么就必须先将工作表中的数据依据“性别”进行排序。

（8）选中工作表 Sheet1 中的 B4 单元格，单击“开始”选项卡下“样式”组中的“条件格式”按钮，在弹出的列表中选择“新建规则”命令，如图 3.56 所示。打开“新建格式规则”对话框，在“选择规则类型”列表中选择“使用公式确定要设置格式的单元格”选项，在“为符合此公式的值设置格式”下输入公式“＝IF（F4＜60，TRUE，FALSE）”；单击“格式”按钮，打开“设置单元格格式”对话框，在“字体”标签下设置“加粗”，在“边框”标签下设置“虚线”，在“填充”标签下设置单元格图案样式为“6.25％灰色”，单击“确定”按钮，返回“新建格式规则”对话框，如图 3.57 所示，再单击“确定”按钮，完成设置。

图 3.56　“条件格式”菜单

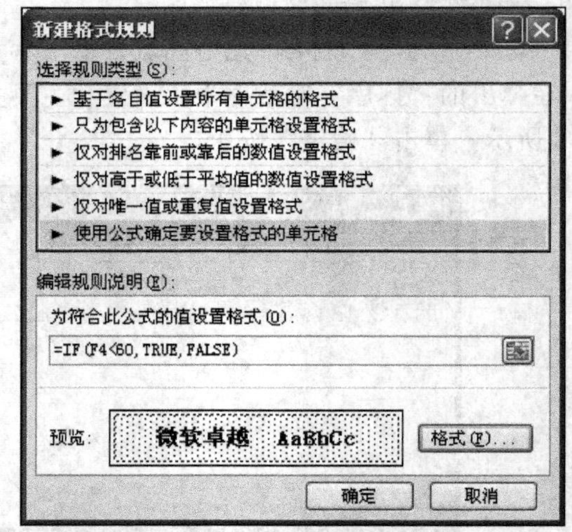

图 3.57　“新建格式规则”对话框

选中 B4 单元格，单击“开始”选项卡“剪贴板”组的“格式刷”按钮，在 B5～B19 单元格上拖动鼠标，将 B4 单元格的格式复制到 B5～B19 单元格。按照上述操作，“期末成绩小于 60”的学生的“姓名”单元格字形设置为“加粗”，单元格图案样式为“6.25％灰色”，边框为“虚线”。结果如图 3.58 所示。

	A	B	C	D	E	F	G	H
1	学生期末成绩统计表							
2								
3	学号	姓名	性别	平时成绩	期中成绩	期末成绩	总评成绩	名次
4	99010001	张华	女	85	90	80	84.5	5
5	99010002	江成	男	95	88	90	90.9	1
6	99010003	汪海	男	65	85	85	79.0	10
7	99010004	王建国	男	71	79	96	83.4	7
8	99010005	李明	女	66	68	78	71.4	14
9	99010006	张路	女	56	90	80	75.8	13
10	99010007	陈建国	男	98	56	89	81.8	8
11	99010008	章眉	女	85	98	79	86.5	3
12	99010009	李小笑	女	63	99	74	78.2	11
13	99010010	张虎	男	89	57	84	77.4	12
14	99010011	和晓飞	女	87	75	94	86.2	4
15	99010012	何其方	女	54	65	71	64.1	16
16	99010013	赵建华	男	88	63	96	83.7	6
17	99010014	钱一	男	88	80	96	88.8	2
18	99010015	孙阳	男	95	78	73	81.1	9
19	99010016	张鸿运	男	94	74	41	66.8	15
20								
21				平均总评成绩			80	

图 3.58　结果工作表

实验 3.3　Excel 2010 综合实验

【实验内容与要求】

任务五：打开任务五素材文档，素材文档由教师提供，完成如下操作。

（1）将 Sheet1 工作表标签改名为“十月份空气质量”，并删除其余工作表。

（2）在“日期”列中输入 10 月 1 日，10 月 2 日，10 月 3 日，……，10 月 31 日。

（3）对表格的 A2：F39 区域进行美化：外框双线、内框单线、框线为绿色；表格外不显示网格线；各列标题填充浅绿色如样张；表格内所有文字和数据左对齐；“浓度”列数据保留 3 位小数。

（4）表格标题“空气质量统计表”跨表格各列合并居中。

（5）用公式计算 E4：E34 区域内各单元格的空气污染指数，简化的计算公式如下：空气污染指数＝（二氧化硫浓度＋氮氧化物浓度＋可吸入颗粒物浓度）×150×3，并设置 E4：E34 区域内各单元格的数值形式为整数值，不保留小数位。

（6）使用 IF 函数判断每日空气质量状况，当空气污染指数≤50 时，空气质量为优；50＜空气污染指数≤100 时，空气质量为良；100＜空气污染指数≤150 时，空气质量为轻微污染；空气污染指数＞150 时为严重污染。

（7）在 B35：D35 中，使用平均函数 AVERAGE 分别计算二氧化硫浓度、氮氧化物浓度、可吸入颗粒物浓度的月平均值，在 F36：F39 中使用 COUNTIF 函数统计本月空气质量为优、良、轻微污染和重度污染的天数。

（8）将“十月份空气质量”工作表复制一份，副本工作表标签重命名为“排序”。将“排序”工作表放在“十月份”工作表的右边。在“排序”工作表中，将 A4：F34 之间的数据，按主要关键字“列 E”、次要关键字“列 F”进行升序排序。

（9）将“十月份空气质量”工作表中 A36：A39 区域中的数据和 F36：F39 区域中的数

据绘制“饼图”，图表标题为“十月份空气质量”，保存在“十月份空气质量”工作表中。图表区背景填充纹理“新闻纸”，数据系列显示百分比和图例项靠右。

任务六：打开任务六素材文档，素材文档由教师提供，请在打开的窗口中进行如下操作。

(1) 将 Sheet1 工作表标签重命名为“中信证券”，将 Sheet2 工作表标签重命名为“华北制药”，删除 Sheet3 工作表。

(2) 将“中信证券”和“华北制药”两个工作表的第一行的行高都设置为“25”，第 2 行至第 22 行的行高设置为“20”；第 A 列的列宽设置为“15”；将两个工作表的表格标题均在 A1：F1 中设置为“合并后居中”，黑体，字号 18。

(3) 为“华北制药”工作表中的 A2：F22 区域添加红色双线外边框和绿色单细线内边框。

(4) 建立“华北制药”工作表的副本，命名为“数据统计”，在 A23 单元格内输入文字“平均值”，利用函数分别计算“开盘”、“最高”、“最低”和“收盘”的平均值，将结果放置在第 23 行所对应的单元格内，单元格数据添加美元货币符号、小数点保留一位。

(5) 在“数据统计”工作表 G2 单元格中输入“成交量趋势”，利用 IF 函数和绝对地址计算成交量趋势。判断条件为：成交量＞平均成交量，在该日的“成交量趋势”中标注“成交量放大”；成交量＜＝平均成交量，在该日的“成交量趋势”中标注“成交量减少”。

(6) 利用 COUNTIF 函数计算“成交量趋势”中“成交量放大”的个数，并把结果放在 G23 单元格内。

任务七：打开任务七素材文档，素材文档由教师提供，请在打开的窗口中进行如下操作。

1. 在工作表 Sheet1 中完成如下操作：

(1) 在“姓名”列右边增加一列，列标题为“部门”，用函数从编号中获得每个职工的部门，计算方法：编号中的第一个字母表示部门，A 表示外语系，B 表示中文系，C 表示计算机系。

(2) 计算出每个职工的实发工资，计算公式是：实发工资＝基本工资－水电费。在 D7 单元格中利用 MAX 函数求出基本工资的最高值，在 F7 单元格中利用 MIN 函数求出实发工资的最低值。

(3) 以“实发工资”为关键字进行升序排序，将实发工资最高的职工所在的行高调整为 26，垂直方向居中对齐，并为该行添加浅蓝色底纹。

2. 在工作表 Sheet2 中完成如下操作：

(1) 将 Sheet2 工作表的 A1：E1 单元格合并为一个单元格，内容水平居中；在 E4 单元格内计算所有考生的平均分数（利用 AVERAGE 函数），在 E5 和 E6 单元格内计算笔试人数和上机人数（利用 COUNTIF 函数），在 E7 和 E8 单元格内计算笔试的平均分数和上机的平均分数（先利用 SUMIF 函数分别求总分数）。

(2) 选取“准考证号”和“分数”两列单元格区域的内容建立“带数据标记的折线图”（数据系列产生在“列”），在图表上方插入图表标题“分数统计图”，图例位置靠左，为 X 坐标轴和 Y 坐标轴添加次要网格线，将图表插入到工作表的 A16：E24 单元格区域内。

【实验步骤】

任务五：操作步骤如下。

(1) 在 Sheet1 工作表标签上单击鼠标右键，在弹出的快捷菜单中选择“重命名”命令，输入“十月份空气质量”，按【Enter】键确认即可。

在 Sheet2 工作表标签上单击鼠标右键，在弹出的快捷菜单中选择“删除”命令，删除 Sheet3 方法同上。

(2) 单击 A4 单元格，输入“10/1”，按【Enter】键确认。单击 A4 单元格，将鼠标放在右下角的黑色小方块上，当鼠标指针变成黑十字形状+时，按住鼠标左键向下拖曳至 A34，释放鼠标即可，如图 3.59 所示。

A4　2013-10-1

	A	B	C	D	E	F
1	十月份空气质量统计表					
2	日期	浓度（mg/m³）			空气污染指数	空气质量状况
3		二氧化硫	氮氧化物	可吸入颗粒物		
4	10月1日	0.04	0.023	0.061		
5	10月2日	0.05	0.016	0.051		
6	10月3日	0.06	0.017	0.061		
7	10月4日	0.04	0.023	0.051		
8	10月5日	0.05	0.014	0.075		
9	10月6日	0.03	0.08	0.043		
10	10月7日	0.03	0.015	0.041		
11	10月8日	0.02	0.015	0.061		
12	10月9日	0.02	0.014	0.069		
13	10月10日	0.02	0.013	0.071		
14	10月11日	0.02	0.018	0.058		
15	10月12日	0.02	0.013	0.059		
16	10月13日	0.02	0.012	0.062		
17	10月14日	0.01	0.014	0.069		
18	10月15日	0.03	0.07	0.047		
19	10月16日	0.04	0.018	0.051		
20	10月17日	0.02	0.02	0.067		
21	10月18日	0.02	0.014	0.051		
22	10月19日	0.02	0.012	0.061		
23	10月20日	0.02	0.012	0.058		
24	10月21日	0.03	0.013	0.043		
25	10月22日	0.02	0.015	0.037		
26	10月23日	0.06	0.014	0.043		

十月份空气质量

图 3.59　日期序列填充

(3) 选中 A2：F39 单元格区域，单击“开始”选项卡下“对齐方式”组中的对话框启动按钮，在弹出的“设置单元格格式”对话框中选择“边框”标签，设置外边框为双线，内边框为单线，框线为绿色，如图 3.60 所示。

单击取消“视图”选项卡下“显示/隐藏”组中的“网格线”复选框。

选中 A2：F3 单元格区域，单击“开始”选项卡下“对齐方式”组中的对话框启动按钮，在弹出的“设置单元格格式”对话框中选择“填充”标签，设置背景色为浅绿色。

选中 A1：F39 单元格区域，单击“开始”选项卡下“对齐方式”组中的对话框启动按钮，在弹出的“设置单元格格式”对话框中选择“对齐”标签，设置为“左对齐”。

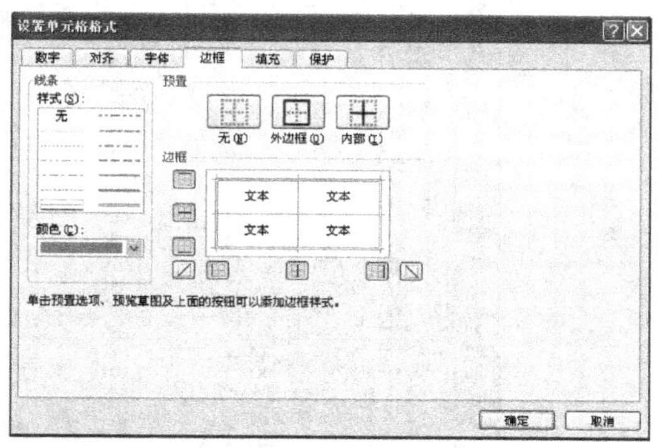

图 3.60　边框设置

A	B	C	D	E	F
十月份空气质量统计表					
日期	浓度（mg/m³） 二氧化硫	氮氧化物	可吸入颗粒物	空气污染指数	空气质量状况
10月1日	0.040	0.023	0.061		
10月2日	0.050	0.016	0.051		
10月3日	0.060	0.017	0.061		
10月4日	0.040	0.023	0.051		
10月5日	0.050	0.014	0.075		
10月6日	0.030	0.080	0.043		
10月7日	0.030	0.015	0.041		
10月8日	0.020	0.015	0.061		
10月9日	0.020	0.014	0.069		
10月10日	0.020	0.013	0.071		
10月11日	0.020	0.018	0.058		
10月12日	0.020	0.013	0.059		
10月13日	0.020	0.012	0.062		
10月14日	0.010	0.014	0.069		
10月15日	0.030	0.070	0.047		
10月16日	0.040	0.018	0.051		
10月17日	0.020	0.020	0.067		
10月18日	0.020	0.014	0.051		
10月19日	0.020	0.012	0.061		
10月20日	0.020	0.012	0.058		
10月21日	0.030	0.013	0.043		
10月22日	0.020	0.015	0.037		
10月23日	0.060	0.014	0.043		
10月24日	0.050	0.014	0.025		
10月25日	0.040	0.013	0.007		
10月26日	0.020	0.016	0.062		
10月27日	0.060	0.014	0.057		
10月28日	0.066	0.113	0.054		
10月29日	0.050	0.250	0.062		
10月30日	0.060	0.130	0.055		
10月31日	0.050	0.110	0.051		
月平均值	0.035	0.037	0.054		

十月份空气质量

图 3.61　数字格式设置

选中 B4：D34 单元格区域，单击“开始”选项卡下“数字”组中的对话框启动按钮，在弹出的“设置单元格格式”对话框中选择“数字”标签，设置保留 3 位小数，如图 3.61 所示。

（4）选中 A1：F1 单元格区域，单击“开始”选项卡下“对齐方式”组中的“合并后居中”按钮。

（5）单击 E4 单元格，输入“＝（B4＋C4＋D4）＊150＊3”，按【Enter】键确认，再单击 E4 单元格，将鼠标放在右下角的黑色小方块上，当鼠标指针变成黑十字形状＋时，按住鼠标左键向下拖曳至 E34，释放鼠标，如图 3.62 所示。

选中 E4：E34 单元格区域，单击“开始”选项卡下“数字”组中的对话框启动按钮，在弹出的“设置单元格格式”对话框中选择“数字”标签，在“分类”中选择“数值”，设置小数位数为 0，如图 3.63 所示。

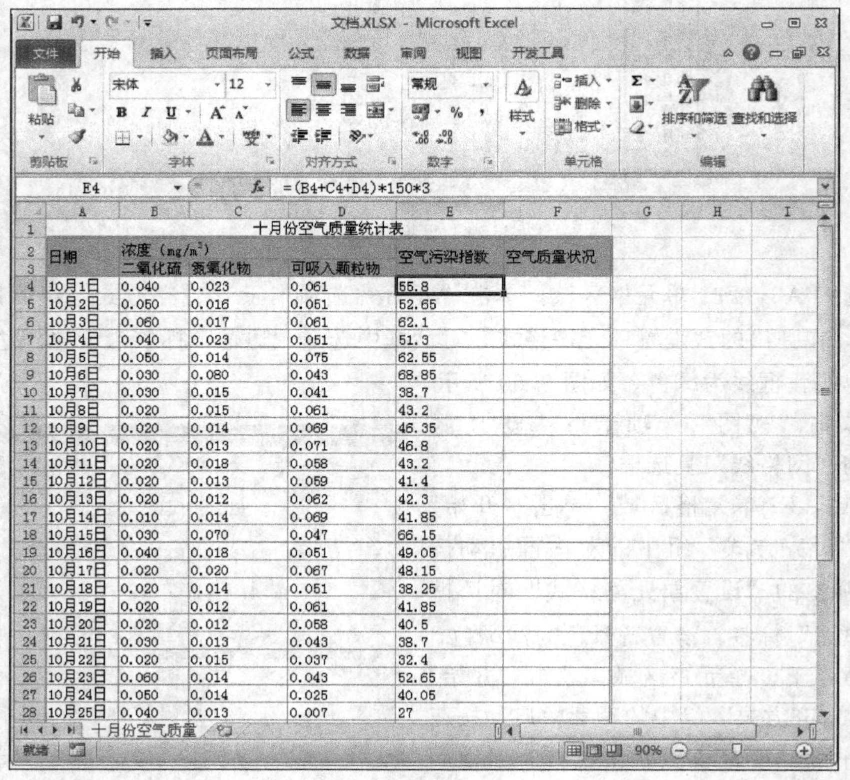

A	B	C	D	E	F
十月份空气质量统计表					
日期	浓度（mg/m³） 二氧化硫	氮氧化物	可吸入颗粒物	空气污染指数	空气质量状况
10月1日	0.040	0.023	0.061	55.8	
10月2日	0.050	0.016	0.051	52.65	
10月3日	0.060	0.017	0.061	62.1	
10月4日	0.040	0.023	0.051	51.3	
10月5日	0.050	0.014	0.075	62.55	
10月6日	0.030	0.080	0.043	68.85	
10月7日	0.030	0.015	0.041	38.7	
10月8日	0.020	0.015	0.061	43.2	
10月9日	0.020	0.014	0.069	46.35	
10月10日	0.020	0.013	0.071	46.8	
10月11日	0.020	0.018	0.058	43.2	
10月12日	0.020	0.013	0.059	41.4	
10月13日	0.020	0.012	0.062	42.3	
10月14日	0.010	0.014	0.069	41.85	
10月15日	0.030	0.070	0.047	66.15	
10月16日	0.040	0.018	0.051	49.05	
10月17日	0.020	0.020	0.067	48.15	
10月18日	0.020	0.014	0.051	38.25	
10月19日	0.020	0.012	0.061	41.85	
10月20日	0.020	0.012	0.058	40.5	
10月21日	0.030	0.013	0.043	38.7	
10月22日	0.020	0.015	0.037	32.4	
10月23日	0.060	0.014	0.043	52.65	
10月24日	0.050	0.014	0.025	40.05	
10月25日	0.040	0.013	0.007	27	

图 3.62　复制公式

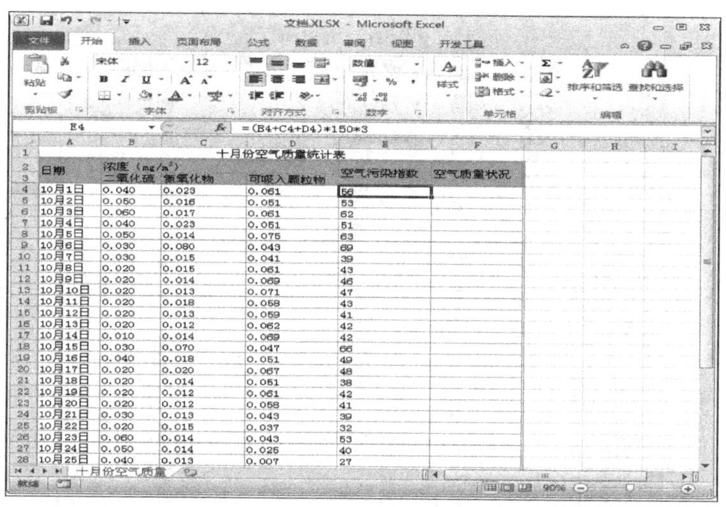

E4　=(B4+C4+D4)*150*3

十月份空气质量统计表					
日期	浓度（mg/m³）二氧化硫	氮氧化物	可吸入颗粒物	空气污染指数	空气质量状况
10月1日	0.040	0.023	0.061	56	
10月2日	0.050	0.016	0.051	53	
10月3日	0.060	0.017	0.061	62	
10月4日	0.040	0.023	0.051	51	
10月5日	0.050	0.014	0.075	63	
10月6日	0.030	0.080	0.043	69	
10月7日	0.030	0.015	0.041	39	
10月8日	0.020	0.015	0.061	43	
10月9日	0.020	0.014	0.069	46	
10月10日	0.020	0.013	0.071	47	
10月11日	0.020	0.018	0.058	43	
10月12日	0.020	0.013	0.059	41	
10月13日	0.020	0.012	0.062	42	
10月14日	0.010	0.014	0.069	42	
10月15日	0.030	0.070	0.047	66	
10月16日	0.040	0.018	0.051	49	
10月17日	0.020	0.020	0.067	48	
10月18日	0.020	0.014	0.051	38	
10月19日	0.020	0.012	0.061	42	
10月20日	0.020	0.012	0.058	41	
10月21日	0.030	0.013	0.043	39	
10月22日	0.020	0.015	0.037	32	
10月23日	0.060	0.014	0.043	53	
10月24日	0.050	0.014	0.025	40	
10月25日	0.040	0.013	0.007	27	

图 3.63　设置数字格式

（6）选中 F4 单元格，单击编辑栏中的“插入函数”按钮 f_x，打开“插入函数”对话框，选择函数的类别为“常用函数”，选择函数为“IF”，单击“确定”按钮。打开“函数参数”对话框 1，在“Logical_test”中输入“E4>150”，在“Value_if_true”中输入“严重污染”，如图 3.64 所示；再单击“Value_if_false”文本框，在名称框中选择“IF”，打开“函数参数”对话框 2，在“Logical_test”中输入“E4>100”，在“Value_if_true”中输入“轻微污染”，如图 3.65 所示；再单击“Value_if_false”文本框，在名称框中选择“IF”，打开“函数参数”对话框 3，在“Logical_test”中输入“E4>50”，在“Value_if_true”中输入“良”，在“Value_if_false”中输入“优”，如图 3.66 所示，最后单击“确定”按钮。单击 F4 单元格，将鼠标放在▭右下角的黑色小方块上，当鼠标指针变成黑十字形状＋时，按住鼠标左键向下拖曳至 F34，释放鼠标，结果如图 3.67 所示。

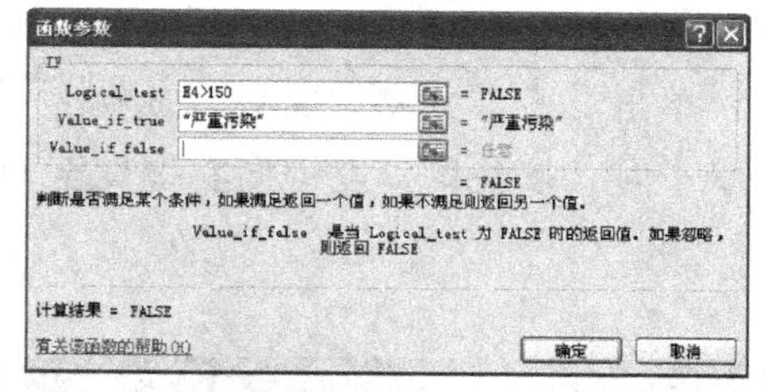

图 3.64　“函数参数”对话框 1

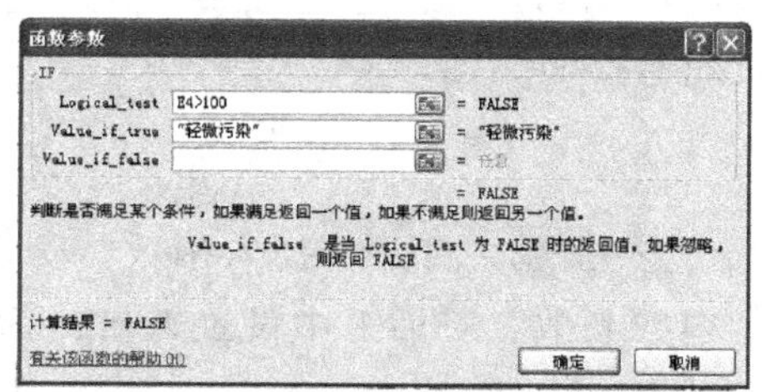

图 3.65　“函数参数”对话框 2

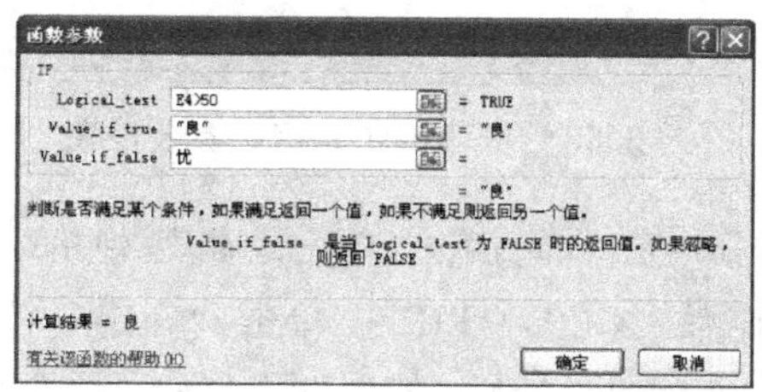

图 3.66　“函数参数”对话框 3

说明：本操作也可以直接在 F4 单元格中输入公式

“=IF（E4>150,"严重污染",IF（E4>100,"轻微污染",IF（E4>50,"良","优"）））”

需要注意的是，函数中的值"严重污染"、"轻微污染"、"良"和"优"必须使用西文双引号作定界符。

	A	B	C	D	E	F
1	十月份空气质量统计表					
2	日期	浓度（mg/m^3）			空气污染指数	空气质量状况
3		二氧化硫	氮氧化物	可吸入颗粒物		
4	10月1日	0.040	0.023	0.061	56	良
5	10月2日	0.050	0.016	0.051	53	良
6	10月3日	0.060	0.017	0.061	62	良
7	10月4日	0.040	0.023	0.051	51	良
8	10月5日	0.050	0.014	0.075	63	良
9	10月6日	0.030	0.080	0.043	69	良
10	10月7日	0.030	0.015	0.041	39	优
11	10月8日	0.020	0.015	0.061	43	优
12	10月9日	0.020	0.014	0.069	46	优
13	10月10日	0.020	0.013	0.071	47	优
14	10月11日	0.020	0.018	0.058	43	优
15	10月12日	0.020	0.013	0.059	41	优
16	10月13日	0.020	0.012	0.062	42	优
17	10月14日	0.010	0.014	0.069	42	优
18	10月15日	0.030	0.070	0.047	66	良
19	10月16日	0.040	0.018	0.051	49	优
20	10月17日	0.020	0.020	0.067	48	优
21	10月18日	0.020	0.014	0.051	38	优
22	10月19日	0.020	0.012	0.061	42	优
23	10月20日	0.020	0.012	0.058	41	优
24	10月21日	0.030	0.013	0.043	39	优
25	10月22日	0.020	0.015	0.037	32	优
26	10月23日	0.060	0.014	0.043	53	良
27	10月24日	0.050	0.014	0.025	40	优
28	10月25日	0.040	0.013	0.007	27	优
29	10月26日	0.020	0.016	0.062	44	优
30	10月27日	0.060	0.014	0.057	59	良
31	10月28日	0.066	0.113	0.054	105	轻微污染

十月份空气质量

图 3.67　复制函数

（7）选中 B35 单元格，单击编辑栏中的“插入函数”按钮 f_x，打开“插入函数”对话框，选择函数“AVERAGE”，单击“确定”按钮，在“函数参数”对话框中选中 B4：B34 区域（与默认区域一致），如图 3.68 所示，单击“确定”按钮。

单击 B35 单元格，将鼠标放在单元格右下角的黑色小方块上，当鼠标指针变成黑十字形状＋时，按住鼠标左键向右拖曳至 D35，释放鼠标，如图 3.69 所示。

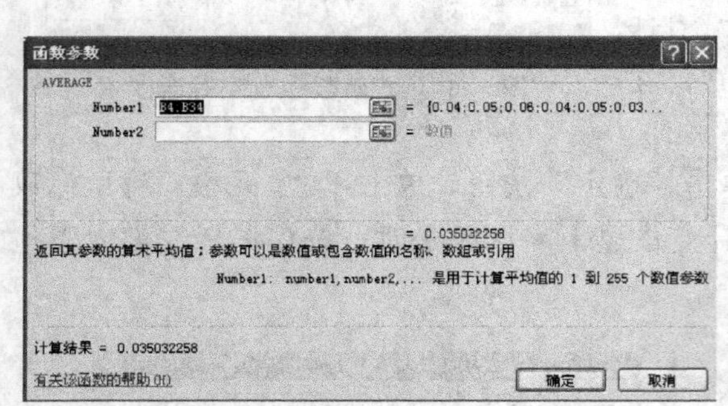

图 3.68　AVERAGE 函数参数设置

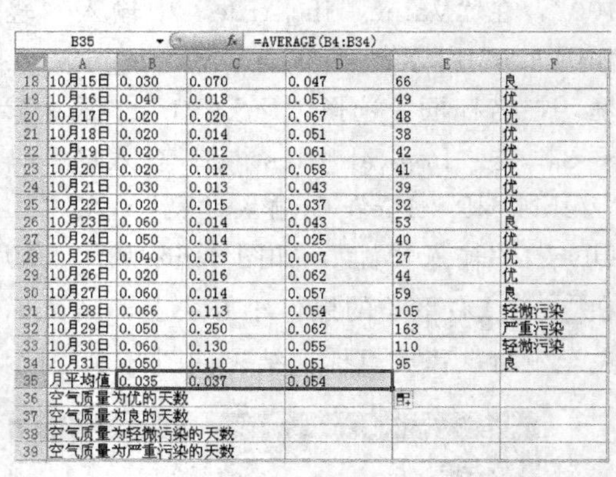

B35　f_x　=AVERAGE(B4:B34)

	A	B	C	D	E	F
18	10月15日	0.030	0.070	0.047	66	良
19	10月16日	0.040	0.018	0.051	49	优
20	10月17日	0.020	0.020	0.067	48	优
21	10月18日	0.020	0.014	0.051	38	优
22	10月19日	0.020	0.012	0.061	42	优
23	10月20日	0.020	0.012	0.058	41	优
24	10月21日	0.030	0.013	0.043	39	优
25	10月22日	0.020	0.015	0.037	32	优
26	10月23日	0.060	0.014	0.043	53	良
27	10月24日	0.050	0.014	0.025	40	优
28	10月25日	0.040	0.013	0.007	27	优
29	10月26日	0.020	0.016	0.062	44	优
30	10月27日	0.060	0.014	0.057	59	良
31	10月28日	0.066	0.113	0.054	105	轻微污染
32	10月29日	0.050	0.250	0.062	163	严重污染
33	10月30日	0.060	0.130	0.055	110	轻微污染
34	10月31日	0.050	0.110	0.051	95	良
35	月平均值	0.035	0.037	0.054		
36	空气质量为优的天数					
37	空气质量为良的天数					
38	空气质量为轻微污染的天数					
39	空气质量为严重污染的天数					

图 3.69　复制公式

选中 F36 单元格，单击编辑栏中的“插入函数”按钮 f_x，打开“插入函数”对话框，选择函数“COUNTIF”，单击“确定”按钮，在“函数参数”对话框中设置 Range 为 F4：F34，Criteria 为优，如图 3.70 所示，单击“确定”按钮。

使用同样的方法计算 F37：F39 单元格中的值（或者将图 3.70 中“Range”参数值由“F4：F34”改为“＄F＄4＄：F＄34”，即 Range 参数为绝对引用，单击“确定”按钮。然后单击 F36 单元格，将鼠标放在单元格右下角的黑色小方块上，当鼠标指针变成黑十字形状＋时，按住鼠标左键向下拖曳至 F39，释放鼠标。修改 F37 ：F39 的 Criteria 分别为“良”、“轻微污染”、“严重污染”），结果如图 3.71 所示。

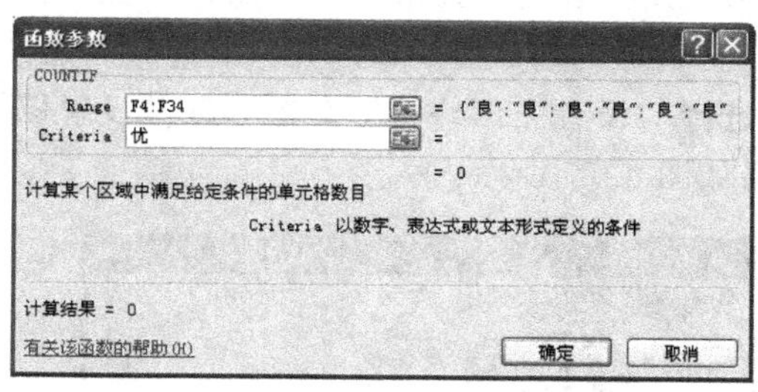

图 3.70　COUNTIF 函数参数设置

F40

	A	B	C	D	E	F
19	10月16日	0.040	0.018	0.051	49	优
20	10月17日	0.020	0.020	0.067	48	优
21	10月18日	0.020	0.014	0.051	38	优
22	10月19日	0.020	0.012	0.061	42	优
23	10月20日	0.020	0.012	0.058	41	优
24	10月21日	0.030	0.013	0.043	39	优
25	10月22日	0.020	0.015	0.037	32	优
26	10月23日	0.060	0.014	0.043	53	良
27	10月24日	0.050	0.014	0.025	40	优
28	10月25日	0.040	0.013	0.007	27	优
29	10月26日	0.020	0.016	0.062	44	优
30	10月27日	0.060	0.014	0.057	59	良
31	10月28日	0.066	0.113	0.054	105	轻微污染
32	10月29日	0.050	0.250	0.062	163	严重污染
33	10月30日	0.060	0.130	0.055	110	轻微污染
34	10月31日	0.050	0.110	0.051	95	良
35	月平均值	0.035	0.037	0.054		
36	空气质量为优的天数					18
37	空气质量为良的天数					10
38	空气质量为轻微污染的天数					2
39	空气质量为严重污染的天数					1

图 3.71　复制函数

（8）鼠标右键单击工作表标签，在弹出的菜单中选择“移动或复制工作表”，选中“建立副本”复选框，单击“确定”按钮（或者按住【Ctrl】键，点击鼠标左键选中工作表标签，横向拖动也可复制工作表）。鼠标右键单击新建的工作表副本标签，在弹出的菜单中选择“重命名”命令，输入“排序”。

鼠标左键单击“排序”工作表标签，此时鼠标所在位置会出现一个白板状图标，且在工作表标签的左上方出现一个黑色倒三角标志▼，沿着工作表标签拖动鼠标，当黑色倒三角移动到“十月份空气质量”工作表标签右侧，松开鼠标。

单击“排序”工作表标签，选中 A4：F34 区域，单击“数据”选项卡下“排序和筛选”组中的“排序”按钮，在弹出的“排序”对话框中，设置“主要关键字”为“列 E”，“次序”为“升序”，单击“添加条件”按钮 添加条件(A)，设置“次要关键字”为“列 F”，“次序”为“升序”，如图 3.72 所示，单击“确定”按钮，结果如图 3.73 所示。

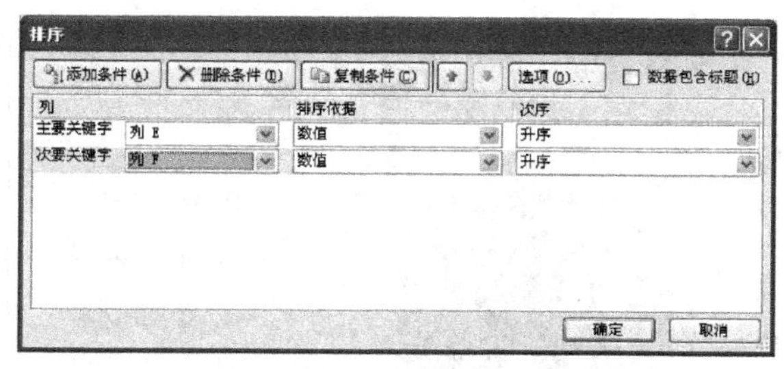

图 3.72　“排序”对话框

	A	B	C	D	E	F
1	十月份空气质量统计表					
2	日期	浓度（mg/m³）			空气污染指数	空气质量状况
3		二氧化硫	氮氧化物	可吸入颗粒物		
4	10月25日	0.040	0.013	0.007	27	优
5	10月22日	0.020	0.015	0.037	32	优
6	10月18日	0.020	0.014	0.051	38	优
7	10月7日	0.030	0.015	0.041	39	优
8	10月21日	0.030	0.013	0.043	39	优
9	10月24日	0.050	0.014	0.025	40	优
10	10月20日	0.020	0.012	0.058	41	优
11	10月12日	0.020	0.013	0.059	41	优
12	10月14日	0.010	0.014	0.069	42	优
13	10月19日	0.020	0.012	0.061	42	优
14	10月13日	0.020	0.012	0.062	42	优
15	10月8日	0.020	0.015	0.061	43	优
16	10月11日	0.020	0.018	0.058	43	优
17	10月26日	0.020	0.016	0.062	44	优
18	10月9日	0.020	0.014	0.069	46	优
19	10月10日	0.020	0.013	0.071	47	优
20	10月17日	0.020	0.020	0.067	48	优
21	10月16日	0.040	0.018	0.051	49	优
22	10月4日	0.040	0.023	0.051	51	良
23	10月2日	0.050	0.016	0.051	53	良
24	10月23日	0.060	0.014	0.043	53	良

图 3.73　排序结果

（9）选中 A36：A39 区域，按住【Ctrl】键选中 F36：F39 区域，单击“插入”选项卡下“图表”组中的“饼图”按钮，在弹出的下拉列表中选择“二维饼图”命令。单击“图表工具”→“布局”选项卡下“标签”组中的“图表标题”按钮，在弹出的下拉列表中选择“图标上方”命令。单击默认的图表标题，将其更改为“十月份空气质量”。

在图表的图表区单击鼠标右键，在弹出的菜单中选择“设置图表区格式（F）”，在“设置图表区格式”对话框中，选择“填充”下的“图片或纹理填充”，点击“纹理（U）”

后的，选择“新闻纸”，如图 3.74 所示，单击“关闭”按钮。鼠标左键单击数据系列，单击“图表工具”→“布局”选项卡下“标签”组中的“数据标签”按钮，在弹出的下拉列表中，选择“其它数据标签选项（M）”命令，弹出“设置数据标签格式”对话框，在“标签选项”中取消“值”的复选框，选中“百分比”复选框，如图 3.75 所示，单击“关闭”按钮。图例项默认靠右，否则右键单击“图例项”选择“设置图例格式”命令，在“设置图例格式”对话框中设置，如图 3.76 所示。最终结果如图 3.77 所示。

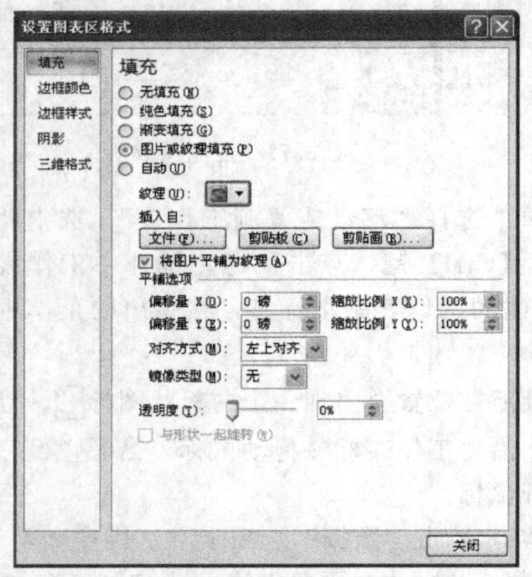

图 3.74　“设置图标区格式”对话框

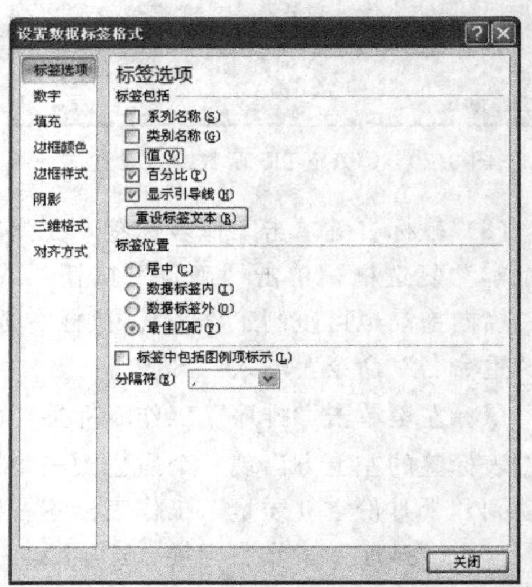

图 3.75　“设置数据标签格式”对话框

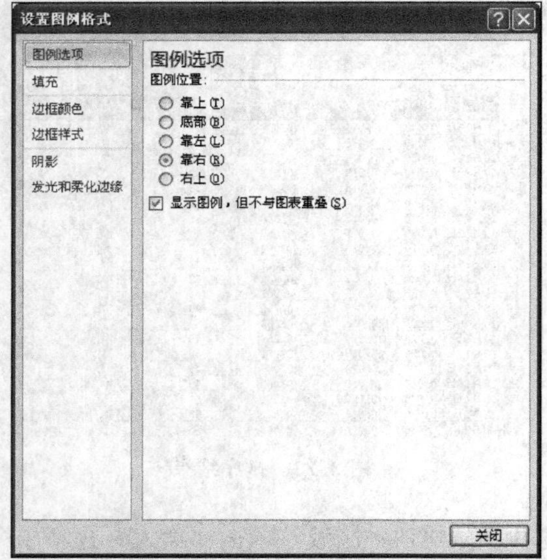

图 3.76　“设置图例格式”对话框

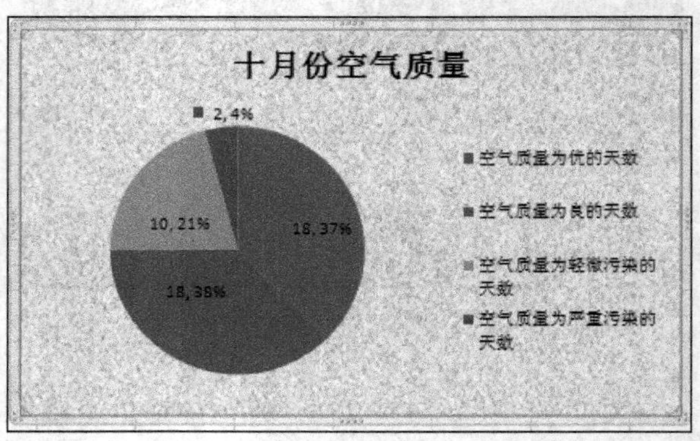

图 3.77　结果图表

任务六：操作步骤如下。

（1）在 Sheet1 工作表标签单击鼠标右键，在弹出的快捷菜单中选择“重命名”命令，输入“中信证券”，按【Enter】键确认。

在 Sheet2 工作表标签单击鼠标右键，在弹出的快捷菜单中选择“重命名”命令，输入“华北制药”，按【Enter】键确认。

在 Sheet3 工作表标签单击鼠标右键，在弹出的快捷菜单中选择“删除”命令。

(2) 选中“中信证券”工作表的第一行，单击“开始”选项卡下“单元格”组中“格式”按钮，在弹出的下拉列表中选择“行高”命令，在弹出的“行高”对话框中输入“25”，单击“确定”按钮。选中“中信证券”工作表的第 2 行至第 22 行，单击“开始”选项卡下“单元格”组中的“格式”按钮，在弹出的下拉列表中选择“行高”命令，在弹出的“行高”对话框中输入“22”，单击“确定”按钮。选中“中信证券”工作表的 A 列，单击“开始”选项卡下“单元格”组中的“格式”按钮，在弹出的下拉列表中选择“列宽”命令，在弹出的“列宽”对话框中输入“15”，单击“确定”按钮。选中“中信证券”工作表的 A1：F1 单元格区域，单击“开始”选项卡下“对齐方式”组中的“合并后居中”按钮，合并 A1：F1 单元格区域，选中 A1 单元格，在“开始”选项卡“字体”组设置单元格内文字字体为“黑体”，字号为“18”。

使用同样的过程处理“华北制药”工作表。

(3) 选中“华北制药”工作表中的 A2：F22 区域，单击“开始”选项卡下“对齐方式”组中的对话框启动按钮，在弹出的“设置单元格格式”对话框中选择“边框”标签，设置外边框红色双线，内框为绿色单线，效果如图 3.78 所示。

	A	B	C	D	E	F
1	华北制药（600812）					
2	时间	开盘	最高	最低	收盘	成交量
3	2010-11-24	14.92	16.37	14.92	16.25	26201118
4	2010-11-25	16.08	16.9	15.97	16.29	30161606
5	2010-11-26	16.28	16.84	16.1	16.78	20994649
6	2010-11-29	16.8	17.03	16.37	16.68	19428792
7	2010-11-30	16.7	16.8	15.35	15.88	25357956
8	2010-12-1	15.8	16.22	15.58	15.9	10866860
9	2010-12-2	16.03	16.49	15.95	15.96	12780772
10	2010-12-3	16	16.27	15.51	15.88	10907941
11	2010-12-6	15.9	16	15.15	15.25	15462756
12	2010-12-7	15.2	15.79	14.81	15.7	10300380
13	2010-12-8	15.6	15.86	15.45	15.57	6602016
14	2010-12-9	15.42	15.73	15.16	15.26	6666985
15	2010-12-10	15.27	16.12	15.2	16.09	13733690
16	2010-12-13	16.11	16.83	16.11	16.7	17288407
17	2010-12-14	16.79	16.8	16.45	16.59	8761890
18	2010-12-15	16.59	16.92	16.4	16.77	12760389
19	2010-12-16	16.8	17.4	16.61	17.14	16845024
20	2010-12-17	17.19	17.27	16.7	16.9	11100594
21	2010-12-20	16.78	16.99	15.9	16.46	12585494
22	2010-12-21	16.5	16.92	16.27	16.71	8307855

图 3.78 设置了基本格式的结果工作表

(4) 在“华北制药”工作表标签上单击鼠标右键，在弹出的菜单中选择“移动或复制工作表”，选中“建立副本”复选框，单击“确定”按钮（或者按住【Ctrl】键，鼠标左键按住工作表标签，横向拖动也可复制工作表）。鼠标右键单击新建的工作表副本标签，在弹出的菜单中选择“重命名”命令，输入“数据统计”。

鼠标左键单击“数据统计”工作表标签，此时鼠标所在位置会出现一个白板状图标，且在工作表标签的左上方出现一个黑色倒三角标志▼，沿着工作表标签拖动鼠标，当黑色倒三角移动到“华北制药”工作表标签右侧时，松开鼠标。

在“数据统计”工作表 A23 单元格内输入文字“平均值”，单击 B23 单元格，单击编辑栏中的“插入函数”按钮，打开“插入函数”对话框，选择函数“AVERAGE”，单击“确定”按钮，在“函数参数”对话框中选中 B3：B22 区域，单击“确定”按钮。单击 B23 单元格，将鼠标放在右下角的黑色小方块上，当鼠标指针变成黑十字形状╋时，按住鼠标左键向右拖曳至 E23，释放鼠标。

选中 B23：E23 单元格区域，单击“开始”选项卡下“数字”组中的对话框启动按钮，在弹出的“设置单元格格式”对话框中选择“数字”标签，在“分类”中选择“货币”，设置小数位数为1，设置货币符号为“$”，如图3.79所示。

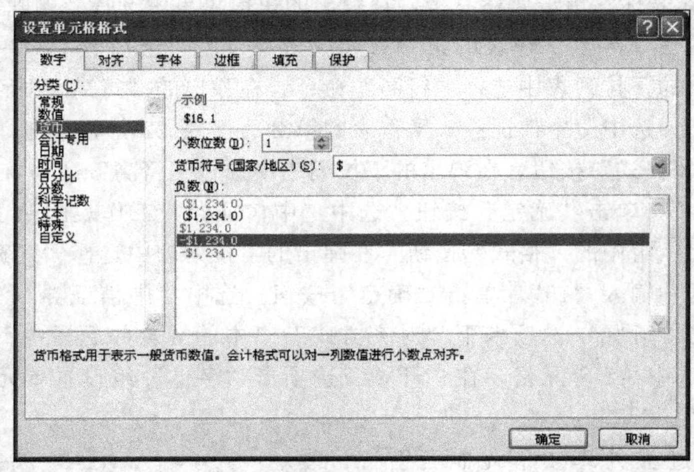

图3.79　设置数字格式

（5）在“数据统计”工作表G2单元格中输入“成交量趋势”，在G3单元格中输入公式“=IF（F3>AVERAGE（$F$3：$F$22），"成交量放大"，"成交量减少"）”，按下【Enter】键。单击G3单元格，将鼠标放在 右下角的黑色小方块上，当鼠标指针变成黑十字形状➕时，按住鼠标左键向下拖曳至G22，释放鼠标，结果如图3.80所示。

G3　fx　=IF(F3>AVERAGE($F$3:$F$22),"成交量放大","成交量减少")

	A	B	C	D	E	F	G	H	I
1		华北制药（600812）							
2	时间	开盘	最高	最低	收盘	成交量	成交量趋势		
3	2010-11-24	14.92	16.37	14.92	16.25	26201118	成交量放大		
4	2010-11-25	16.08	16.9	15.97	16.29	30161606	成交量放大		
5	2010-11-26	16.28	16.84	16.1	16.78	20994649	成交量放大		
6	2010-11-29	16.8	17.03	16.37	16.68	19428792	成交量放大		
7	2010-11-30	16.7	16.8	15.35	15.88	25357956	成交量放大		
8	2010-12-1	15.8	16.22	15.58	15.9	10866860	成交量减少		
9	2010-12-2	16.03	16.49	15.95	15.96	12780772	成交量减少		
10	2010-12-3	16	16.27	15.51	15.88	10907941	成交量减少		
11	2010-12-6	15.9	16	15.15	15.25	15462756	成交量放大		
12	2010-12-7	15.2	15.79	14.81	15.7	10300380	成交量减少		
13	2010-12-8	15.6	15.86	15.45	15.57	6602016	成交量减少		
14	2010-12-9	15.42	15.73	15.16	15.26	6666985	成交量减少		
15	2010-12-10	15.27	16.12	15.2	16.09	13733690	成交量减少		
16	2010-12-13	16.11	16.83	16.11	16.7	17288407	成交量放大		
17	2010-12-14	16.79	16.8	16.45	16.59	8761890	成交量减少		
18	2010-12-15	16.59	16.92	16.4	16.77	12760389	成交量减少		
19	2010-12-16	16.8	17.4	16.61	17.14	16845024	成交量放大		
20	2010-12-17	17.19	17.27	16.7	16.9	11100594	成交量减少		
21	2010-12-20	16.78	16.99	15.9	16.46	12585494	成交量减少		
22	2010-12-21	16.5	16.92	16.27	16.71	8307855	成交量减少		

图3.80　复制IF函数

（6）单击G23单元格，单击编辑栏中的“插入函数”按钮 fx ，打开“插入函数”对话框，选择函数“COUNTIF”，单击“确定”按钮，在“函数参数”对话框中设置Range为G2：G22，Criteria为G3，单击“确定”按钮。结果如图3.81所示。

文档.XLSX - Microsoft Excel

G3 =IF(F3>AVERAGE($F$3:$F$22),"成交量放大","成交量

华北制药（600812）						
时间	开盘	最高	最低	收盘	成交量	成交量趋势
2010-11-24	14.92	16.37	14.92	16.25	26201118	成交量放大
2010-11-25	16.08	16.9	15.97	16.29	30161606	成交量放大
2010-11-26	16.28	16.84	16.1	16.78	20994649	成交量放大
2010-11-29	16.8	17.03	16.37	16.68	19428792	成交量放大
2010-11-30	16.7	16.8	15.35	15.88	25357956	成交量放大
2010-12-1	15.8	16.22	15.58	15.9	10866860	成交量减少
2010-12-2	16.03	16.49	15.95	15.96	12780772	成交量减少
2010-12-3	16	16.27	15.51	15.88	10907941	成交量减少
2010-12-6	15.9	16	15.15	15.25	15462756	成交量放大
2010-12-7	15.2	15.79	14.81	15.7	10300380	成交量减少
2010-12-8	15.6	15.86	15.45	15.57	6602016	成交量减少
2010-12-9	15.42	15.73	15.16	15.26	6666985	成交量减少
2010-12-10	15.27	16.12	15.2	16.09	13733690	成交量减少
2010-12-13	16.11	16.83	16.11	16.7	17288407	成交量放大
2010-12-14	16.79	16.8	16.45	16.59	8761890	成交量减少
2010-12-15	16.59	16.92	16.4	16.77	12760389	成交量减少
2010-12-16	16.8	17.4	16.61	17.14	16845024	成交量放大
2010-12-17	17.19	17.27	16.7	16.9	11100594	成交量减少
2010-12-20	16.78	16.99	15.9	16.46	12585494	成交量减少
2010-12-21	16.5	16.92	16.27	16.71	8307855	成交量减少
平均值	$16.1	$16.6	$15.8	$16.2		8

中信证券 数据统计 华北制药

图 3.81 结果工作表

任务七：操作步骤如下。

(1) 单击工作表 Sheet1 中的 C1 单元格，单击“开始”选项卡“单元格”组中“插入”按钮下方的下拉箭头，弹出如图 3.82 所示的下拉菜单，选择菜单中的“插入工作表列”命令，在“姓名”列右边增加一列。

- 插入单元格(I)...
- 插入工作表行(R)
- 插入工作表列(C)
- 插入工作表(S)

图 3.82 “插入”菜单

编号	姓名	部门	基本工资	水电费	实发工资
C12	何琪	计算机系	783	44	
A01	李一风	外语系	850.32	60	
B11	冯小朋	中文系	954	77	
B04	刘二	中文系	1000.7	65	
A04	张明月	外语系	1025.23	56	

图 3.83 公式执行结果

单击 C1 单元格，输入列标题“部门”。单击 C2 单元格，输入公式：“=IF (ISNUMBER (FIND ("A", A2, 1)),"外语系", IF (ISNUMBER (FIND ("B", A2, 1)),"中文系", IF (ISNUMBER (FIND ("C", A2, 1)),"计算机系"))) ”，按下【Enter】键确认。单击 C2 单元格，将鼠标放在▭右下角的黑色小方块上，当鼠标指针变成黑十字形状✚时，按住鼠标左键向下拖曳至 C6，释放鼠标，结果如图 3.83 所示。

【说明】

ISNUMBER 函数的功能为检测一个值是否为数值，函数格式为 ISNUMBER (Value)，其中 Value 为检测值，如果检测值是数值，返回 TRUE，否则返回 FALSE。

FIND 函数的功能为返回一个字符串在另一个字符串中出现的起始位置（区分大小写），如果没找到指定字符串，会显示公式错误；函数格式为 FIND (Find _ text, Within _ text,

Start _ num），其中 Find _ text 为要查找的字符串，Within _ text 为包含要查找字符串的字符串，Start _ num 指定开始进行查找的位置。例如，FIND（"B"，A2，1）表示在 A2 单元格的内容中查找字符"B"，如果找到，返回字符串出现的位置，如果没有找到，显示公式错误。

（2）选中 F2 单元格，输入公式“＝D2－E2”，按下【Enter】键确认。单击 F2 单元格，将鼠标放在右下角的黑色小方块上，当鼠标指针变成黑十字形状＋时，按住鼠标左键向下拖曳至 F6，释放鼠标。

选中 D7 单元格，单击编辑栏中的“插入函数”按钮，打开“插入函数”对话框，选择函数为“MAX”，单击“确定”按钮，在“函数参数”对话框中选中 D2：D6 区域，单击“确定”按钮。

选中 F7 单元格，单击编辑栏中的“插入函数”按钮，打开“插入函数”对话框，选择函数为“MIN”，单击“确定”按钮，在“函数参数”对话框中选中 F2：F6 区域，单击“确定”按钮，结果如图 3.84 所示。

（3）选中第 6 行，单击“开始”选项卡下“单元格”组中的“格式”按钮，在弹出的下拉列表中选择“行高”命令，在弹出的“行高”对话框中输入“26”，单击“确定”按钮；单击“开始”选项卡下“对齐方式”组中的“垂直居中”按钮；单击“开始”选项卡下“字体”组中的对话框启动按钮，打开“设置单元格格式”对话框，在“填充”标签下设置“背景色”为“蓝色”，如图 3.85 所示。

D7　fx　=MAX(D2:D6)

	A	B	C	D	E	F
1	编号	姓名	部门	基本工资	水电费	实发工资
2	C12	何琪	计算机系	783	44	739
3	A01	李一风	外语系	850.32	60	790.32
4	B11	冯小朋	中文系	954	77	877
5	B04	刘二	中文系	1000.7	65	935.7
6	A04	张明月	外语系	1025.23	56	969.23
7				1025.23		739

图 3.84　函数执行结果

	A	B	C	D	E	F
1	编号	姓名	部门	基本工资	水电费	实发工资
2	C12	何琪	计算机系	783	44	739
3	A01	李一风	外语系	850.32	60	790.32
4	B11	冯小朋	中文系	954	77	877
5	B04	刘二	中文系	1000.7	65	935.7
6	A04	张明月	外语系	1025.23	56	969.23
7				1025.23		739

图 3.85　设置底纹

（4）选中 Sheet2 工作表的 A1：E1 单元格区域，单击“开始”选项卡下“对齐方式”组中的“合并后居中”按钮，就可以将 A1：D1 单元格合并为一个单元格，其中内容水平居中。

选中 E4 单元格，单击编辑栏中的“插入函数”按钮，打开“插入函数”对话框，选择函数“AVERAGE”，单击“确定”按钮，在“函数参数”对话框中选中 C3：C15 区域，单击“确定”按钮。

选中 E5 单元格，单击编辑栏中的“插入函数”按钮，打开“插入函数”对话框，选择函数“COUNTIF”，单击“确定”按钮，设置 Range 为“B3：B15”，Criteria 为“笔试”，单击“确定”按钮。

选中 E6 单元格，单击编辑栏中的“插入函数”按钮，打开“插入函数”对话框，选择函数“COUNTIF”，单击“确定”按钮，设置 Range 为“B3：B15”，Criteria 为“上机”，单击“确定”按钮。

选中 E7 单元格，输入公式“＝SUMIF（B3：B15，" 笔试"，C3：C15）/E5”，按下

【Enter】键确认。

选中 E8 单元格，输入公式“＝SUMIF（B3：B15," 上机"，C3：C15）/E6”，按下【Enter】键确认。

效果如图 3.86 所示。

【说明】

SUMIF 函数的功能是对区域中满足条件的单元格数值求和。函数格式为 SUMIF（Range，Criteria，Sum _ range），其中 Range 为进行条件计算的区域，Criteria 用于确定条件，Sum _ range 为需要求和的实际范围。例如 SUMIF（B3：B15,"笔试"，C3：C15）表示计算“笔试”总成绩。

COUNTIF 函数的功能是对区域中满足条件的单元格计数。函数格式为 COUNTIF（Range，Criteria），其中 Range 为进行计数的区域，Criteria 用于确定条件。例如 COUNTIF（B3：B15,"笔试"）表示统计“笔试”人数。

（5）选取 A2：A15 单元格区域，按住【Ctrl】键，继续选取 C3：C15 单元格区域，单击“插入”选项卡下“图表”组中的“折线图”按钮，在弹出的下拉列表中选择“带数据标记的折线图”，如图 3.87 所示。

	A	B	C	D	E
1			等级考试成绩表		
2	准考证号	类别	分数		
3	12001	笔试	61		
4	12002	笔试	69	平均成绩	78.1
5	12003	上机	79	笔试人数	7
6	12004	笔试	88	上机人数	6
7	12005	笔试	70	笔试平均成绩	75.1
8	12006	上机	80	上机平均成绩	81.5
9	12007	笔试	89		
10	12008	上机	75		
11	12009	上机	84		
12	12010	笔试	60		
13	12011	上机	78		
14	12012	笔试	89		
15	12013	上机	93		

图 3.86　函数执行结果

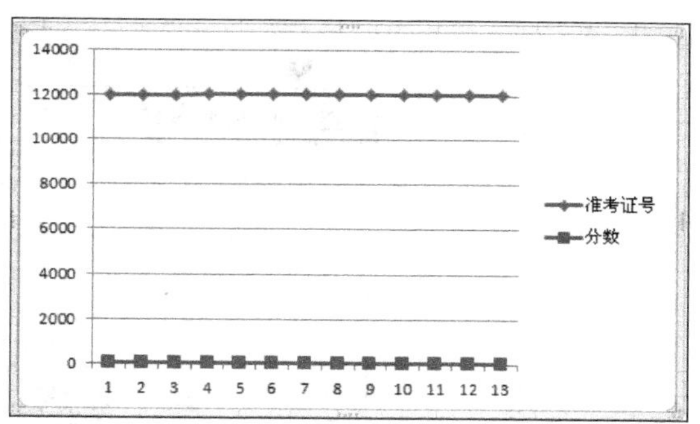

图 3.87　带数据标记的折线图

选中图表，单击“图表工具”→“设计”选项卡“数据”组的“选择数据”按钮，打开如图 3.88 所示的“选择数据源”对话框。单击“水平（分类）轴标签”下的“编辑”按钮，打开“轴标签”对话框，选择“A3：A15”区域，如图 3.89 所示，单击“确定”按钮，返回“选择数据源”对话框，效果如图 3.90 所示。单击对话框中的“确定”按钮，实现图表数据系列产生在“列”，效果如图 3.91 所示。

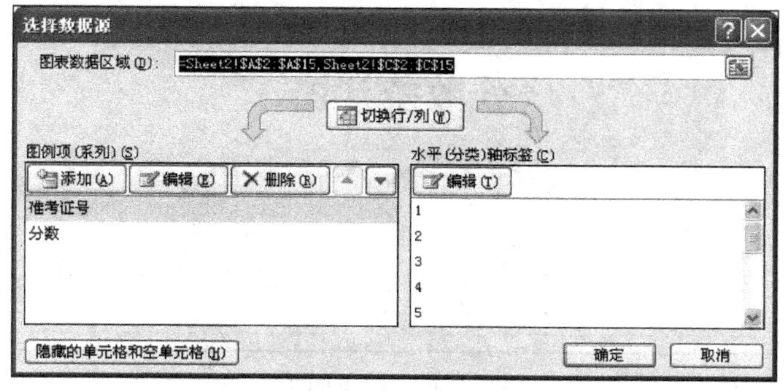

图 3.88　“选择数据源”对话框

图 3.89 “轴标签”对话框

选中图表，双击默认标题，将其改为“分数统计图”。

单击“图表工具”→“布局”选项卡“标签”组“图例”按钮的下拉箭头，在弹出的下拉菜单中选择“在左侧显示图例”命令。

单击“图表工具”→“布局”选项卡“坐标轴”组“网格线”按钮的下拉箭头，在弹出的下拉菜单中选择“主要横网格线”命令，然后在层叠菜单中选择“次要网格线”。

单击“图表工具”→“布局”选项卡“坐标轴”组“网格线”按钮的下拉箭头，在弹出的下拉菜单中选择“主要纵网格线”命令，然后在层叠菜单中选择“次要网格线”。

调整图表大小与位置，将图插入到表的 A16：E24 单元格区域内，如图 3.92 所示。

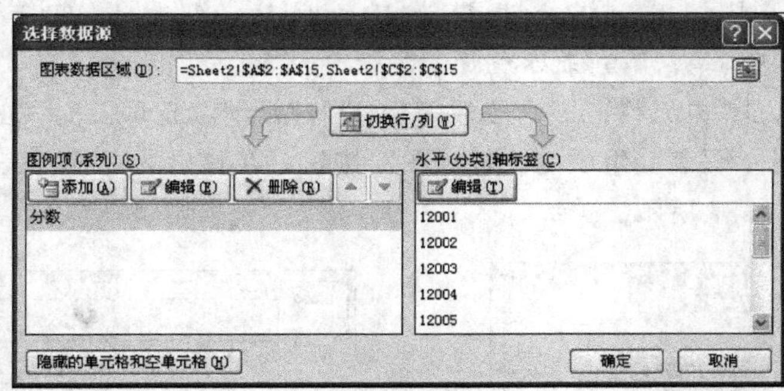

图 3.90 “选择数据源”对话框

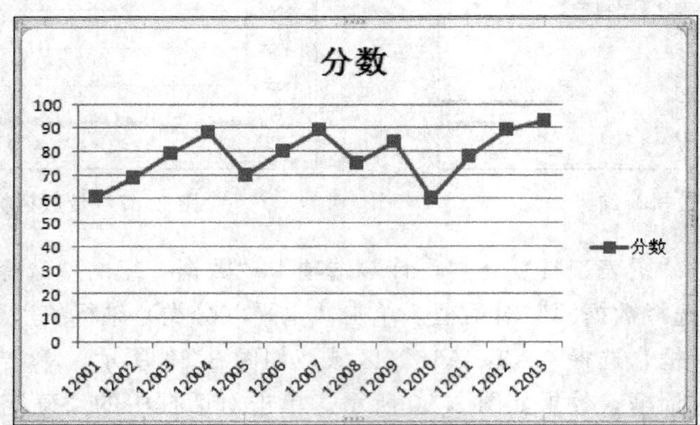

图 3.91 修改了轴标签的图表

图 3.92 结果图表

实验④ PowerPoint演示文稿制作

【实验目的】

1. 了解演示文稿的制作过程，掌握制作演示文稿的方法。
2. 掌握在演示文稿中插入对象的方法，学会各种对象的设置方法。
3. 掌握演示文稿的编辑方法。
4. 掌握动画设置和幻灯片切换效果设置。

实验 4.1 PowerPoint 演示文稿基本操作

【实验内容与要求】

打开素材文件（素材文件请指导教师提供），完成如下要求。

1. 选择“暗香扑面”主题，选择幻灯片版式为“标题幻灯片”。

设置标题文字内容为“美好的大学时光”，字体为“隶书”，字号为“60 磅”，字形为“加粗”。设置副标题文字“影音版”，字体为“华文行楷”，字号为“32”，字形为“加粗”。

2. 插入第二张幻灯片，选择幻灯片版式为“空白”。

（1）插入任意一幅剪贴画，设置动画效果为“飞入”，方向为“自底部”，水平位置为“11.22 厘米”，垂直位置为“4.23 厘米”，阴影效果为“外部右下斜偏移”。

（2）在剪贴画下方插入一个横排文本框，设置文字内容为“几年的大学生活使我们成为朋友”，字体为“华文行楷”，字号为“30”，动画效果为“旋转”。

3. 插入第三张幻灯片，选择幻灯片版式为“空白”。

（1）在幻灯片中插入素材中的影片（Findfile.avi）。

（2）在影片下方插入一个横排文本框，设置文字内容为“时间转瞬即逝”，字体为“隶书”，字号为“48”，动画效果为“随机线条”，方向为“垂直”。

4. 插入第四张幻灯片，选择幻灯片版式为“空白”。

（1）插入任意一副剪贴画，动画效果为“飞入”，方向为“自左侧”。

（2）在幻灯片顶部插入一个横排文本框，设置文字内容为“我们的未来掌握在自己的手中”，字体为“华文彩云”，字号为“40 号”，动画效果为“向内溶解”。

（3）在幻灯片底部插入第六行第三列艺术字，文字内容为“同学们努力吧”，字体为

“隶书”，字号为“40号”，动画效果为“劈裂”，方向为“左右向中央收缩”，效果增强声音为“鼓声”。

5. 设置第一张幻灯片的切换效果为“推进”，效果选项为“自底部”，声音为“鼓掌”。

6. 设置第二、第三、第四张幻灯片的主题为“都市”。

【实验操作步骤】

操作说明：操作步骤与任务要求的题号分别对应，请按下面的操作方法完成上述要求。

1. 在“设计”选项卡“主题”组，选择“暗香扑面”主题。在“开始”选项卡上，单击幻灯片组的“版式”按钮，为第一张幻灯片选择幻灯片版式为“标题幻灯片”。

在第一张幻灯片中，输入标题文字内容为“美好的大学时光”。在“开始”选项卡的“字体”组中，设置标题文字的字体为“隶书”，字号为“60磅”，字形为“加粗”。输入副标题文字“影音版”，设置副标题文字字体为“华文行楷”，字号为“32”，字形为“加粗”，如图4.1所示。

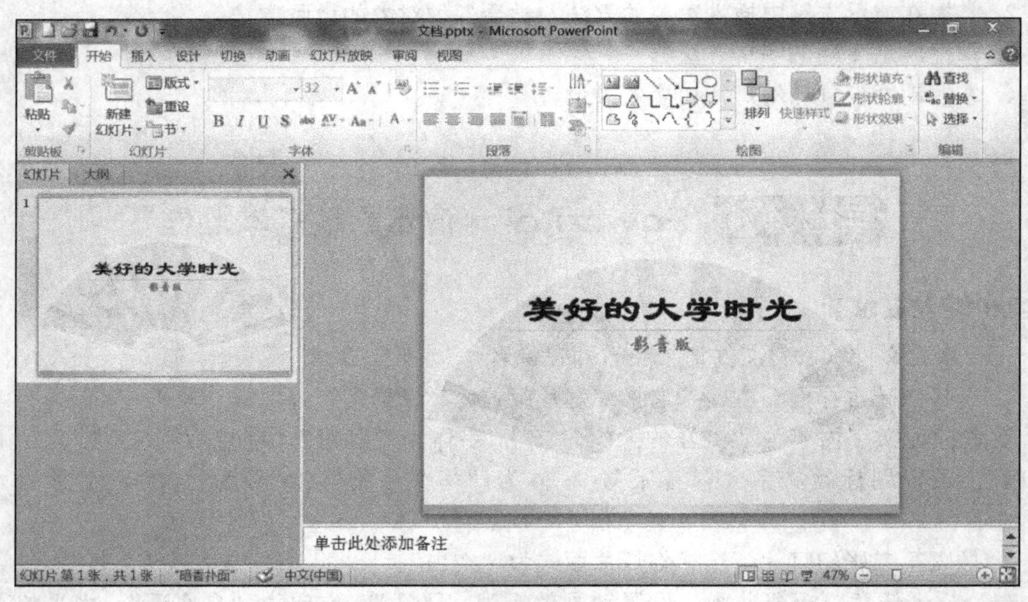

图4.1　设计“暗香扑面”主题的第一张幻灯片

2. 在“开始”选项卡上，单击“新建幻灯片”按钮，选择“空白”版式，插入第二张幻灯片。

(1) 在“插入”选项卡上，单击“剪贴画”按钮，弹出“剪贴画任务窗格”，插入任意一幅剪贴画。右击插入的剪贴画，在右键菜单中选择“大小和位置”菜单项，弹出“设置图片格式”对话框。在左侧窗格中选择“位置”选项，在右侧窗格中设置剪贴画的水平位置为11.22厘米，垂直位置为4.23厘米。单击插入的剪贴画，在“图片工具格式”选项卡，“图片效果”下拉菜单的“阴影”项中选择“外部右下斜偏移”阴影效果。单击插入的剪贴画，在“动画”选项卡下的“动画”组中为剪贴画设置进入效果为“飞入”，在“效果选项”下拉菜单中选择方向为“自底部”。

(2) 在“插入”选项卡的“文本”组上，单击“文本框”按钮，选择“横排文本框”项，在剪贴画下方插入一个横排文本框，输入文字内容为“几年的大学生活使我们成为朋

友”。在“开始”选项卡上设置文字字体为“华文行楷”，字号为“30”。在“动画”选项卡下的“动画”组中，为文字添加进入效果“旋转”，如图 4.2 所示。

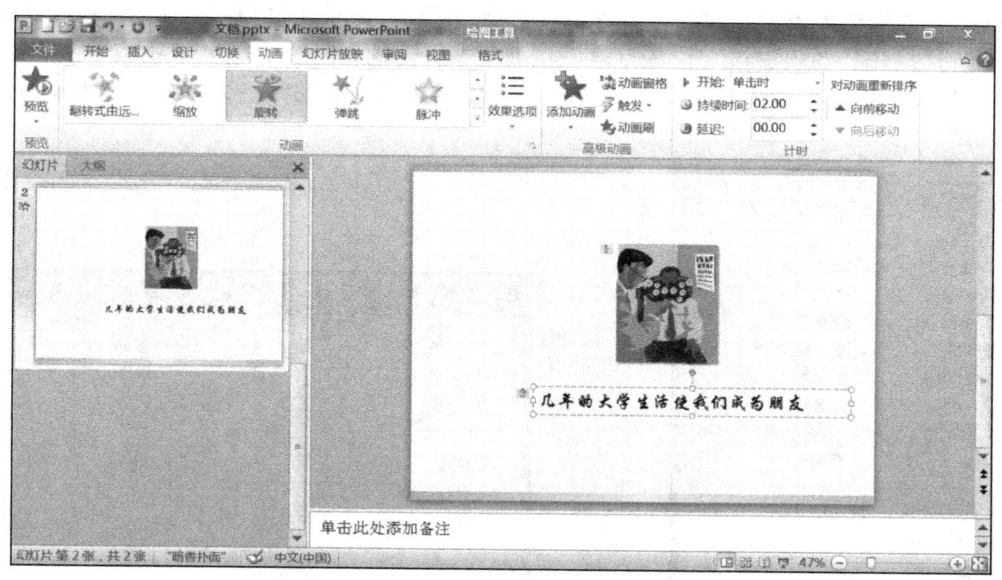

图 4.2　设置了动画效果的第二张幻灯片

3. 在“开始”选项卡上，单击“新建幻灯片”按钮，选择“空白”版式，插入第三张幻灯片。

(1) 在“插入”选项卡下的“媒体”组，单击“视频”按钮，选择“文件中的视频”选项，在“插入视频文件”对话框中选择素材中的影片（Findfile. avi）。

(2) 在“插入”选项卡下的“文本”组，单击“文本框”按钮，选择“横排文本框”项，在影片下方插入一个横排文本框，输入文字内容为“时间转瞬即逝”。在“开始”选项卡上设置文字字体为“隶书”，字号为“48”。在“动画”选项卡下的“动画”组，为文字选择进入效果为“随机线条”，在“效果选项”下拉菜单中选择方向为“垂直”。

4. 在“开始”选项卡上，单击“新建幻灯片”按钮，选择“空白”版式，插入第四张幻灯片。

(1) 在“插入”选项卡上，单击“剪贴画”按钮，弹出“剪贴画任务窗格”，插入任意一幅剪贴画。在“动画”选项卡下的“动画”组，为剪贴画设置进入效果为“飞入”，在“效果选项”下拉菜单选择方向为“自左侧”。

(2) 在“插入”选项卡的“文本”组上，单击“文本框”按钮，选择“横排文本框”项，在幻灯片顶部插入一个横排文本框，输入文字内容为“我们的未来掌握在自己的手中”。在“开始”选项卡上设置文字的字体为“华文彩云”，字号为“40”。在“动画”选项卡的“高级动画”组中，单击“添加动画”按钮，在下拉菜单中选择进入效果为“向内溶解”。如果在进入效果中没有“向内溶解”选项，单击菜单下部的“更多进入效果”选项，弹出“添加进入效果”对话框，在其中选择“向内溶解”，再单击“确定”，如图 4.3 所示。

(3) 在“插入”选项卡上，单击“文本”组的“艺术字”按钮，在下拉菜单中选择第六行第三列样式，输入文字内容为“同学们努力吧”。在“开始”选项卡上设置文字字体为“隶书”，字号为“40”。在“动画”选项卡的“高级动画”组，单击“添加动画”按钮，在下拉菜单中选择进入效果为“劈裂”。在“效果选项”下拉菜单中选择方向为“左右向中央收缩”。如果在进入效果中没有“劈裂”，单击“添加动画”菜单下部的“更多进入效果”选项，弹出“添加进入效果”对话框，在其中选择“劈裂”。单击“高级动画”组的“动画窗格”按钮，打开“动画窗格”任务窗格，在其中选择“同学们努力吧”下拉菜单中的“效果选项”，打开“劈裂”效果选项对话框，在“效果”选项卡下选择增强声音为“鼓声”。如图 4.4 所示。

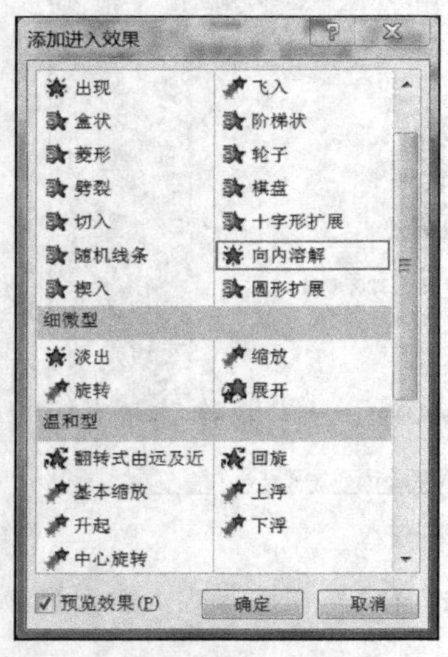

图 4.3　“添加进入效果”对话框

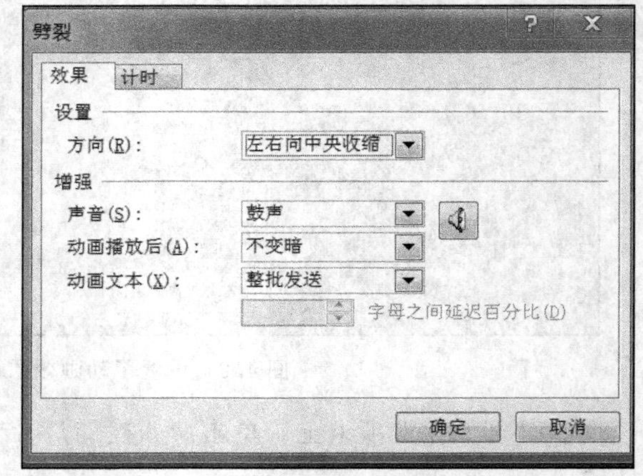

图 4.4　“劈裂”效果选项对话框

5. 选中第一张幻灯片。在“切换”选项卡的“切换到此幻灯片”组上，单击“推进”按钮，设置“效果选项”为“自底部”，声音为“鼓掌”。

6. 选中第二张幻灯片，按住【Ctrl】键，同时选中第三、第四张幻灯片，在“设计”选项卡上，选择“都市”主题。

实验 4.2　PowerPoint 演示文稿高级操作

【实验内容与要求】

打开素材文件（素材文件请指导教师提供），实现如下要求。

1. 为当前演示文稿套用设计主题“凸显”。

2. 打开幻灯片母版，进行如下操作。在幻灯片母版的左下角插入“结束”动作按钮，让它链接到最后一张幻灯片。添加幻灯片编号和自动更新日期，并且标题幻灯片中不显示。

3. 第 2 张幻灯片采用“两栏内容”版式。在右栏添加素材文件夹中的图片“wb1.jpg”。

4. 第 3 张幻灯片采用“标题和内容”版式，背景填充纹理为“绿色大理石”。

5. 第 4 幻灯片采用“垂直排列标题和文本”版式，并插入 SmartArt 图形中的“基本射线图”，并编辑图中文字：微博的特点、便捷、原创、匿名、迅速。

6. 第 5 张幻灯片采用“两栏内容”版式。在右侧图表位置插入表格，内容如下所示，表格文字设置为 29 号。

时间	数量
2010	600
2011	5000

7. 为第 2 张幻灯片中的“微博的影响”几个字添加超级链接，以便在放映过程中可以迅速定位到第 5 张幻灯片。

8. 在第 2 张幻灯片内设置动画。标题文本效果为单击鼠标时“自左侧飞入”；左栏文本进入效果为单击鼠标时“弹跳”；右栏图片强调效果为在单击鼠标时“陀螺旋”。

9. 所有幻灯片的切换方式设置为“溶解”，切换声音为“照相机”，换片方式为“单击鼠标时”。

10. 设置幻灯片的页面宽度为“30 厘米”，高度为“20 厘米”。

【实验操作步骤】

操作说明： 操作步骤与任务要求的题号分别对应，请按下面的操作方法完成上述要求。

1. 在“设计”选项卡的“主题”组，选择“凸显”主题。

2. 在“视图”选项卡下的“母版视图”组，单击“幻灯片母版”按钮，视图切换为幻灯片母版视图，在左侧窗格中单击“幻灯片母版”。在“插入”选项卡的“插图”组，单击“形状”按钮，在下拉菜单中选择“结束”动作按钮，在右侧窗格编辑区左下角拖动鼠标，画出此按钮，在弹出的“动作设置对话框”的“单击鼠标”选项卡下选择超链接到最后一张幻灯片。在“插入”选项卡的“文本”组，单击“日期和时间”按钮，在弹出的“页眉和页脚”对话框中，选中“日期和时间”复选框的“自动更新”单选框，选中“幻灯片编号”复选框和“标题幻灯片中不显示”复选框，再单击“应用”按钮，如图 4.5 所示。在“幻灯片母版”选项卡下，单击“关闭母版视图”按钮。

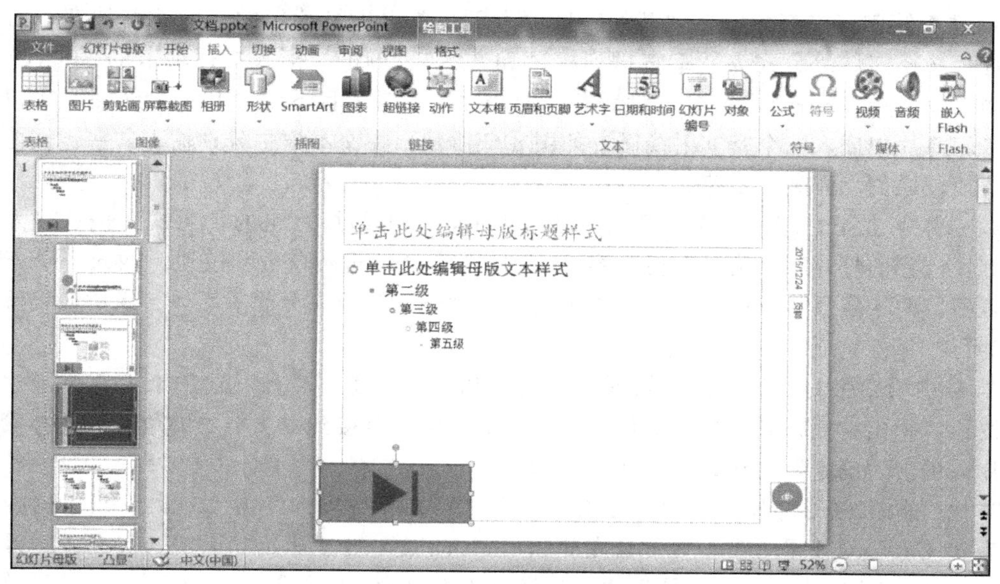

图 4.5 幻灯片母版视图窗口

3. 选中第二张幻灯片，在“开始”选项卡上，单击幻灯片组的“版式”按钮，为第二张幻灯片选择幻灯片版式为“两栏内容”。在右栏单击“插入来自文件的图片”按钮，调出

“插入图片”对话框，插入素材文件夹中的图片“wb1.jpg”。

4. 选中第三张幻灯片，在“开始”选项卡上，单击幻灯片组的“版式”按钮，为第三张幻灯片选择幻灯片版式为“标题和内容”。在“设计”选项卡上单击“背景样式”按钮，在下拉列表中选择“设置背景格式”命令，调出“设置背景格式”对话框。在对话框的“填充”项目下，单击“图片或纹理填充”单选框，在“纹理”下拉列表中选择“绿色大理石”项，如图 4.6 所示。

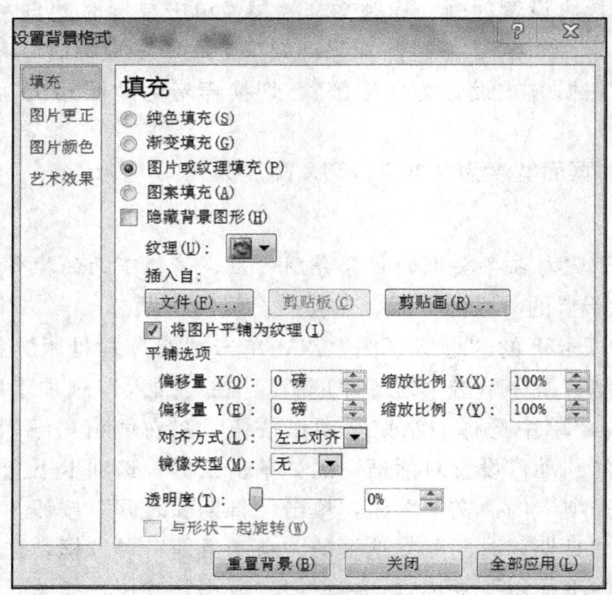

图 4.6　“设置背景格式”对话框

5. 选中第四张幻灯片，在“开始”选项卡上，单击幻灯片组的“版式”按钮，为第四张幻灯片选择幻灯片版式为“垂直排列标题和文本”。单击“插入”选项卡的 SmartArt 按钮，调出“选择 SmartArt 图形”对话框，选择“关系”项目下的“基本射线图”按钮，在第四张幻灯片中插入一个基本射线图，如图 4.7 所示。在文本框中分别输入文字：微博的特点、便捷、原创、匿名、迅速。

6. 选中第五张幻灯片，在“开始”选项卡上，单击幻灯片组的“版式”按钮，为第五张幻灯片选择幻灯片版式为“两栏内容”。在右栏单击“插入表格”按钮，插入一个三行两列的表格，输入题目要求的内容。选中表格，在“开始”选项卡的“字体”组中，设置字号为“29”。

7. 选中第二张幻灯片中的“微博的影响”几个字，在“插入”选项卡上，单击“超链接”按钮，弹出“插入超链接”对话框。在对话框中“链接到本文档中的位置”选择第五张幻灯片，单击“确定”按钮，如图 4.8 所示。

8. 选中第二张幻灯片。选中标题文本，在“动画”选项卡下的“动画”组，选择进入效果为“飞入”，“效果选项”为“自左侧”，在“计时”组“开始”下拉列表框中选择“单击时”。选中左栏文本，在“动画”组，选择进入效果为“弹跳”，在“计时”组“开始”下拉列表框中选择“单击时”。选中右栏图片，在“动画”组，选择强调效果为“陀螺旋”，在“计时”组“开始”下拉列表框中选择“单击时”。

9. 在“切换”选项卡的“切换到此幻灯片”组上，单击“溶解”按钮，在“声音”下

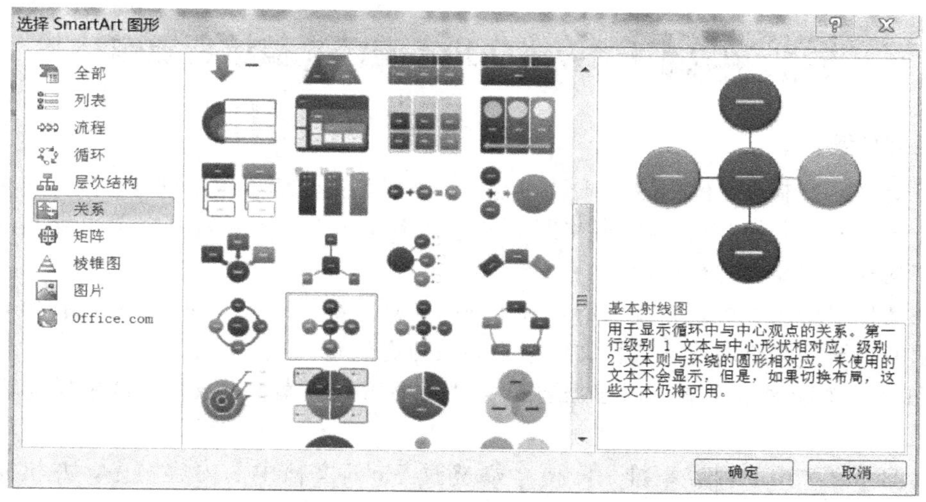

图 4.7　“选择 SmartArt 图形”对话框

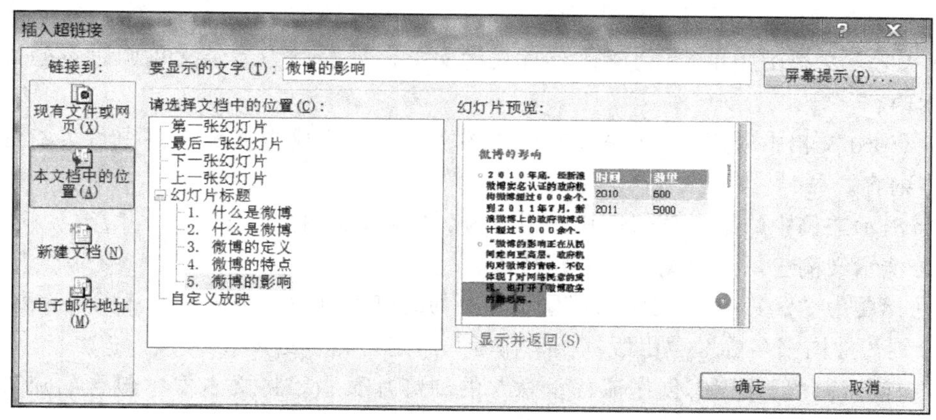

图 4.8　“插入超链接”对话框

拉列表框选择“照相机”，换片方式选择“单击鼠标时”复选框，单击“全部应用”按钮。

10. 在“设计”选项卡上，单击“页面设置”按钮，弹出“页面设置”对话框，输入幻灯片的页面宽度为“30 厘米”，高度为“20 厘米”，如图 4.9 所示。

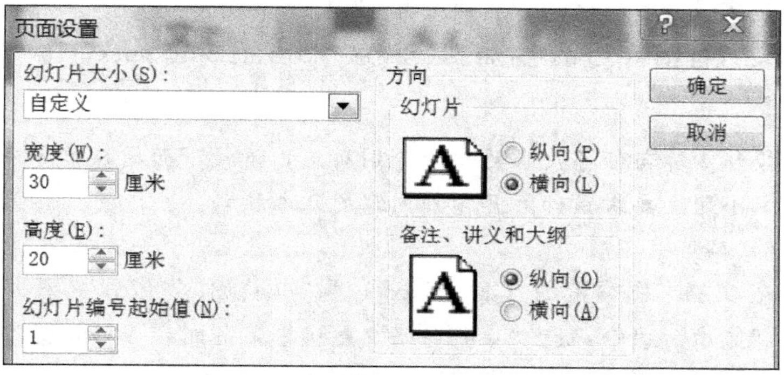

图 4.9　“页面设置”对话框

实验 4.3　PowerPoint 演示文稿综合操作

【实验内容与要求】

为了更好地控制教材的内容、质量和流程，小王负责起草了图书策划方案（请参考“图书策划方案 . docx 文件”）。他需要将图书策划方案 Word 文档中的内容制作成 PowerPoint 演示文稿向教材编委会进行展示。

现在请你根据图书策划方案（请参考“图书策划方案 . docx 文件”）中的内容，按照下面的要求完成演示文稿制作（素材文件请指导教师提供）。

1. 创建一个新演示文稿，内容需要包含“图书策划方案 . docx”文件中所有讲解的要点，包括：

（1）演示文稿中的内容编排，需要严格遵循 Word 文档中的内容顺序，并仅需要包含 Word 文档中应用了“标题 1”、“标题 2”、“标题 3”样式的文字内容。

（2）Word 文档中应用了“标题 1”样式的文字，需要成为演示文稿中每页幻灯片的标题文字。

（3）Word 文档中应用了“标题 2”样式的文字，需要成为演示文稿中每页幻灯片的第一级文本内容。

（4）Word 文档中应用了“标题 3”样式的文字，需要成为演示文稿中每页幻灯片的第二级文本内容。

2. 将演示文稿中的第一页幻灯片，调整为“标题幻灯片”版式。

3. 为演示文稿应用一个美观的主题样式。

4. 在标题为“2012 年同类图书销量统计”的幻灯片页中，插入一个 6 行、5 列的表格，列标题分别为“图书名称”、“出版社”、“作者”、“定价”、“销量”。

5. 在标题为“新版图书创作流程示意”的幻灯片页中，将文本框中包含的流程文字利用 SmartArt 图形展现。

6. 通过幻灯片母版为每张幻灯片增加利用艺术字制作的水印效果，水印文字中应包含“图书策划方案”字样，并旋转一定的角度。

7. 为幻灯片添加图片背景，背景图片为“背景图片 . jpg”。

8. 在该演示文稿中创建一个演示方案，该演示方案包含第 1 页、第 2 页、第 4 页、第 7 页幻灯片，并将该演示方案命名为“放映方案 1”。

9. 保存制作完成的演示文稿，并将其命名为“PowerPoint. pptx”。

【实验操作步骤】

操作说明：操作步骤与任务要求的题号分别对应，请按下面的操作方法完成上述要求。

1. 【解析】本小题主要考核幻灯片制作内容的基本操作。

（1）复制文档内容

① 打开 Word 文档“图书策划方案 . docx”，为方便操作先设置一下视图。切换到“视图”选项卡，在“显示”组中勾选“导航窗格”复选框，此时在 Word 窗口左侧显示出“导航”任务窗格，显示出文档的标题级别层次，如图 4.10 所示。

② 启动 PowerPoint，复制 Word 文档内容到幻灯片中。

新建幻灯片，Word 文档中每一个标题 1 的内容占据一张幻灯片。

根据 Word 文档内容的情况来选择不同的幻灯片版式。例如“目录”内容可选择“标题和内容”版式。

根据幻灯片版式来复制、粘贴不同的内容。例如，Word 文档中“标题 1”的内容一般粘贴到幻灯片的标题占位符中，“标题 2”、“标题 3”的内容一起粘贴到幻灯片的列表占位符中。

(2) 设置标题级别　在幻灯片中选中需要设置标题级别的内容，单击“开始”选项卡“段落”组中的“提高列表级别”按钮、“降低列表级别”按钮，即可提高或降低标题层次。

幻灯片中，文本的级别一共有 3 级，默认为第一级。

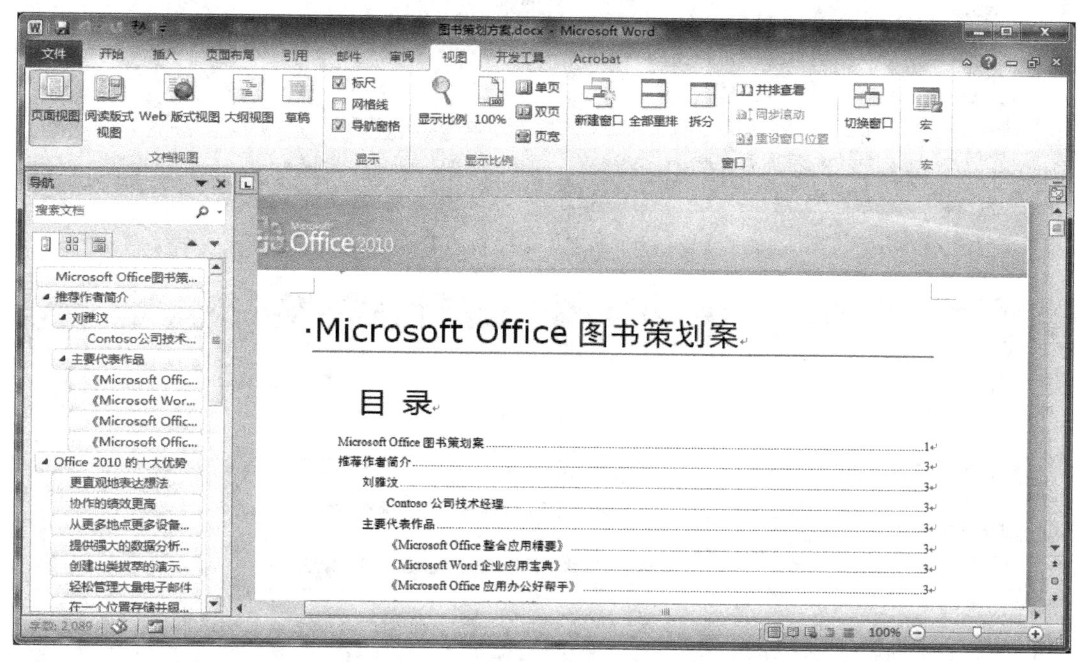

图 4.10　带导航窗格的素材文档

2. 【解析】本小题主要考核设置幻灯片版式的基本操作。

默认情况下，启动 PowerPoint 后会自动新建一个演示文稿，内含一个空白幻灯片，其版式即为“标题幻灯片”版式。如需修改幻灯片版式可将该幻灯片作为当前幻灯片，单击“开始”选项卡“幻灯片”组中的“版式”按钮，在展开的列表中选择一种版式。

3. 【解析】本小题主要考核设置幻灯片主题样式的基本操作。

切换到“设计”选项卡，在“主题”组中列出了部分主题样式，可以单击列表框右下角的“其他”按钮，展开全部主题样式列表，从中选择一种即可，如图 4.11 所示。

4. 【解析】本小题主要考核插入表格的操作。

将该幻灯片作为当前幻灯片，切换到“插入”选项卡，在“表格”组中单击“表格”按钮，在展开的菜单中选择“插入表格”命令（或者使用占位符中的“插入表格”图标），打开“插入表格”对话框，输入表格的行数和列数即可。插入表格后，按试题要求输入文字内容，如图 4.12 所示。

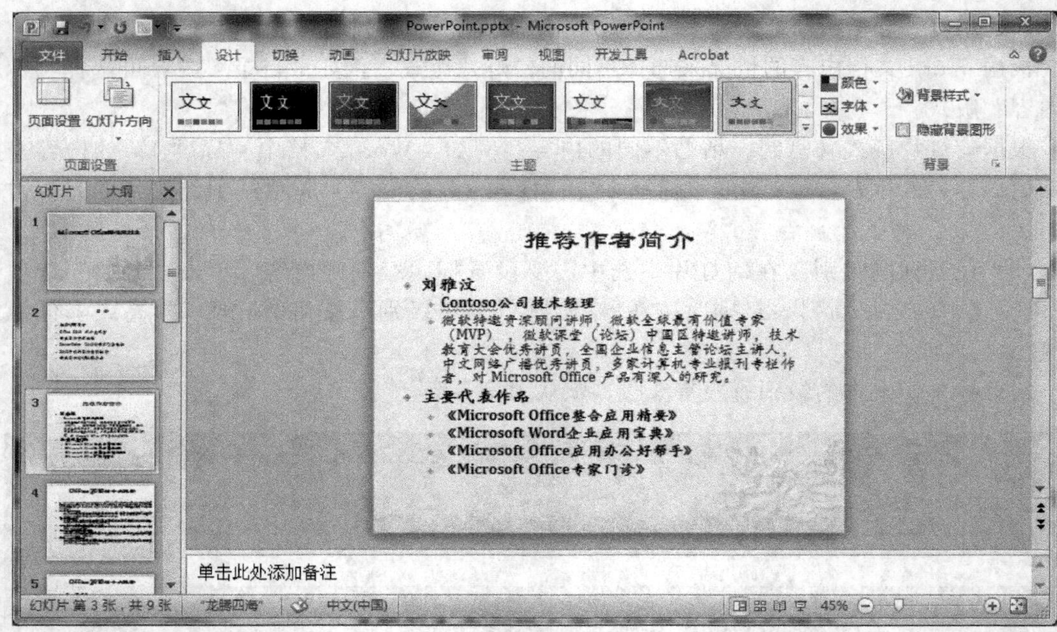

图 4.11　设置了主题的演示文稿

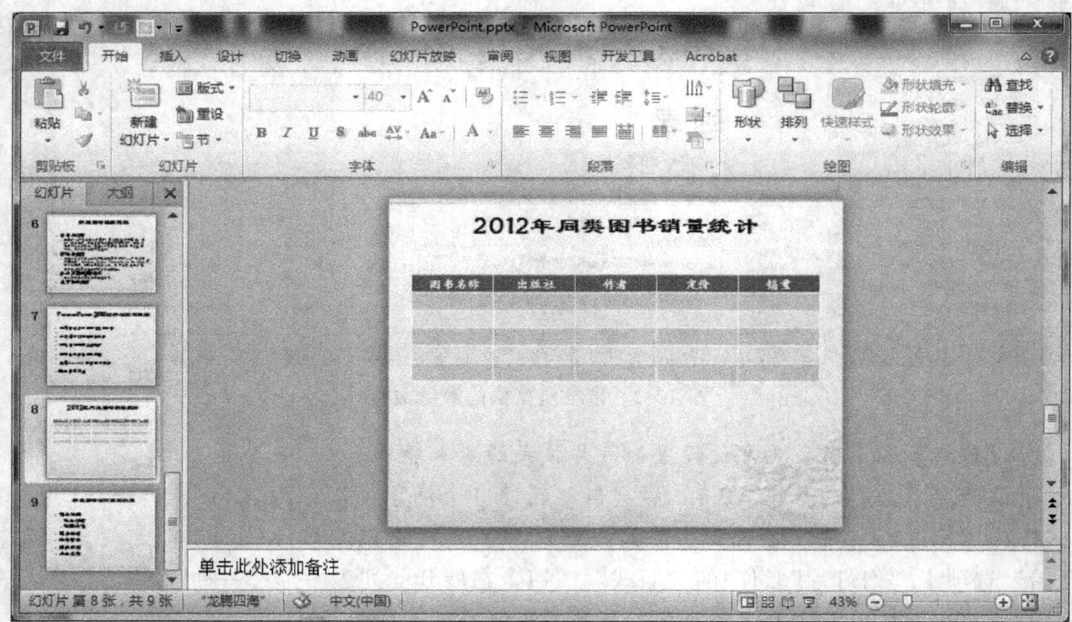

图 4.12　添加了表格的幻灯片

5.【解析】本小题主要考核 SmartArt 图形的操作。

① 将该幻灯片作为当前幻灯片，切换到“插入”选项卡，在“插图”组中单击“SmartArt”按钮（或使用占位符中的“插入 SmartArt 图形”），打开“选择 SmartArt 图形”对话框。

② 在“选择 SmartArt 图形”对话框的左侧列表中选择“列表”，在右侧选择“水平符号项目列表”图标，单击“确定”按钮。

③ 插入的“水平符号项目列表”默认有 3 组图形，选择最后一组图形，在“SmartArt 工具”→“设计”选项卡“创建图形”组中单击“添加形状”右侧的下拉按钮，在展开的列表中单击“在后面添加形状”，将在最后一个图形右侧添加一个新的图形，这样就变成了 4 组图形。同理还可以添加更多的图形。

④ 选择第一组图形，按不同的标题级别输入不同的内容。再选择其他图形，依次输入内容，如图 4.13 所示。

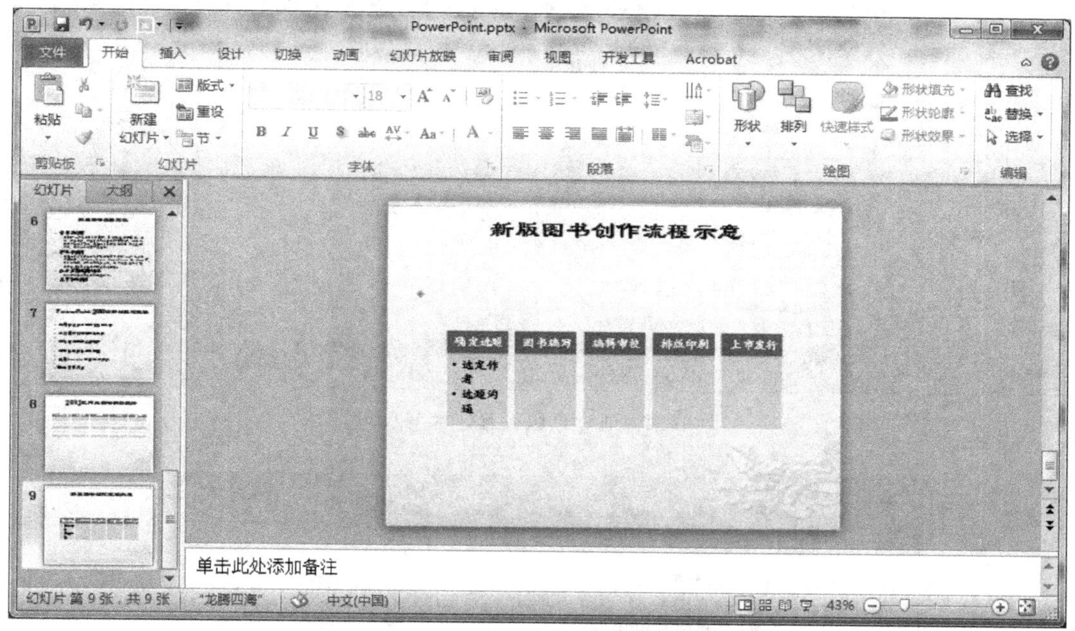

图 4.13　设置了 SmartArt 图形的幻灯片

6.【解析】本小题主要考核使用幻灯片母版以及艺术字的新建和编辑的操作。

① 在“视图”选项卡“母版视图”组中单击“幻灯片母版”按钮，切换到母版视图下。

② 在“插入”选项卡“文本”组中单击“艺术字”按钮，展开艺术字样式列表，从中单击任意一种艺术字样式，生成一个艺术字输入框，输入内容“图书策划方案”，单击其他空白区域即可。

③ 选中新建的艺术字，使用拖动的方式旋转其角度。

④ 关闭幻灯片母版视图，如图 4.14 所示。

7.【解析】本小题主要考核为幻灯片添加背景的操作。

① 打开“设计”选项卡，点击“背景”选项组中“背景格式”右边下拉箭头，在弹出的列表中单击“设置背景格式”，在出现的“设置背景格式”对话框中，选取“填充”→“图片或纹理填充”单选按钮，然后单击下面的“文件（F）…”按钮，会弹出一个“插入图片”对话框，在这里找到要作为背景的图片。

② 单击“插入”按钮，就完成了背景图片的插入操作了，如图 4.15 所示。

8.【解析】本小题主要考核创建演示方案的操作。

① 在“幻灯片放映”选项卡“开始放映幻灯片”组中单击“自定义幻灯片放映”按钮，在展开的列表中选择“自定义放映”命令，打开“自定义放映”对话框。

② 在“自定义放映”对话框中单击“新建”按钮，打开“定义自定义放映”对话框。

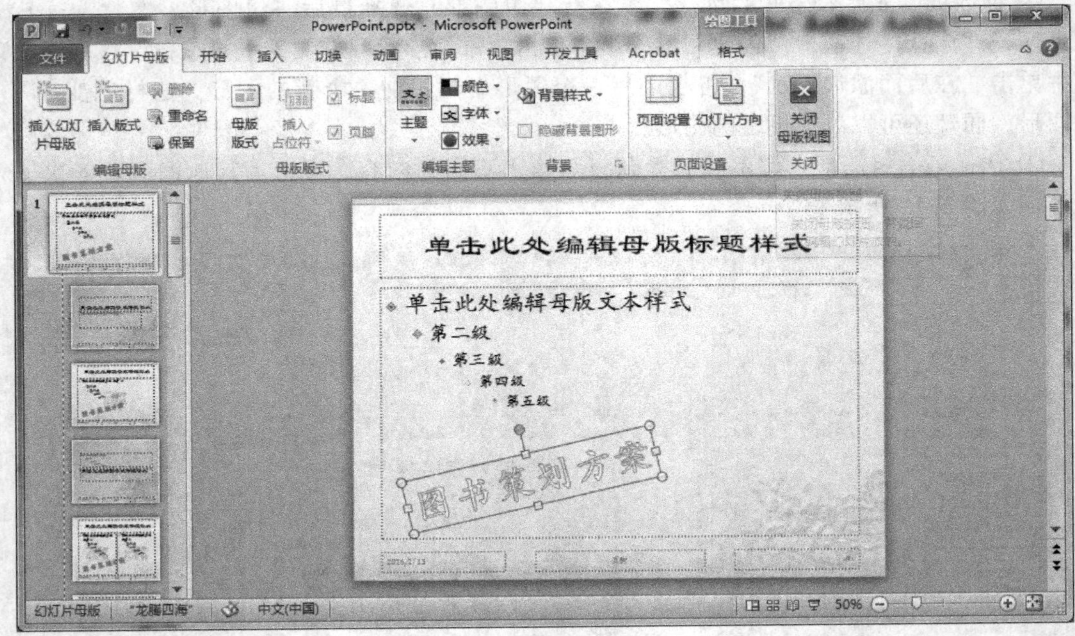

图 4.14　通过母版设置艺术字水印

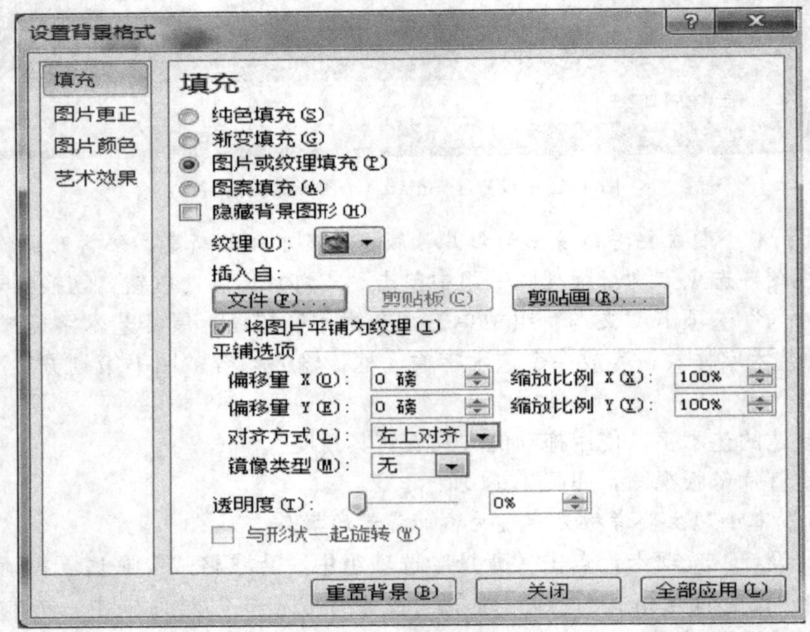

图 4.15　为幻灯片设置图片背景

在“幻灯片放映名称”文本框中输入“放映方案 1”，“在演示文稿中的幻灯片”列表框中列出了所有幻灯片的标题，选中其中一个标题，单击“添加”按钮可将此张幻灯片添加到“在自定义放映中的幻灯片”列表框中，此列表框中的幻灯片就是放映方案 1 中将要播放的。

③“在自定义放映中的幻灯片”列表框中选中某张幻灯片标题，单击“删除”按钮可在放映方案中取消该张幻灯片；单击⬆、⬇按钮可更改放映方案中幻灯片的播放顺序。

④ 单击“确定”按钮返回到“自定义放映”对话框，单击“关闭”按钮退出，单击“放映”按钮可观看放映效果，如图 4.16 所示。

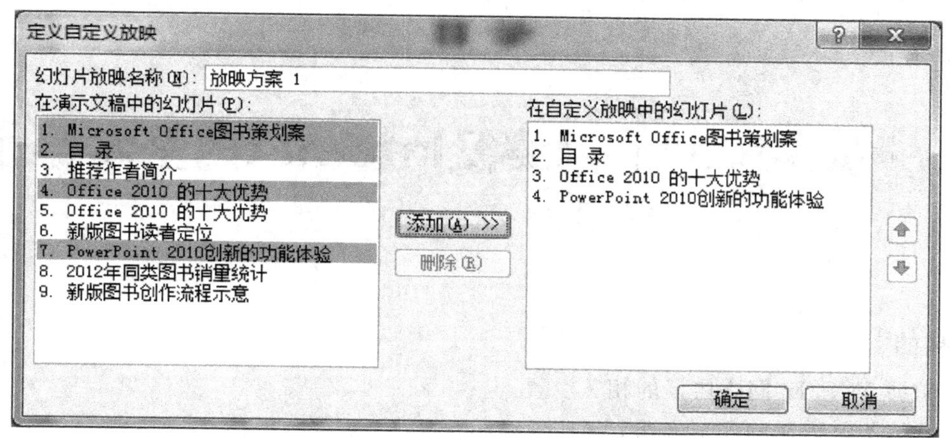

图 4.16　创建自定义放映

9.【解析】本小题主要考核演示文稿的保存。

单击“快速访问”工具栏中的“保存”按钮即可保存修改。

实验 5 网络及Internet的基本操作

【实验目的】

1. 掌握 TCP/IP 网络协议的相关设置。
2. 掌握网络连通的测试方法。
3. 掌握 IE 浏览器的设置方法。
4. 掌握 IE 浏览器的使用方法。
5. 了解搜索引擎的基本原理。
6. 掌握搜索引擎的使用方法与技巧。
7. 掌握申请免费电子邮件的方法。
8. 培养自我保护意识，不要轻易向网站提供自己的真实信息。
9. 掌握 Outlook Express 邮件收发软件的设置方法。

实验 5.1 TCP/IP 网络协议的设置及网络连通的测试

【实验内容与要求】

为本地计算机设置网络的 TCP/IP 协议，设置完毕以后，测试网络是否连通，只有在网络连通的情况下，本地计算机才能与外界进行信息交流。在本实验中掌握 Ping 命令的使用方法。

【实验步骤】

1. 设置 TCP/IP 网络协议

(1) 在"开始"菜单中选择"网上邻居"→"属性"选项，进入网络连接窗口。

(2) 在该窗口中右击"本地连接"，在弹出的快捷菜单中执行"属性"命令，打开"本地连接 属性"对话框，如图 5.1 所示，在该对话框中可以看到 TCP/IP 协议已添加。

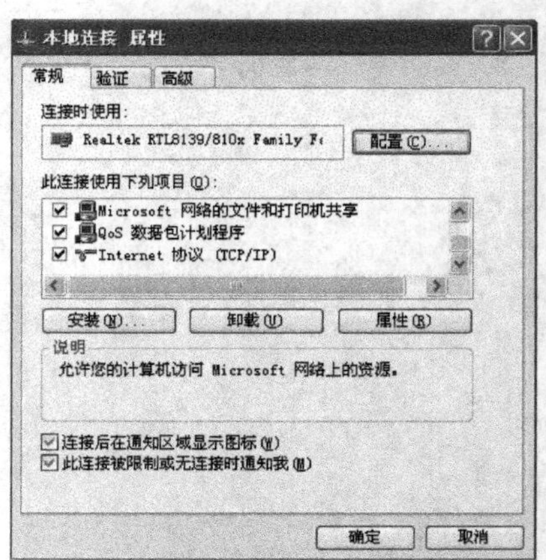

图 5.1 "本地连接 属性"对话框

(3) 在"本地连接 属性"对话框中，单击"Internet 协议 (TCP/IP)"，再单击"属性"按钮，打开"Internet 协议 (TCP/IP) 属性"对话框。

(4) 在"Internet 协议 (TCP/IP) 属性"对话框

中，选择“使用下面的 IP 地址”，设置本机的 IP 地址、子网掩码、默认网关及 DNS 服务器地址，如图 5.2 所示。

（5）如果 IP 地址使用动态分配，只要选择“自动获得 IP 地址”、“自动获得 DNS 服务器地址”即可。在“Internet 协议（TCP/IP）属性”对话框中，如果只是局域网相通，不上 Internet 的话，“默认网关”等可以不设，否则需要在“默认网关”和“首选 DNS 服务器”中填入网络连接服务器的 IP 地址。完成以上配置后，单击“确定”按钮，使 TCP/IP 协议生效。

2. 网络连通的测试

（1）在“开始”菜单中，选择“运行”选项，出现如图 5.3 所示的“运行”对话框。

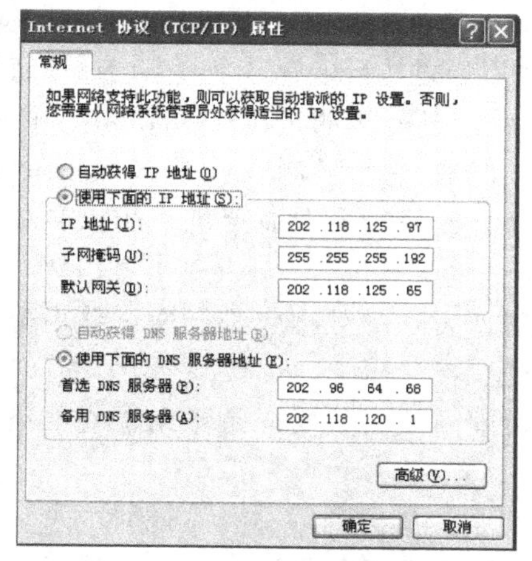

图 5.2　“Internet 协议（TCP/IP）属性”对话框

图 5.3　“运行”对话框

（2）在“运行”对话框中输入 Ping 命令及相关参数，单击“确定”按钮即可。例如，运行命令 Ping 202.118.125.1 会检测出用户计算机与网关的连通情况。如果网络连通正常，则会出现如图 5.4 所示的信息；如果把网络的本地连接停用，则会出现如图 5.5 所示的信息；如果本地连接启用情况下，网络仍然不通则会出现如图 5.6 所示的信息。

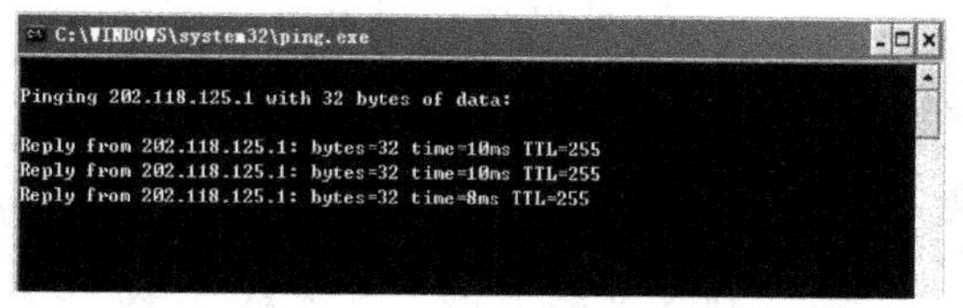

图 5.4　网络连通测试界面（通的情况）

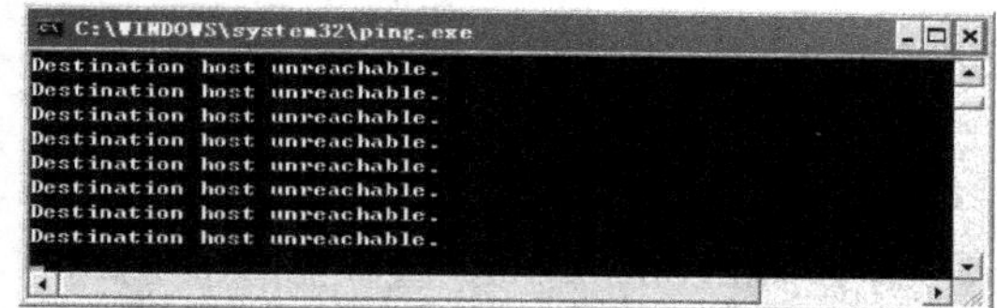

图 5.5　网络连通测试界面（不通的情况 1）

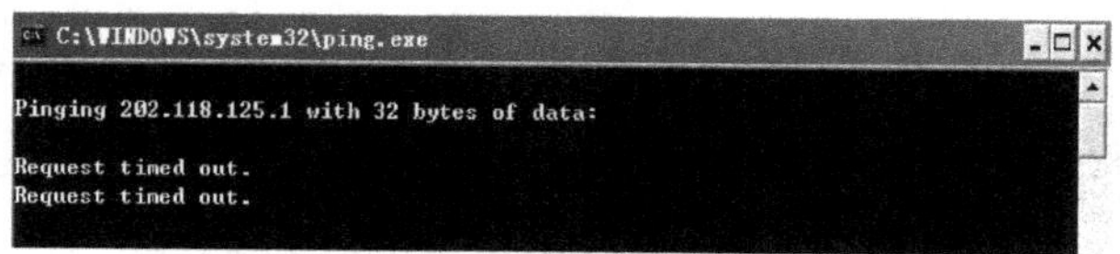

图 5.6　网络连通测试界面（不通的情况 2）

附：Ping 命令的使用方法简介

Ping 命令的格式：

ping [-t] [-a] [-n count] [-l length] [-f] [-i ttl] [-v tos] [-r count] [-s count] [-j computer-list] | [-k computer-list] [-w timeout] destination-list　各个参数的含义如下：

-a——将目标的机器标识转换为 ip 地址。

-t——若使用者不人为中断会不断地 ping 下去。

-t——有这个参数时，当 ping 一个主机时系统就不停地运行 ping 这个命令，直到用户按下 Control-C。

-a——解析主机的 NETBIOS 主机名，如果用户想知道所 ping 的计算机名则要加上这个参数了，一般是在运用 ping 命令后的第一行就显示出来。

-n count——定义用来测试所发出的测试包的个数，缺省值为 4。通过这个命令可以自己定义发送的个数，对衡量网络速度很有帮助，比如想测试发送 20 个数据包的返回的平均时间为多少、最快时间为多少、最慢时间为多少就可以通过执行带有这个参数的命令获知。

-l length——定义所发送缓冲区的数据包的大小，在默认的情况下 Windows 的 ping 发送的数据包大小为 32byte，也可以自己定义，但有一个限制，就是最大只能发送 65500byte，超过这个数时，对方就很有可能因接收的数据包太大而死机，所以微软公司为了解决这一安全漏洞限制了 ping 的数据包大小。

-f——在数据包中发送“不要分段”标志，一般所发送的数据包都会通过路由分段再发送给对方，加上此参数以后路由就不会再分段处理。

-i ttl——指定 TTL 值在对方的系统里停留的时间，此参数同样是帮助检查网络运转情况的。

-v tos——将“服务类型”字段设置为“tos”指定的值。

-r count——在“记录路由”字段中记录传出和返回数据包的路由。一般情况下发送的数据包是通过一个个路由才到达对方的，但到底是经过了哪些路由呢？通过此参数就可以设定想探测经过的路由的个数，不过限制在了 9 个，也就是说只能跟踪到 9 个路由。

-s count——指定“count”指定的跃点数的时间戳，此参数和-r 差不多，只是这个参数不记录数据包返回所经过的路由，最多也只记录 4 个。

-j host-list——利用“computer-list”指定的计算机列表路由数据包。连续计算机可以被中间网关分隔 IP 允许的最大数量为 9。

-k host-list——利用“computer-list”指定的计算机列表路由数据包。连续计算机不能被中间网关分隔 IP 允许的最大数量为 9。

-w timeout——指定超时间隔，单位为毫秒。

destination-list——是指要测试的主机名或 IP 地址。

【说明】

以上只是 Ping 命令的基本说明，有关技巧读者可以参考 http://baike.360.cn/4002705/3349776.html 或 http://tieba.baidu.com/f?kz=227025559。

实验 5.2　IE 浏览器的设置与使用

【实验内容与要求】

掌握 IE 浏览器的正确设置与使用方法。

【实验步骤】

1. IE 浏览器的设置

(1) 选择“开始”→“程序”→“Internet Explorer”选项或者双击桌面的图标启动 IE 浏览器。

(2) 在 IE 浏览器中，执行“工具”→“Internet 选项”命令，打开“Internet 选项”对话框，如图 5.7 所示，对 IE 进行设置。单击“常规”选项卡，在“主页”栏的“地址”框中输入 http://www.lnpu.edu.cn，单击“确定”按钮完成设置。设置完成后，IE 浏览器会在每次启动后自动浏览这个网站的主页。

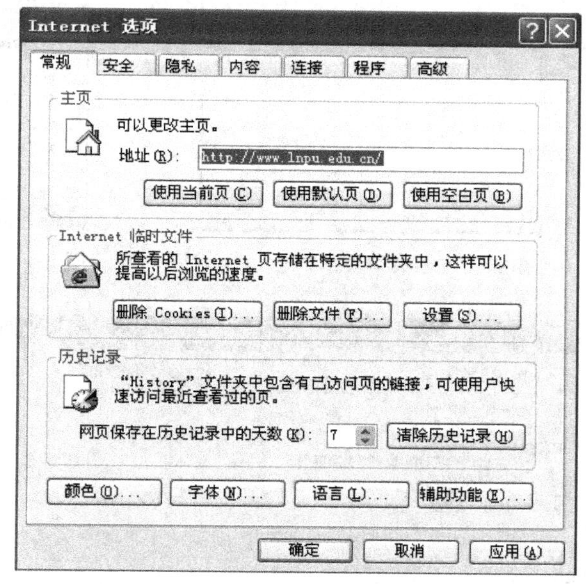

图 5.7　“Internet 选项”对话框

(3) 清除临时文件　IE 在访问网站时都是把它们先下载到 IE 缓冲区（Internet Temporary Files）中。时间一长，在硬盘上会留下很多临时文件，可以通过“Internet 选项”“常规”标签下“Internet 临时文件”项目下的“删除 Cookies（I）”和“删除文件（F）”来进行清理，也可以通过设置按钮来对临时文件进行自由管理。

(4) 历史记录　Windows 是一个智能化的操作系统，它的出现使得许多不具备计算机专业知识的用户也能够轻松地操作计算机。但是，Windows 有时也会“自作聪明”，将用户所操作的过程记录下来，如用户使用 IE 浏览过的网站都会被记录在 IE 的历史记录中。单击“清除历史记录”按钮即可快速清除所有先前浏览过网站的记录，也可以把“网页保存在历史记录中的天数”设置成 0，那样 IE 就不会自动记录先前浏览过的网站。

2. IE 浏览器的使用

(1) 浏览网页　启动 IE 浏览器后，在浏览器的地址栏输入网址，即可浏览网页页面信息。如输入 http://www.baidu.com，按【Enter】键，观察浏览器窗口右上角的 IE 标志，转动时表示浏览器正在工作，停止转动表示浏览器窗口完整地显示所访问的网页信息。

(2) 将当前网址添加到收藏夹　在 IE 浏览器中执行“收藏”→“添加到收藏夹”命令，打开“添加到收藏夹”对话框，如图 5.8 所示，其中“名称”文本框中显示当前浏览页面的名称，如“百度一下，你就知道”，单击“确定”按钮完成设置。以后要访问该网站，只须执行“收藏”→“百度一下，你就知道”命令即可，如图 5.9 所示。

(3) 保存网页信息　在 IE 浏览器的地址栏中输入 http://www.sohu.com，执行“文件”→“另存为”命令，弹出“另存为”对话框如图 5.10 所示。设置保存信息，即存放路径、名称、保存类型等。

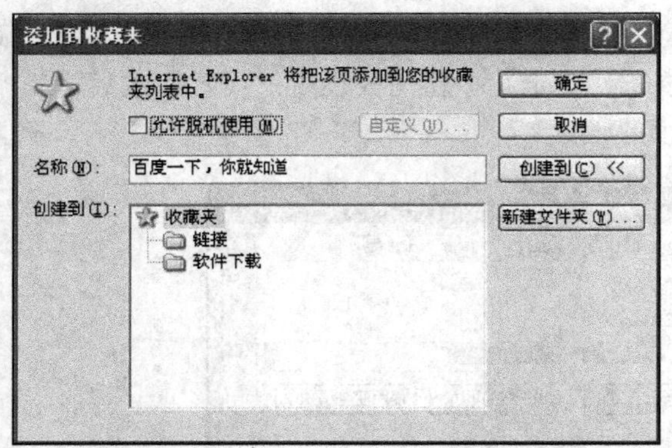

图 5.8　“添加到收藏夹”对话框

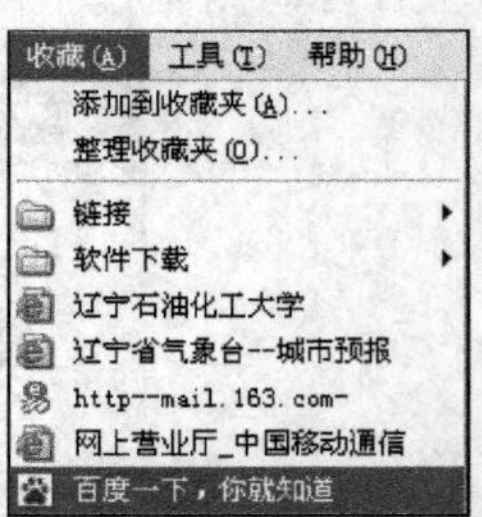

图 5.9　“收藏”菜单

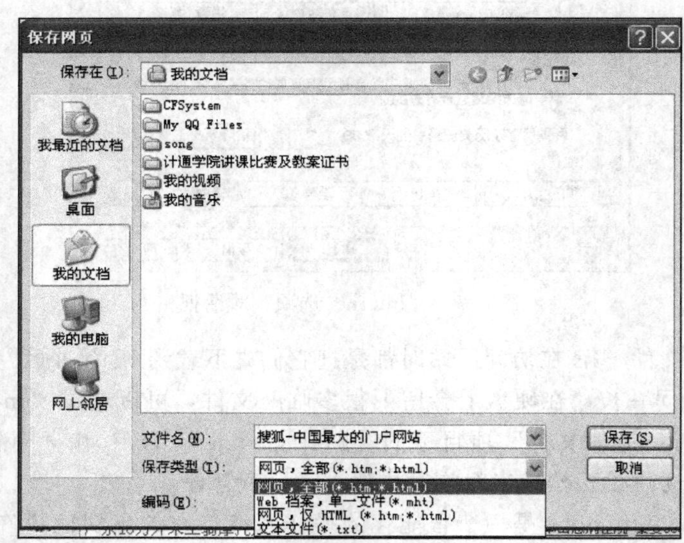

图 5.10　“另存为”对话框

① 网页，全部（*.htm；*.html）：保存最完整的一种类型，也是最浪费时间的一种类型。该类型会将页面中的所有元素（包括图片、Flash 动画等）都下载到本地，即最终保存结果是一个网页文件和一个以“网页文件名.files”为名的文件夹，文件夹中保存的为网页中需要用到的图片等资源。

② Web 档案，单一文件（*.mht）：同样也是保存完整的一种类型。同第一种不同的是，最终的保存结果是只有一个扩展名为.mht 的文件，但其中的图片等内容一样都不少。双击这种类型的文件同样会调用浏览器打开。

③ 网页，仅 HTML（*.htm；*.html）：最为推荐的一种方式。只保存网页中的文字，但保留网页原有的格式。保存的结果也是一个单一网页文件，因为不保存网页中的图片

等其他内容，所以保存速度较快。

④ 文本文件（*.txt）：不太推荐的一种方式，只保存网页中的文本内容，保存结果为单一文本文件，虽然保存速度极快，但如果网页结构较复杂的话，保存的文件内容会比较混乱，要找到自己想要的内容就困难了。

实验 5.3　搜索引擎的使用

【实验内容与要求】

搜索引擎的基本原理和使用方法。

【实验步骤】

搜索引擎是“search engine”，意思是信息查找发动机，它是 Internet 上搜索信息的工具。搜索引擎是一个对互联网上的信息资源进行搜集整理，然后供用户查询的系统，它包括信息搜集、信息整理和用户查询三部分。

下面以“Google 搜索引擎”为例讲解信息检索的具体方法。

1. 进入“Google 搜索引擎”界面

打开浏览器，在地址栏中输入“http://www.google.cn”，按【Enter】键，进入“Google 搜索引擎”的首页界面，如图 5.11 所示。

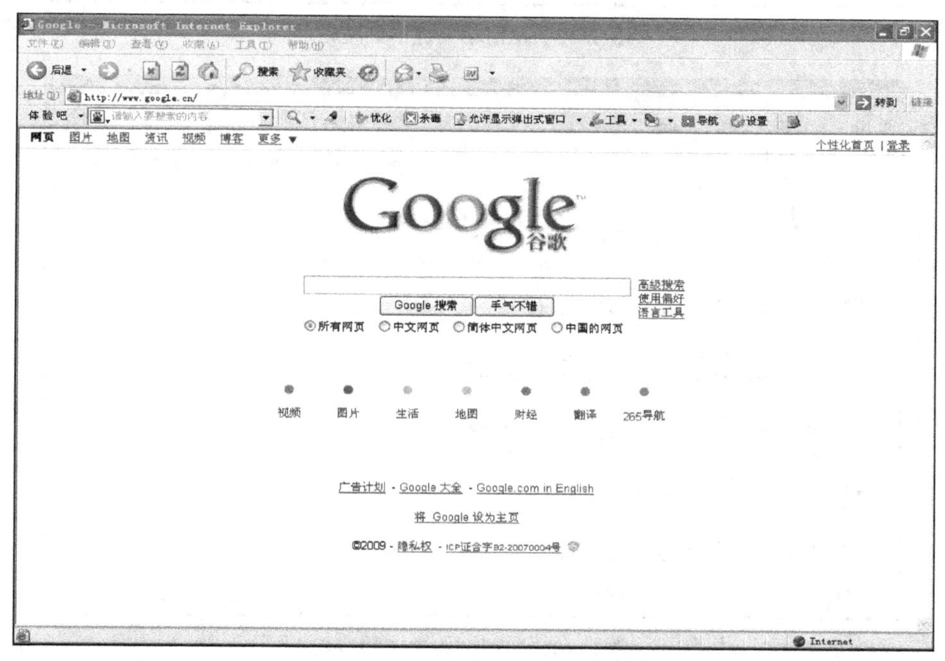

图 5.11　“Google 搜索引擎”的首页界面

2. 单关键字的搜索

在其搜索关键字框中输入“电脑”，按【Enter】键或单击“Google 搜索”就能得到如图 5.12 所示的搜索结果。搜索结果过亿，用户不能够很好地得到想要的信息。

3. 多关键字的搜索

Google 搜索引擎使用空格来表示逻辑“与”操作。现在需要了解一下电脑的历史，因此期望搜得的网页上有“电脑”和“历史”两个关键字。在其搜索关键字框中输入“电脑”和“历史”两个关键字，两个关键字之间必须有空格，如图 5.13 所示。

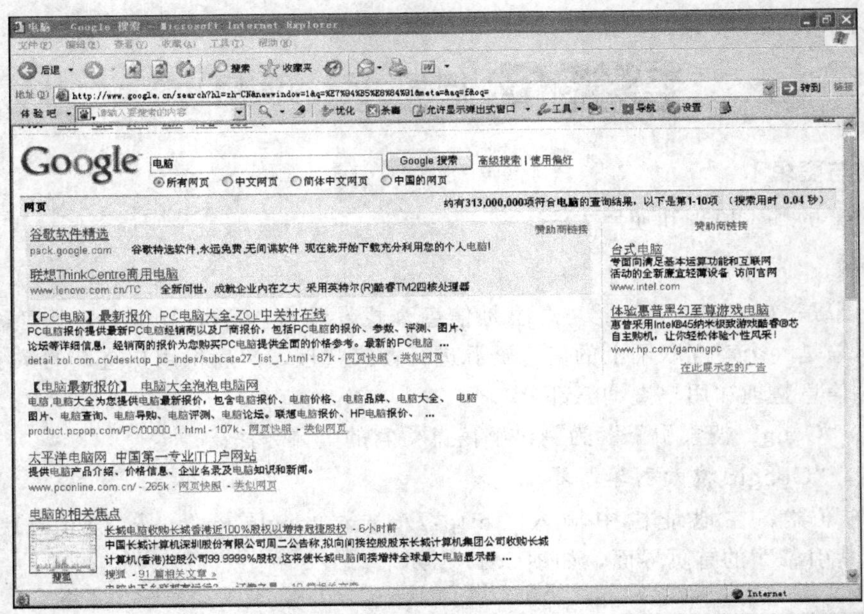

图 5.12　使用单关键字的搜索

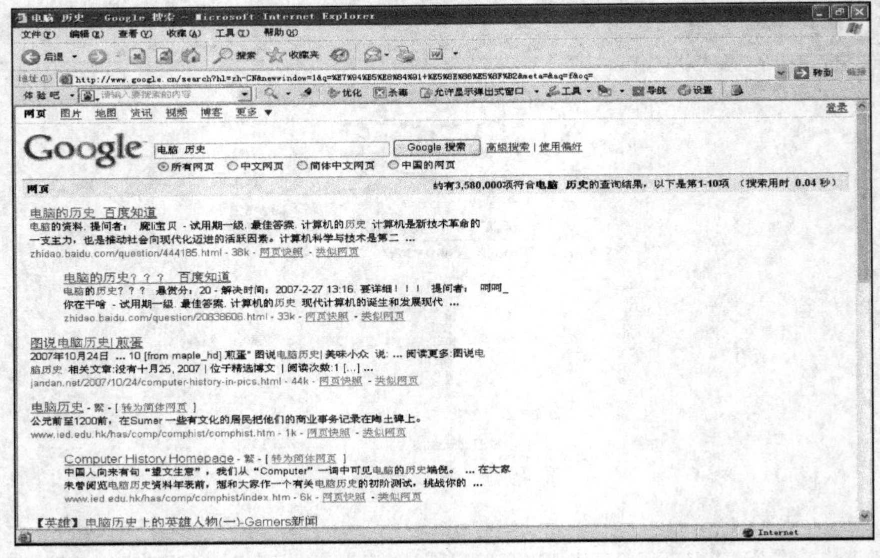

图 5.13　使用多关键字的搜索

4. 去除特定信息的搜索

Google 搜索引擎用减号“-”表示逻辑“非”操作。“A - B”表示搜索包含 A 但没有 B 的网页。在上一搜索中，并不想要查询有关中国历史的信息，那么就可以使用减号“-”将其去除，如图 5.14 所示，所搜结果只有约五十万了，减少了很多。

【注意】

这里的“+”和“-”号，是英文字符，而不是中文字符的“+”和“—”。此外，操作符与作用的关键字之间不能有空格。比如“历史 -中国历史”，搜索引擎将视为关键字为“中国历史”和“历史”的逻辑“与”操作，中间的“—”被忽略。

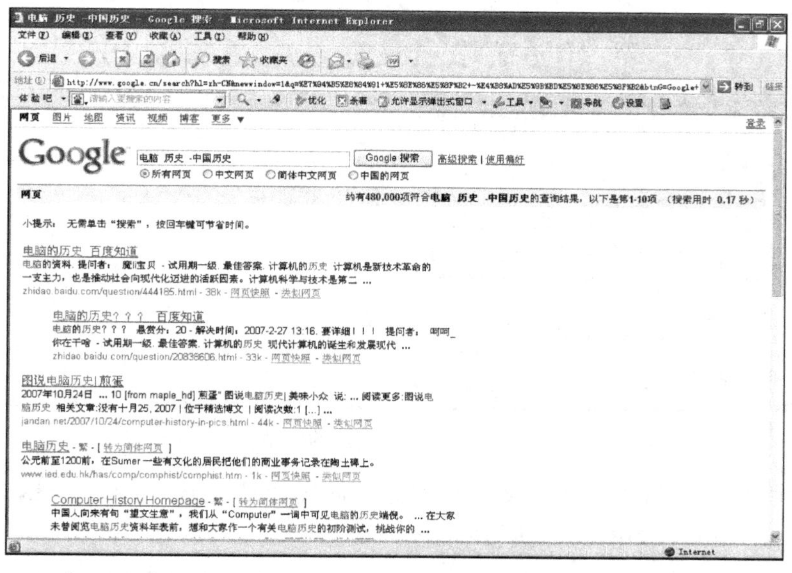

图 5.14　使用去除特定信息的搜索

5. 至少包含多关键字中的一个的搜索

Google 用大写的“OR”表示逻辑“或”操作。搜索“A OR B”，意思就是说，搜索的网页中，要么有 A，要么有 B，要么同时有 A 和 B。例如，要搜索“计算机二级”和“英语四级”。在其搜索关键字框中输入“计算机二级 OR 英语四级”。

在上面的例子中，介绍了 Google 搜索引擎最基本的语法“与”、“非”和“或”，这三种搜索语法 Google 分别用“ ”（空格）、“—”和“OR”表示。根据这三个基本操作，可以了解到如何缩小搜索范围，迅速找到目的资讯：目标信息一定含有的关键字用“ ”连起来，目标信息不能含有的关键字用“—”去掉，目标信息可能含有的关键字用“OR”连起来。

6. 过滤搜索的网站

关键字“site”表示搜索结果局限于某个具体网站或者网站频道，如“www. sohu. com”，或者是某个域名，如“com. cn”、“edu. cn”等。如果是要排除某网站或者域名范围内的页面，只需用“—网站/域名”。例如，搜索中文教育科研网站（edu. cn）上关于“电脑 历史”的页面，输入“电脑 历史 site：edu. cn”，如图 5.15 所示。

7. 搜索某种类型文件信息

“filetype：”是 Google 开发的非常强大实用的一个搜索语法。也就是说，Google 不仅能搜索一般的文字页面，还能对某些二进制文档进行检索。目前，Google 已经能检索微软的 Office 文档如 . xls、. ppt、. doc，. rtf，ADOBE 的 . pdf 文档，ShockWave 的 . swf 文档（Flash 动画）等。其中最实用的文档搜索是 PDF 搜索。PDF 是 ADOBE 公司开发的电子文档格式，现在已经成为互联网的电子化出版标准。目前 Google 检索的 PDF 文档大约有 2500 万左右，大约占所有索引的二进制文档数量的 80%。PDF 文档通常是一些图文并茂的综合性文档，提供的资讯一般比较集中全面。

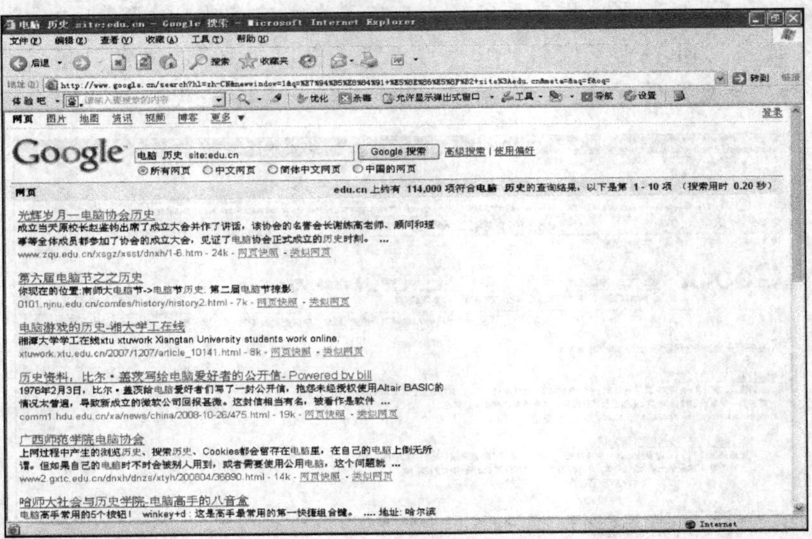

图 5.15　过滤搜索的网站

如搜索“电脑”、“历史”并且文件类型是 doc 或者是 pdf，输入“电脑 历史 filetype：doc OR filetype：pdf”，如图 5.16 所示。

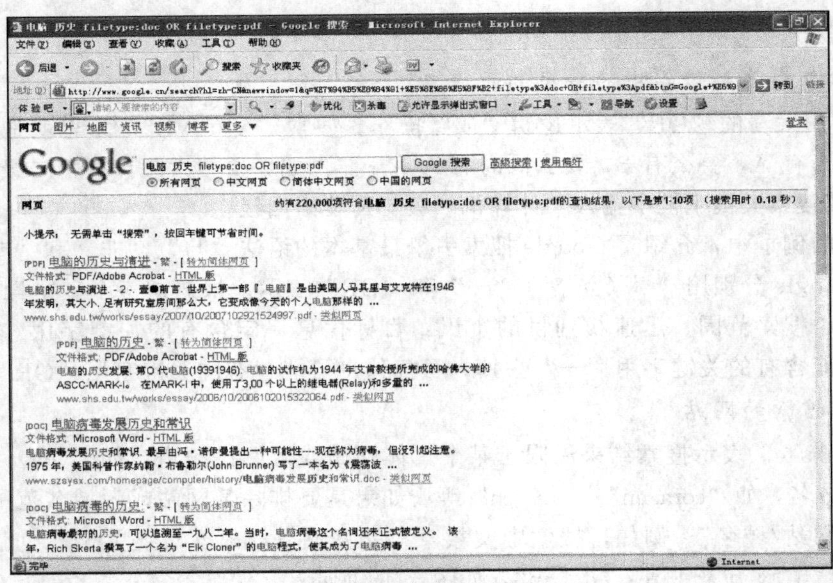

图 5.16　搜索某种类型文件信息

8. 搜索图片

在 Google 首页点击“图像”链接就进入了 Google 的图像搜索界面“images. Google. cn”。可以在关键字栏位内输入描述图像内容的关键字，如“电脑”，就会搜索到大量有关电脑的图片，如图 5.17 所示。Google 给出的搜索结果具有一个直观的缩略图以及对该缩略图的简单描述，如图像文件名称、大小等。

Google 图像搜索目前支持的语法包括基本的搜索语法，如“+”、“-”、“OR”、“site”

和“filetype:”。其中“filetype:”的后缀只能是几种限定的图片类型，如 JPG、GIF 等。

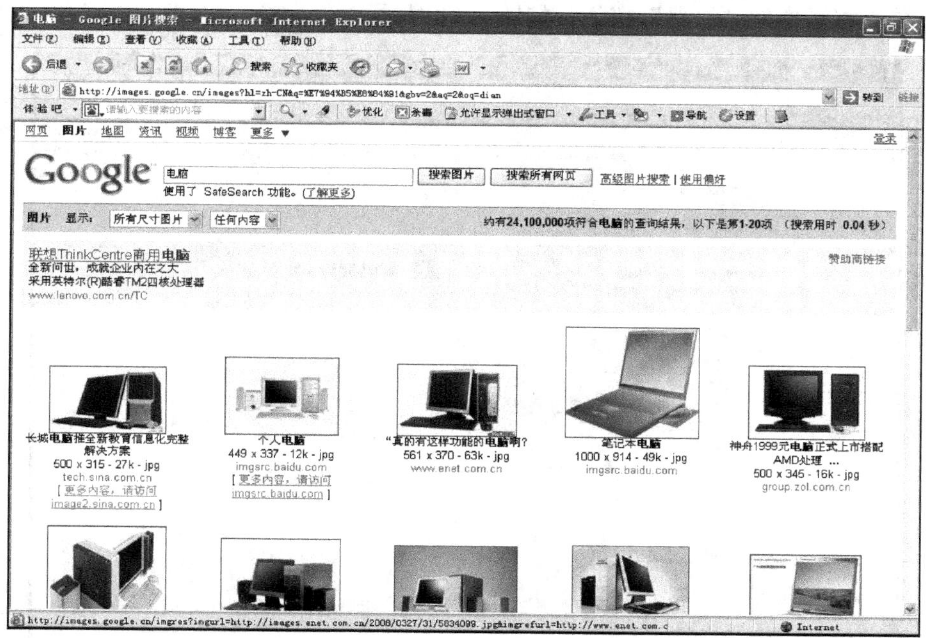

图 5.17　搜索图片

实验 5.4　电子邮箱申请与 Outlook Express 设置

【实验内容与要求】

申请免费电子邮箱和设置 Outlook Express 的方法。

【实验步骤】

利用电子邮件不仅可以发送文字和图片，还可以发送视频和音频文件等。另外，速度也很快，不管收件人在世界的哪个地方，在几秒钟之内就能发送到。Internet 上有许多提供电子邮箱服务的网站，有的是收费邮箱，有的是免费邮箱。一般来说收费邮箱容量相对较大，对邮箱的拥有者提供的服务也比较多。

1. 申请免费邮箱

下面以在网易申请一个免费电子邮箱为例，说明邮箱的申请过程。

【注意】

在申请邮箱过程中，不要泄露自己的住址、单位、电话号码、身份证号码等敏感资料。

操作步骤如下。

（1）搜索免费电子邮箱　利用搜索引擎，在搜索栏内输入“免费电子邮箱”的关键字，找到提供免费电子邮箱服务的网站。国内提供免费电子信箱的网站有网易（163 免费电子邮箱）、搜狐（sohu 免费电子邮箱）、新浪（sina 免费电子邮箱）等，国外进入中国提供免费中文电子邮箱服务的网站有 gmail、微软（hotmail 免费电子邮箱）等。

(2) 注册免费电子邮箱　打开 IE 浏览器，在地址栏输入“http://mail.163.com”，按回车键。单击网页中的“注册”按钮，如图 5.18 所示。

图 5.18　注册免费电子邮箱的首页界面

在“通用证用户名”文本框中输入用户名，网站都注明了填写用户名的具体要求，应注意阅读。这个用户名是用户将来邮箱申请成功后，用来登录邮箱的用户账号，“用户名@服务器名”就是用户的电子邮件地址。用户名应当尽量简单明了，以便于收件人记忆。输入的用户名如果已经被其他用户注册，就会在下一行以红色文字显示提示：“很遗憾，该账号已经被注册，请您另选一个”。此时就需要重新输入新的用户名，直到显示提示“恭喜，该用户名可以使用”为止。然后输入登录密码、密码保护问题、您的答案、出生日期、性别、验证码等必须填写的项目，最后阅读《网易服务条款》，选择“我已看过并同意《网易服务条款》”以后，单击“注册账号”按钮。这时，免费邮箱申请成功。

2. 利用 Outlook Express 收发电子邮件

以网页方式收发电子邮件时，每次都必须登录邮件首页，输入用户名、密码等，这些操作非常烦琐。这时可以利用 Windows 自带的 Outlook Express（以下简称 Outlook）进行电子邮件的收发，这样更加方便。下面以 163 免费邮箱为例，说明 Outlook 的设置和使用方法如下。

操作步骤如下：

(1) Outlook 基本设置。

① 单击“开始”→“电子邮件”选项，打开“Outlook Express”界面，执行“工具”→“账户”命令，如图 5.19 所示，将弹出“Internet 账户”对话框。

② 在“Internet 账户”对话框中单击“添加”按钮，将弹出“Internet 连接向导”对话框，如图 5.20 所示。

③ 在“显示名”文本框中输入“hanliu”，如图 5.21 所示，这个名字将出现在以后所发邮件的“发件人”一栏，然后单击“下一步”按钮。

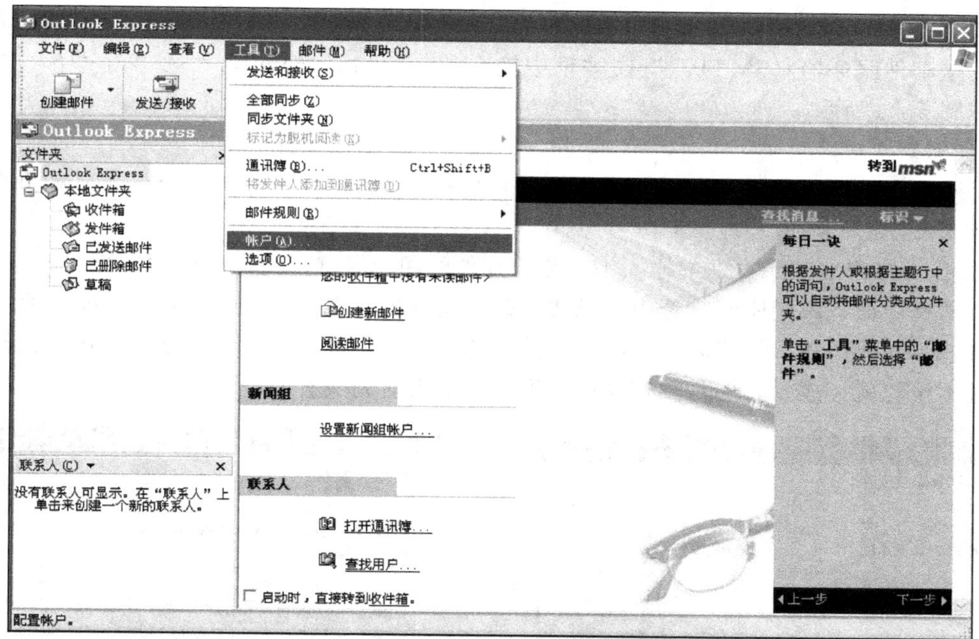

图 5.19　"Outlook Express"打开界面

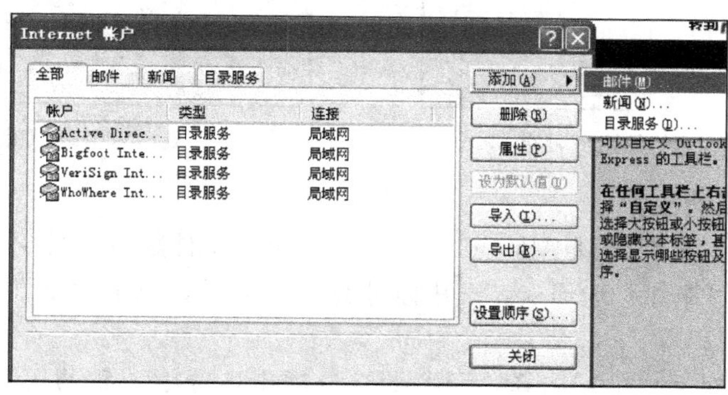

图 5.20　"Internet 账户"对话框

④"在电子邮件地址"文本框中输入邮箱地址，如 hanliu_2009@163.com，如图 5.22 所示，再单击"下一步"按钮。

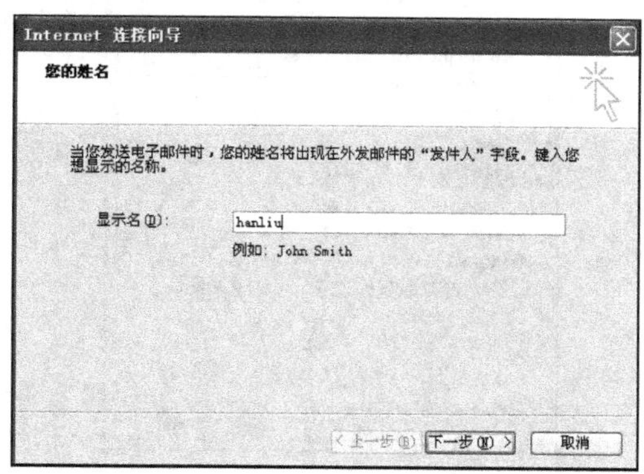

图 5.21　输入发件人显示名

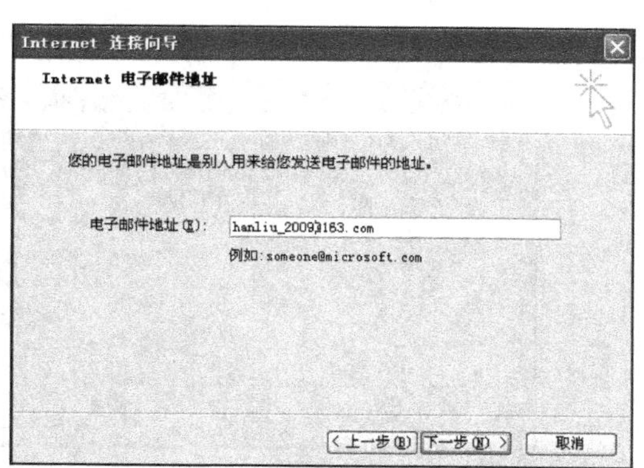

图 5.22　输入发件人电子邮件地位

⑤ 在“接收邮件（POP3、IMAP 或 HTTP）服务器”文本框中输入“pop.163.com”在“发送邮件服务器（SMTP）”文本框中输入“smtp.163.com”，然后单击“下一步”按钮，如图 5.23 所示。

【注意】

每个免费电子邮件提供商的邮件服务器名是不同的，可以在免费电子邮件网页的帮助文件中找到。

⑥ 在“账户名”文本框中输入 163 免费邮件的用户名（仅输入@前面的部分）。在“密码”文本框中输入邮箱密码，选中“记住密码”复选框，如图 5.24 所示，这样以后每次收发邮件就不需要再输入用户名和密码了，然后单击“下一步”按钮。单击“完成”按钮，邮箱的基本设置就完成了，但是邮箱属性设置工作还没有完成。

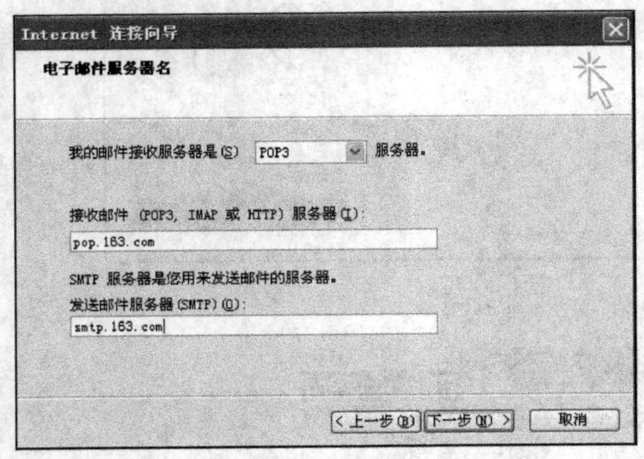

图 5.23　输入电子邮件服务器名

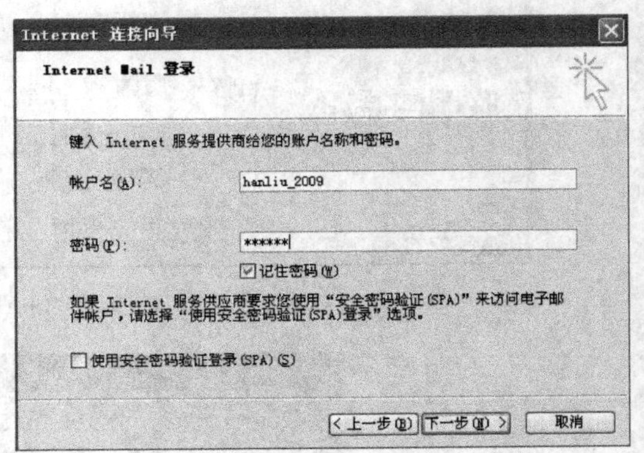

图 5.24　输入账户名和密码

(2) Outlook 属性设置

① 在 Outlook 主界面窗口中执行“工具”→“电子邮件账户”命令，打开“Internet 账户”对话框，选择“邮件”选项卡，选中刚才设置的账号，单击“属性”按钮，如图 5.25 所示。

② 在属性设置对话框中，选择“服务器”选项卡，选中“我的服务器要求身份验证”复选框，如图 5.26 所示，单击“应用”按钮。此时，已经完成了 Outlook 客户端的配置。

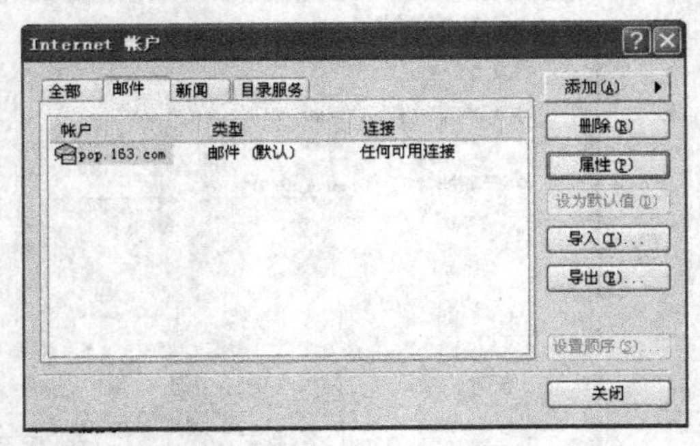

图 5.25　“邮件”选项卡

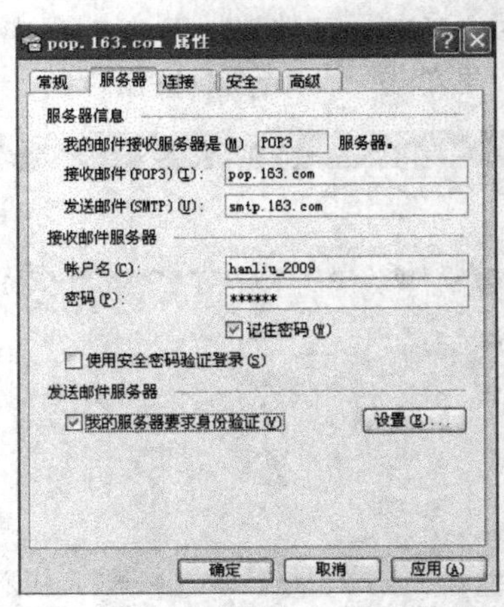

图 5.26　“属性”对话框

实验⑥ 常用工具软件的使用

【实验目的】

1. 掌握安全软件360安全卫士的安装、设置和使用方法。
2. 掌握360杀毒程序的安装、设置和使用方法。
3. 掌握WinRAR文件解压缩工具软件的安装、设置和使用方法。
4. 掌握常用下载工具迅雷的安装、设置和使用方法。
5. 掌握ACDSee的安装、设置和使用方法。
6. 掌握Adobe PDF阅读器的安装、设置和使用方法。
7. 掌握屏幕抓图软件的安装、设置和使用方法。

实验6.1 360安全卫士

360安全卫士是一款由奇虎360公司推出的功能强、效果好、受用户欢迎的安全软件。360安全卫士拥有查杀木马、清理插件、修复漏洞、电脑体检、电脑救援、保护隐私、电脑专家、清理垃圾、清理痕迹多种功能，依靠抢先侦测和云端鉴别，可全面、智能地拦截各类木马，保护用户的账号、隐私等重要信息。它同时还具备开机加速、垃圾清理等多种系统优化功能，可加快电脑运行速度，内含的360软件管家还可帮助用户轻松下载、升级和强力卸载各种应用软件。国内类似功能的软件现有金山卫士、百度卫士、腾讯电脑管家等。

任务一：360安全卫士的获取、安装、卸载。

【实验内容与要求】

1. 从360官方网站上下载360安全卫士的离线下载包。
2. 安装360安全卫士。
3. 掌握360安全卫士的卸载方法。

【实验步骤】

1. 启动浏览器，在地址栏输入“www.360.com”，进入其官方网站。单击“电脑软件”→“电脑安全”列中的“安全卫士”，单击网页中显示的“离线下载包”，下载360安全卫士的离线下载包，其文件名为“setup.exe”。如果直接单击主页面中显示的“360安全卫士”的“下载”按钮，如图 6.1 所示，则下载的是 360 在线安装程序 inst. exe。在安装时需联机下载程序后才能继续安装。

图 6.1　360 网站主页中的相关下载

【说明】

任何公司包括 360 公司的网站内容肯定不会永远不变，软件版本也不会永远一成不变，此处所介绍的方法可供参考，具有一定的指导作用。

2. 双击下载的安装程序 setup. exe，打开如图 6.2 所示的窗口。单击“立即安装”按钮进行安装，程序将安装到 C 盘的默认目录中。如果用户需要安装到其他盘中，可单击“安装在”后的下拉按钮选择；如果需要改变默认的安装目录，则单击“自定义安装”按钮。建议选择自定义安装，以防止安装过程中可能存在的捆绑安装其他软件等行为。之后的安装过程中按提示操作即可。

图 6.2　360 安全卫士的安装

3. 安装完成后，出现如图 6.3 所示窗口。

4. 卸载方法

（1）单击 Windows“开始”按钮→“所有程序”→“360 安全中心”→“360 安全卫士”→“卸载 360 安全卫士”→“卸载安全卫士”按钮，之后按提示操作即可完成卸载操作。

（2）单击“开始”按钮→“控制面板”→“程序”中的“卸载程序”，选择“360 安全卫士”，点击“卸载/更改”按钮，之后按提示操作即可完成卸载操作。

卸载后可重启操作系统，以便彻底删除某些文件。

图 6.3 360 安全卫士主程序界面

任务二：360 安全卫士的设置。

【实验内容与要求】

了解 360 安全卫士的设置方法。

【实验步骤】

在如图 6.3 所示的 360 安全卫士主程序界面中，单击右上角的“主菜单”下拉按钮→“设置”，弹出如图 6.4 所示的“360 设置中心”窗口，根据需要，选定或取消复选框或单选框来调整默认的设置，也可以完全采用默认的设置而不进行任何修改。在自定义设置后，可通过单击左下角的“恢复所有默认值”按钮来恢复到系统默认设置。

1. 基本设置

在“360 设置中心”左侧窗体中单击“基本设置”，在右侧窗体中的选项中，根据需要进行相应的设置。注意其中的“升级设置”选项，确定是否自动升级；“用户体验改善计划”、“云安全计划”、“网址云安全计划”几个选项的设置，决定了用户是否允许在软件运行时连接到 360 公司的网站。

2. 弹窗设置

在“360 设置中心”左侧窗体中单击“弹窗设置”，在右侧窗体中的选项中，根据需要进行相应的设置。

3. 开机小助手设置

在“360 设置中心”左侧窗体中单击“开机小助手”，在右侧窗体中的选项中进行设置。默认设置时显示的内容较多，可根据需要，选定或取消复选框来进行相应的设置，如图 6.5 所示。

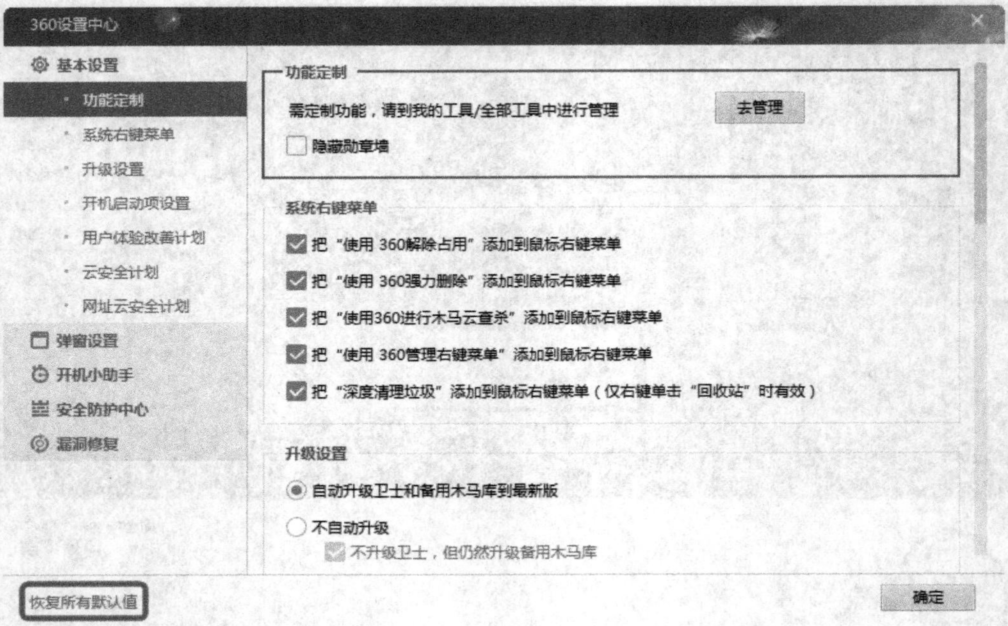

图 6.4　360 设置中心

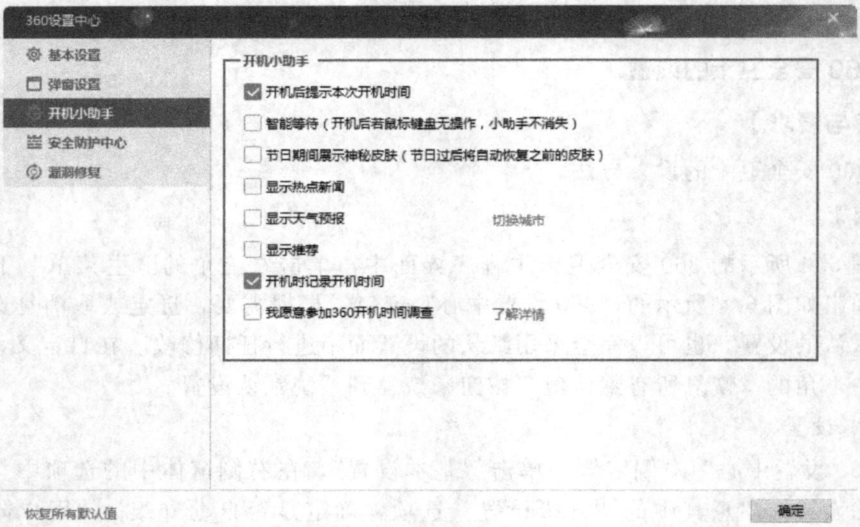

图 6.5　设置“开机小助手”

4. 安全防护中心设置

在“360 设置中心”左侧窗体中单击“安全防护中心”，在右侧窗体中的选项中，根据需要进行相应的设置。注意其中的“U 盘安全防护”选项，如图 6.6 所示，这决定着当用户在系统中插入 U 盘时的保护方式；其中的“自我保护”功能和“主动防御服务”功能选项，如图 6.7 所示，默认处于选中状态，即使“360 安全卫士”软件退出，该功能对应的“ZhuDongFangYu. exe”进程模块仍将在系统中存在，并且无法关闭。如需彻底退出“360 安全卫士”，则需要关闭这两项功能。

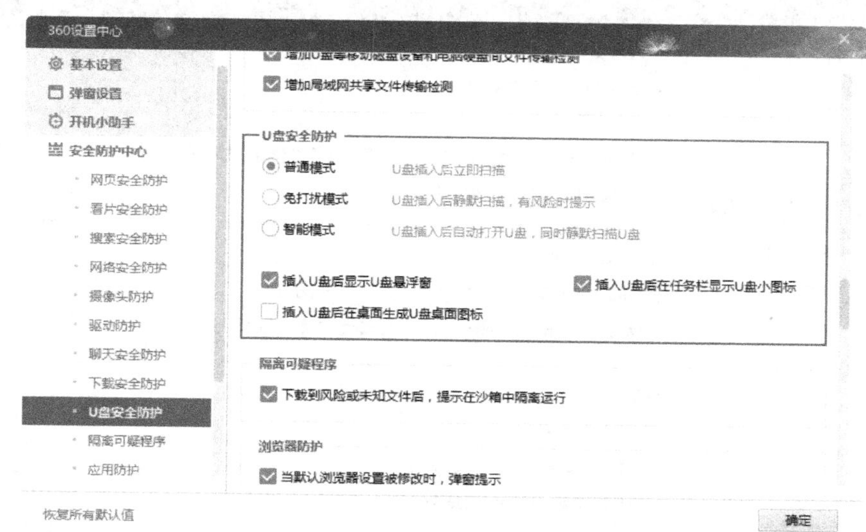

图 6.6　设置“U 盘安全防护”

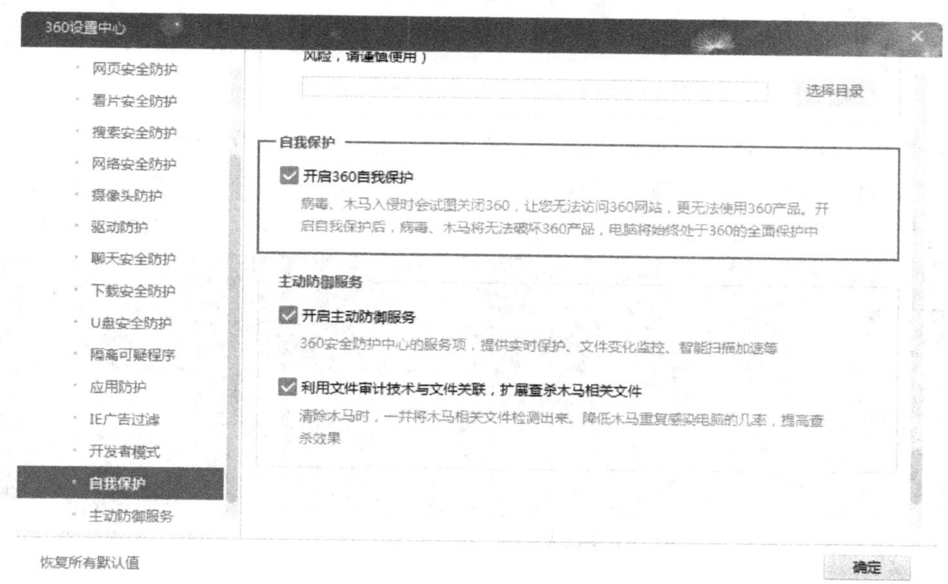

图 6.7　设置“自我防护”和“主动防御服务”

5. 漏洞修复设置

在“360 设置中心”左侧窗体中单击“漏洞修复”，如图 6.8 所示，在右侧窗体中的选项中，根据需要进行相应的设置。

任务三：360 安全卫士的使用。

【实验内容与要求】

1. 安装、配置完成后的首次应用。
2. 日常应用。

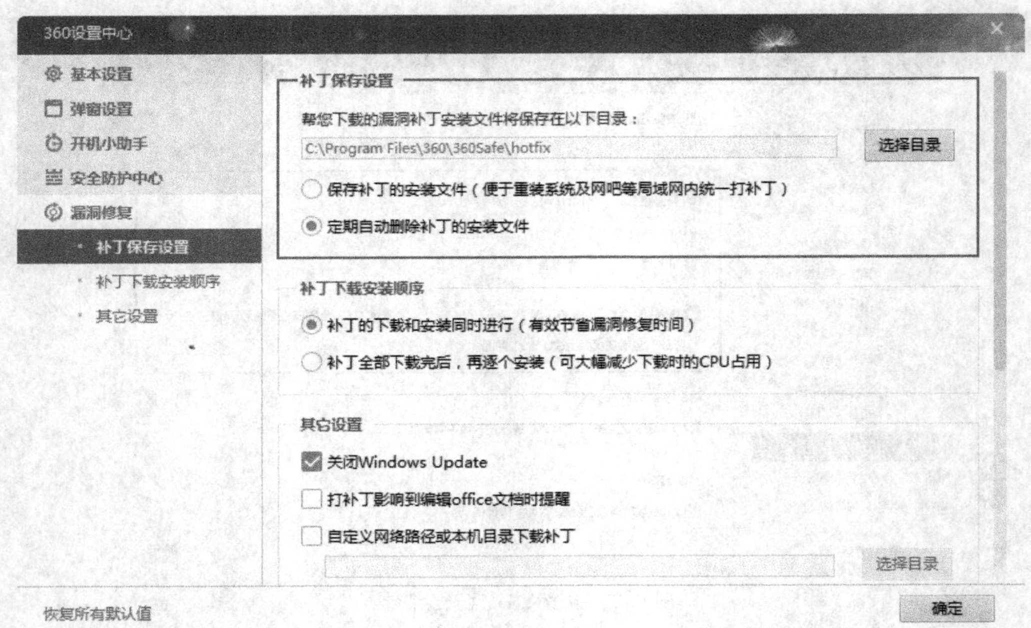

图 6.8　设置“漏洞修复”

【实验步骤】

1. 首次应用

（1）安装、配置完成后，首次应用时，单击图 6.3 所示的“360 安全卫士”主程序界面中的“立即体检”按钮，对系统进行检查。经过一段时间后体检完成，弹出如图 6.9 所示的体检结果窗口。窗口中对系统的安全状况以量化的分数形式来表示，直观醒目地表明了系统

图 6.9　体检结果窗口

的安全程度。还显示了所检查的项目数量，列出了有问题的具体项目，用户既可以根据需要修复其中的某些项目，也可以单击“一键修复”按钮修复所有发现问题的项目。现单击“一键修复”按钮。

（2）在修复过程中可能弹出类似于图 6.10 所示的“电脑体检”窗口，需要用户作出确认。

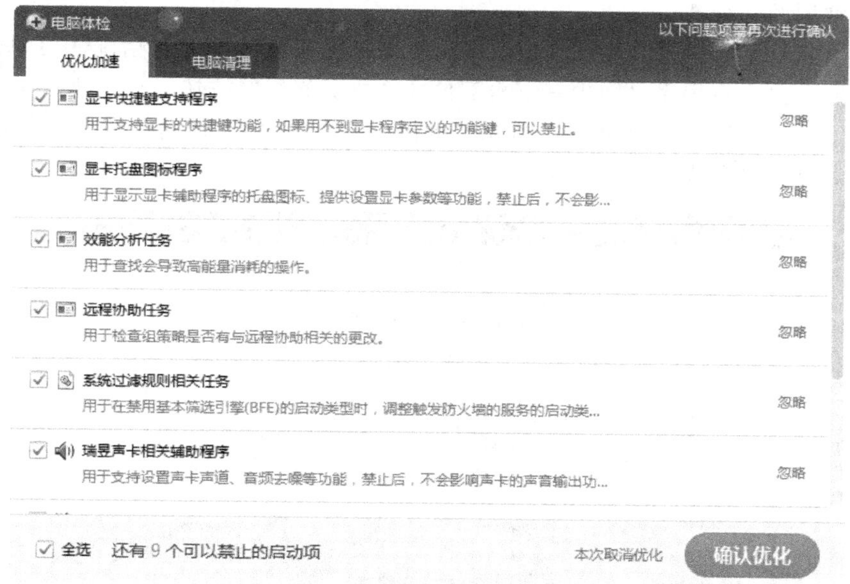

图 6.10　“电脑体检”窗口

（3）修复完成后弹出如图 6.11 所示的窗口，显示系统安全分数为 100，窗口下部显示系统未锁定浏览器主页、未备份数据、需要重启系统等选项，用户可根据需要，选择执行相

图 6.11　修复完成窗口

应的操作。

2. 日常应用

日常应用中，如果需要对系统进行全面的检查和修复，可执行“立即体检”和“一键修复”等操作，这需要一定的时间。如果只需执行安全卫士的某一特定功能，可单独执行该功能。现介绍常用的几个功能。

(1) 主页修复　如果系统出现浏览器主页被劫持无法修改等异常情况，可单击如图 6.3 所示的 360 安全卫士主程序界面中右下角部位的“主页修复”按钮。首次执行该功能时将从网上下载并安装该模块。在弹出的如图 6.12 所示的“360 主页修复”窗口中，单击“开始修复”按钮进行修复操作。

图 6.12　“360 主页修复”窗口

(2) 查杀修复　本功能包括木马和安全危险项查杀、清理修复系统中的控件和插件、修复漏洞、主页锁定等模块，可单独执行。可单击如图 6.3 所示的 360 安全卫士主程序界面中左下角部位的“查杀修复”按钮，弹出如图 6.13 所示的查杀修复功能窗口。

如果需要查杀木马和安全危险项，可根据需要单击“快速扫描”按钮或“全盘扫描”按钮或“自定义扫描”按钮，先进行扫描，在显示扫描结果窗口中如发现木马或安全危险项，则会出现“暂不处理”和“一键处理”功能按钮，可根据需要决定执行的操作，以处理安全威胁。扫描的设置选项在窗口的底部右侧，有“开启强力模式”复选框和“设置”按钮。

如果需要清理修复系统中的控件和插件，则需单击“常规修复”按钮，在扫描完成的窗口中，显示可修复的项目，用户需要逐个选定需要修复的项目，然后单击“立即修复”按钮，或单击“暂不修复”按钮放弃修复操作。虽然清理修复操作可使系统运行加速，但可能影响个别软件的某些功能，在选择修复项目时需慎重。

如果需要检查和修复系统漏洞，则可单击“漏洞修复”按钮，在检查完成后的结果窗口中，默认选中了检测到的“高危漏洞”和“软件安全更新”两类补丁，可单击“立即修复”按钮，开始从网站下载并同时安装这些补丁程序。界面底部有“设置”按钮可以对本功能进行设置。

如果需要锁定主页防止恶意程序篡改，可单击“主页锁定”按钮，在弹出的“360 主页锁定”窗口中选择锁定的主页，最后单击“安全锁定”按钮。

图 6.13　“查杀修复”功能窗口

（3）电脑清理　本功能清理系统中的垃圾、痕迹等六种类型。可单击如图 6.3 所示的 360 安全卫士主程序界面中左下角的“电脑清理”按钮，弹出如图 6.14 所示的窗口，默认选中了全部的六种类型，用户可选择要清理的项目类型，然后单击“一键扫描”。单击左下角的“经典电脑清理版”则进入到以前版本的本功能。在扫描结果窗口，选择需要清理的项目，然后单击“一键清理”按钮执行清理操作。

（4）优化加速　本功能可对系统进行优化，全面提升开机速度、系统运行速度、上网速度、硬盘速度。可单击如图 6.3 所示的 360 安全卫士主程序界面中左下角的“优化加速”按

图 6.14　“电脑清理”功能窗口

钮，弹出如图 6.15 所示的优化加速功能窗口，选择需要加速的项目，然后单击“开始扫描”按钮。在结果窗口，根据需要进行相应的操作。

图 6.15 “优化加速”功能窗口

实验 6.2　360 杀毒软件

360 杀毒是 360 公司推出的一款免费杀毒软件。它整合了五大查杀引擎，包括国际知名的 BitDefender 病毒查杀引擎、小红伞病毒查杀引擎、360 云查杀引擎、360 主动防御引擎以及 360QVM 人工智能引擎，提供全时、全面的病毒防护，查杀能力出色，能防御新出现的病毒木马，带来安全、专业、有效、新颖的查杀防护体验，具有查杀率高、资源占用少、轻巧快速不卡机、升级迅速等优点。360 杀毒已经通过了公安部的信息安全产品检测，并荣获了多项国际权威认证，在国内的免费杀毒软件市场中占据着较大的份额。国内类似功能的软件现有金山毒霸、百度杀毒等，国外的免费杀毒软件有微软的官方免费杀毒软件 Microsoft Security Essentials、AVG 免费版、Avast 免费版、Avira 免费版等。

任务一：360 杀毒的获取、安装、卸载。

【实验内容与要求】

1. 从 360 官方网站上下载 360 杀毒的离线下载包。
2. 安装 360 杀毒。
3. 掌握 360 杀毒的卸载方法。

【实验步骤】

(1) 启动浏览器，在地址栏输入“www.360.com”，进入其官方网站。单击“电脑软件”→“电脑安全”列中的“杀毒”，单击网页中显示的“360 杀毒 V5.0”下面的“正式

版”按钮，下载 360 杀毒的安装包，其文件名为“360sd _ std _ 5.0.0.7033.exe”。也可直接单击主页面中显示的“360 杀毒”的“下载”按钮，如图 6.1 所示，则下载相同的安装包。

(2) 双击下载的安装程序 360sd _ std _ 5.0.0.7033.exe，打开如图 6.16 所示的 360 杀毒安装向导窗口。单击“立即安装”按钮进行安装，程序将安装到 C 盘的默认目录中。也可以单击“更改目录”按钮选择安装目录。建议安装到默认目录。

图 6.16　360 杀毒的安装

(3) 安装完成后，出现如图 6.17 所示窗口。

图 6.17　360 杀毒主程序界面

(4) 卸载方法

① 单击 Windows“开始”按钮→“所有程序”→“360 安全中心”→“360 杀毒”→

"卸载 360 杀毒"→"确认卸载"按钮，之后按提示操作。

② 单击"开始"按钮→"控制面板"→"程序"中的"卸载程序"，选择"360 杀毒"，点击"卸载/更改"按钮，之后按提示操作即可完成卸载操作。

卸载后可重启操作系统，以便彻底删除某些文件。

任务二：360 杀毒的设置。

【实验内容与要求】

了解 360 杀毒的设置方法。

【实验步骤】

在如图 6.17 所示的 360 杀毒主程序界面中，单击右上角的"设置"按钮，弹出如图 6.18 所示的"360 杀毒-设置"窗口，根据需要，选定或取消复选框或单选框来调整默认的设置，也可以完全采用默认的设置而不进行任何修改。在自定义设置后，可通过单击左下角的"恢复默认设置"按钮来恢复到系统默认设置。

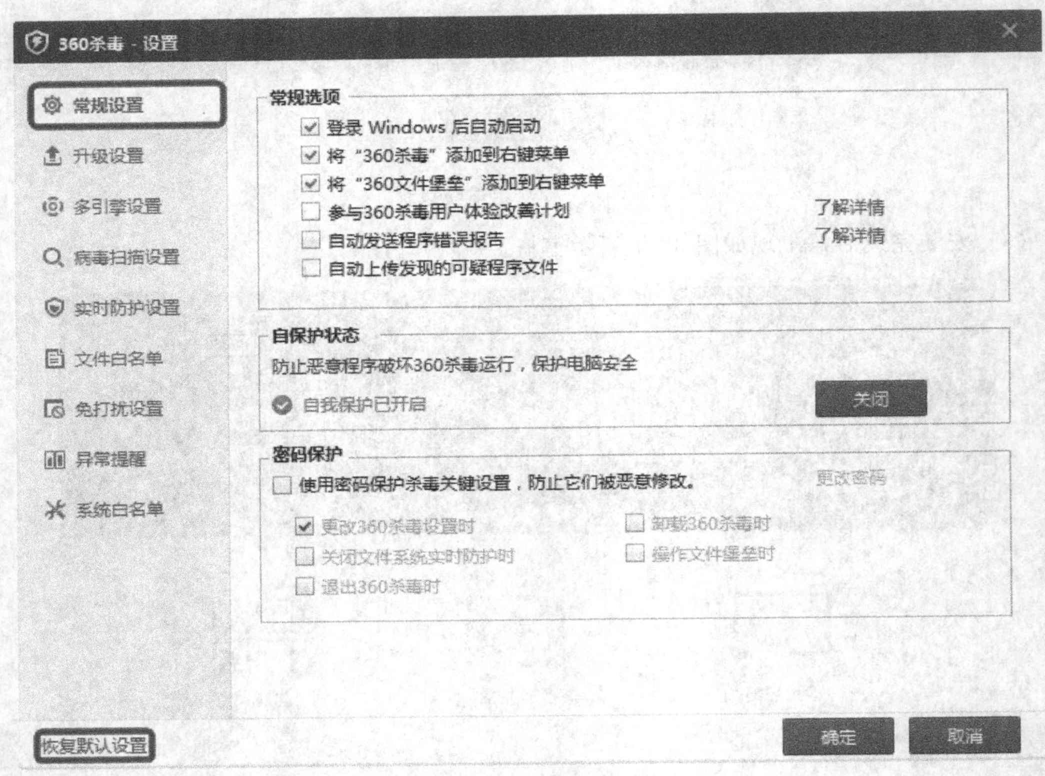

图 6.18　"360 杀毒-设置"窗口

1. 常规设置

在"360 杀毒设置"左侧窗体中单击"常规设置"，在右侧窗体中的选项中，根据需要进行相应的设置。注意其中"参与 360 杀毒用户体验改善计划"、"自动发送程序错误报告"、"自动上传发现的可疑程序文件"几个选项的设置，在程序运行过程中会连接到 360 公司的网站。

2. 其他设置

在“360 杀毒设置”左侧窗体中单击其余的选项，在右侧窗体中可以查看、更改默认的选项，可根据需要进行相应的设置。一般可不必更改。

任务三：360 杀毒的使用。

【实验内容与要求】

1. 升级 360 杀毒病毒库。
2. 病毒查杀。
3. 处理扫描出的病毒。

【实验步骤】

1. 升级 360 杀毒病毒库

360 杀毒具有自动升级功能，如果用户开启了自动升级功能，360 杀毒会在有升级可用时自动下载并安装升级文件。360 杀毒 5.0 版本默认没有安装全部的本地引擎病毒库，如果需要使用某个本地引擎，单点击主界面右上角的“设置”，打开设置界面后单击“多引擎设置”，然后可以根据需要选择 BitDefender 或 Avira 常规查杀引擎，如图 6.19 所示，选择好后点“确定”按钮。也可以通过移动鼠标到主界面左下角的“多引擎保护中：”后面的某引擎图标上，在弹出的如图 6.20 所示的窗口中单击开关按钮来启用或关闭某引擎。当该引擎开启后会自动从网上更新该引擎的病毒库。默认情况下，小红伞杀毒引擎是灰色的。小红伞是国外著名的杀毒软件，其自主研发的引擎本地查杀能力非常强大。如果不开启该引擎，本地查杀病毒能力很差，即断网情况下杀毒能力降低。所以可以开启该引擎，开启后自动更新其病毒库。

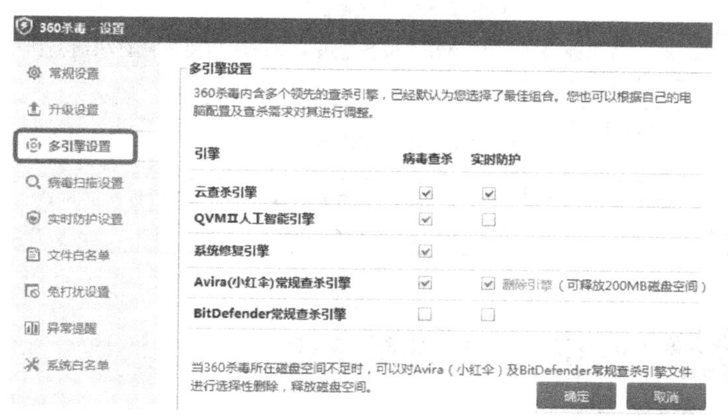

图 6.19　360 杀毒多引擎设置窗口

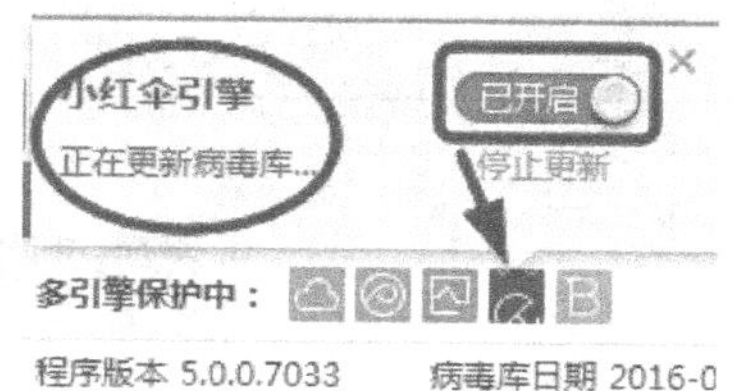

图 6.20　360 开关引擎

2. 毒病查杀

360 杀毒具有实时病毒防护和手动扫描功能，为系统提供全面的安全防护。实时防护功能在文件被访问时对其进行扫描，及时拦截活动的病毒。在发现病毒时会通过提示窗口警告用户，用户可选择立即处理或更多操作。

360 杀毒提供了几种病毒扫描方式。

全盘扫描：扫描所有磁盘；

快速扫描：扫描 Windows 系统目录及 ProgramFiles 目录；

自定义扫描：扫描指定的目录；

右键扫描：在文件或文件夹上点击鼠标右键时，可以选择“使用 360 杀毒扫描”对选中文件或文件夹进行扫描。

360 杀毒通过主界面可以直接使用全盘扫描、快速扫描、自定义扫描、宏病毒扫描等。点击主界面上的“功能大全”会看到全部的工具，可解决系统安全、系统优化、系统急救等常见问题。

3. 处理扫描出的病毒

360 杀毒扫描到病毒后，会首先尝试清除文件所感染的病毒，如果无法清除，则会提示删除感染病毒的文件。木马和间谍软件由于并不感染其他文件，其自身即为恶意软件，因此会被直接删除。

在处理过程中，由于不同的情况，会有些感染文件无法被处理，可参见表 6-1 采用其他方法处理这些文件。

表 6-1　无法处理病毒类型及建议操作

错误类型	原因	建议操作
清除失败（压缩文件）	由于染毒文件位于 360 杀毒无法处理的压缩文档中，因此无法对其中的文件进行病毒清除。360 杀毒暂时不支持 RAR、CAB、MSI 等某些类型的压缩文档	使用针对该类型压缩文档的相关软件将压缩文档解压到一个目录下，然后使用 360 杀毒对该目录下的文件进行扫描及清除，完成后使用相关软件重新压缩成一个压缩文档
清除失败（密码保护）	对于有密码保护的文件，360 杀毒无法将其打开进行病毒清理	去除文件的保护密码，然后使用 360 杀毒进行扫描及清除；或直接删除该文件
清除失败（正被使用）	文件正在被其他应用程序使用，360 杀毒无法清除其中的病毒	退出使用该文件的应用程序，然后使用 360 杀毒重新对其进行扫描清除
删除失败（压缩文件）	由于染毒文件位于 360 杀毒无法处理的压缩文档中，因此无法删除其中的染毒文件	使用针对该类型压缩文档的相关软件将压缩文档中的病毒文件删除
删除失败（正被使用）	文件正在被其他应用程序使用，360 杀毒无法删除该文件	退出使用该文件的应用程序，然后手工删除该文件
备份失败（文件太大）	由于文件太大，超出了文件恢复区的大小，文件无法被备份到文件恢复区	增加系统盘上的可用磁盘空间，然后再次尝试；或者删除文件，不进行备份

实验 6.3　WinRAR 文件解压缩

WinRAR 是目前使用最普及的压缩工具软件，界面友好，使用方便，在压缩率和速度方面都有很好的表现，当前有收费和免费两种版本。WinRAR 允许用户创建、管理和控制压缩文件，是功能强大的压缩包管理器。在 Windows 系统中的 WinRAR 包括图形界面的 WinRAR. exe 和命令行界面下的 rar. exe 和 unrar. exe。

WinRAR 的主要功能和特色包括：压缩率高，对多媒体文件有独特的高压缩率算法；完善地支持 RAR 和 ZIP2. 0 压缩文件格式，并且可以解压多种格式的压缩包，包括 7Z、ACE、ARJ、BZ2、CAB、GZ、ISO、JAR、LZH、TAR、UUE、XZ、Z 等多种压缩格式；还具有其他服务性的功能，如文件加密、压缩文件注释、错误日志、历史记录和收藏夹等功

能；资源占用相对较少，并可针对不同的需要保存不同的压缩配置；使用非常简单方便，配置选项也不多，仅在资源管理器中就可以完成工作；对于 ZIP 和 RAR 的自释放档案文件，点击“属性”就可以知道文件的压缩属性，如果有注释，还能在属性中查看其内容；对于 RAR 格式（含自释放）档案文件提供了独有的恢复记录和恢复卷功能，使数据安全得到更充分的保障。

WinRAR 是收费的共享软件。2015 年 5 月 21 日，该软件的中方授权厂商软众信息（http://www.winrar.com.cn/）宣布中国市场的个人非商用版 WinRAR 软件完全免费，但其他版本仍然需要购买。目前最新的 WinRAR 版本为 WinRAR 5.11 正式版。

任务一：WinRAR 的获取、安装、设置。

【实验内容与要求】

1. 从 WinRAR 中文官网下载 WinRAR 的安装包。
2. 安装 WinRAR。
3. 设置 WinRAR。

【实验步骤】

（1）启动浏览器，在地址栏输入“www.winrar.com.cn”，进入其中文官方网站。单击“下载试用”，在如图 6.21 所示的网页的下载列表中，根据用户 Windows 系统是 32/64 位选择对应的安装包。32 位系统安装包的文件名为“wrar531scp.exe”，64 位系统安装包的文件名为“winrar-x64-531scp.exe”。

图 6.21　WinRAR 中文官网中的相关下载

（2）双击下载的安装程序 wrar531scp.exe，打开如图 6.22 所示的窗口。单击“安装”按钮进行安装，程序将安装到 C 盘的默认目录中。如果用户需要安装到其他目录中，可单击“浏览”选择目标文件夹。建议单击“安装”按钮安装到默认的位置。安装过程中出现如图 6.23 所示的窗口，可设置关联的文件类型、界面、外壳整合设置等，可以选中添加到桌面和开始菜单两个选项。这些设置也可以在安装完成后软件运行时再次进行，单击“确定”按钮继续，在最后出现的安装完成窗口单击“完成”按钮完成安装。

【说明】

安装完成后，启动本软件会出现广告弹窗。现在许多免费软件都有广告弹窗。

（3）可以在安装过程中设置 WinRAR 的一些选项，如图 6.23 所示，也可以在安装完成

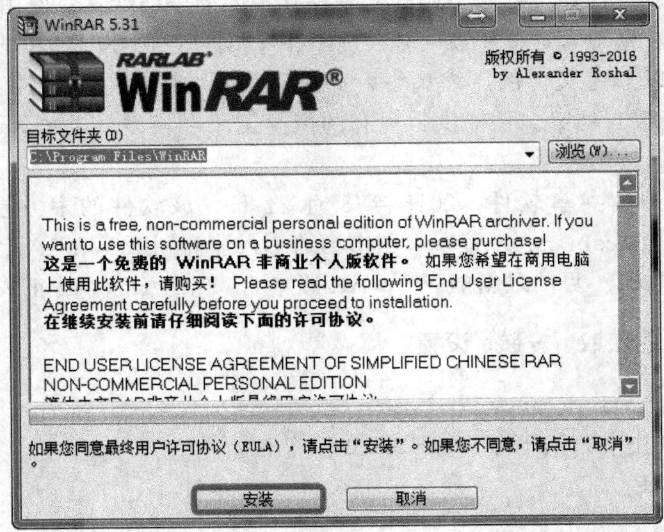

图 6.22　WinRAR 安装窗口

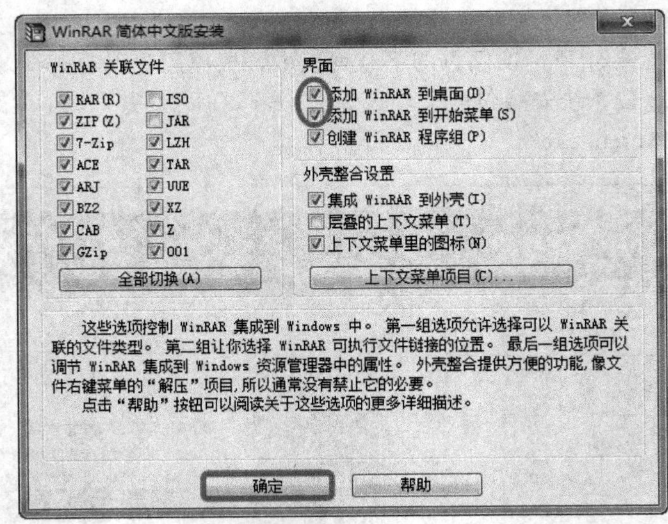

图 6.23　WinRAR 安装过程中设置窗口

后进行详细设置以满足用户的需求。启动 WinRAR，单击主菜单中的“选项”，弹出下拉菜单中的“设置”，单击“设置”，弹出“设置”窗口，如图 6.24 所示。也可以通过直接按快捷键【Ctrl+S】弹出该窗口进行设置。

可见设置选项很多，有常规、压缩、路径、文件列表、查看器、安全、集成七个选项卡，其中最右侧的“集成”选项卡就是安装过程中出现过的图 6.23 所示的设置选项，可以根据用户需要进行设置，也可以完全采用默认的设置。需要说明的是，在图 6.23 所示的设置选项中，外壳整合设置中的“集成 WinRAR 到外壳”选项默认处于选中状态，强烈建议不要关闭，以便在 Windows 窗口界面直接压缩和解压文件。如果在安装过程关闭该选项，建议在安装完成后启动 WinRAR，进入到设置窗口的“集成”选项卡中重新启用该选项。

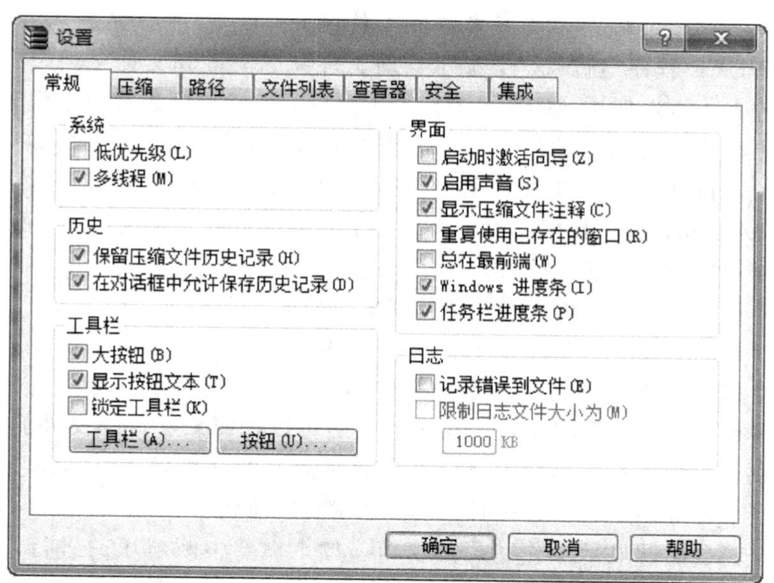

图 6.24　WinRAR 的“设置”窗口

任务二：WinRAR 的使用。

【实验内容与要求】

1. 使用 WinRAR 图形界面模式解压文件。
2. 使用 WinRAR 图形界面压缩文件和文件夹。
3. 在资源管理器或桌面解压文件。
4. 在资源管理器或桌面压缩文件和文件夹。

【实验步骤】

1. 使用 WinRAR 图形界面模式解压文件

首先在 WinRAR 中打开压缩文件。打开压缩文件有以下几种方式。

双击压缩文件名，如果压缩文件关联到 WinRAR（默认的安装选项），压缩文件将会在 WinRAR 程序中打开；拖动压缩文件到 WinRAR 图标或窗口。之前先确定在 WinRAR 窗口中没有打开其他的压缩文件，否则拖入的压缩文件将会添加到当前显示的压缩文件之中。

在 WinRAR 中打开压缩文件时，它的内容会显示出来。然后选择要解压的文件和文件夹。也可以使用【Shift＋方向键】或【Shift＋鼠标左键】多选，如同在 Windows 资源管理器或其他 Windows 程序一样。也可在 WinRAR 中使用空格键或【Insert】键选择文件。在小键盘区的数字键部分的加号【＋】和减号【－】用来选择某类扩展名文件时的过滤掩码，加号为增加选择，减号为反向选择。当选择了一个或是多个文件后，在 WinRAR 窗口顶端单击“解压到”按钮，或是按下【Alt＋E】，在对话框输入目标文件夹并单击“确定”。此对话框也提供一些高级的选项。

解压期间，有个窗口将会出现显示操作的状况。如果需要中断解压的进行，在命令窗口单击“取消”按钮。也可以单击“后台”按钮将 WinRAR 最小化放到任务栏区，如果解压完成了且没有错误，WinRAR 将会返回到界面模式。在发送错误时，则会出现错误信息诊断窗口。

2. 使用 WinRAR 图形界面压缩文件和文件夹

当启动 WinRAR 程序运行后，会显示当前文件夹的文件和文件夹列表。转到含有要压缩的文件的文件夹。可以使用【Ctrl+D】，在工具栏的驱动器列表或单击位于左下角的驱动器小图标，来更改当前的驱动器。按下退后键【Backspace】、【Ctrl+Page Up】、工具栏下面的小型“向上”按钮或者在文件夹名“…”上面双击都可以转到上级目录。按【Enter】或【Ctrl+Page Down】或在任何其他的文件夹上双击都可进入该文件夹。【Ctrl+\】则会将根目录或压缩文件设为当前文件夹。

当进入需要压缩文件的文件夹时，选择需要压缩的文件和文件夹。

当完成选择了一个或是多个的文件之后，在 WinRAR 窗口顶端单击“添加”按钮，或按下【Alt+A】或在命令菜单选择“添加文件到压缩文件”命令，可在出现的对话框输入目标压缩文件名或是直接接受默认名。在对话框中可以选择新建压缩文件的格式（RAR 或 ZIP）、压缩级别、分卷大小和其他压缩参数。此对话框的详细帮助在压缩文件名和参数对话框主题中。当准备好创建压缩文件时，单击“确定”按钮。

压缩期间，将会出现显示操作状况的窗口。如果需要中断解压的进行，单击命令窗口中的“取消”按钮。也可以单击“后台运行”按钮将 WinRAR 最小化放到任务区。当压缩完成，命令行窗口将会出现并且以新创建的压缩文件作为当前选定的文件。

使用拖动方式，可以把文件添加到已存在的 RAR 压缩文件中。在 WinRAR 窗口选择压缩文件并在文件名上按【Enter】键或双击鼠标，RAR 将会读取压缩文件并显示它的内容，之后可以轻松地将要添加的文件拖动到 WinRAR 中，即可把文件添加到压缩文件中。

3. 在资源管理器或桌面解压文件

在压缩文件图标上单击鼠标右键，在弹出的快捷菜单中选择“解压文件”命令，弹出如图 6.25 所示对话框，输入目标路径或保持默认的路径，单击“确定”按钮。该对话框还提供“高级”选项卡。

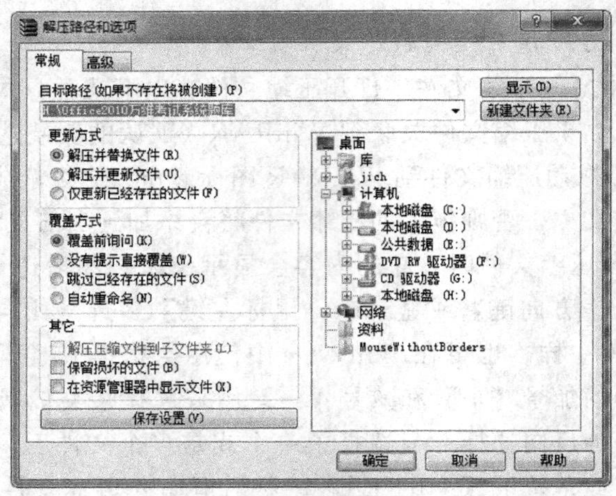

图 6.25　WinRAR 的解压缩窗口

也可以在弹出的快捷菜单中选择“解压到<文件夹名>”命令来解压文件到指定的文件夹，或者选择“解压到当前文件夹”命令来解压文件到当前文件夹，而不需要其他的附加选项。

注意，如果在“集成”设置选项卡中的“层叠的上下文菜单”选项是打开的话，则必须

打开“WinRAR”子菜单才能使用上述命令，该选项默认是关闭的，建议不要改变WinRAR默认选项。

还可以使用鼠标右键拖移一个或多个压缩文件到目标文件夹，然后在出现的菜单选择“解压到<文件夹名>”。

4. 在资源管理器或桌面压缩文件和文件夹

在资源管理器或桌面选择要压缩的文件或文件夹，以鼠标右键在选定的文件上单击并选择“添加到压缩文件”，在弹出的对话框输入目标压缩文件名或直接接受默认的名称。在对话框中可以选择新建压缩文件的格式（RAR或ZIP）、压缩级别、分卷大小和其他压缩参数，最后单击“确定”按钮，在当前窗口显示刚创建的压缩文件。

也可以选择“添加到<压缩文件名>”命令来添加到指定的压缩文件，使用默认的压缩设置而没有其他的附加选项。

或者使用鼠标左键拖移文件图标放到已存在的压缩文件图标上，将文件添加到此压缩文件中。

实验 6.4　迅雷下载工具

迅雷是迅雷公司开发的互联网下载软件，是目前应用较普及的互联网下载工具，可以同时下载多个文件，支持BT、电驴文件下载，是下载电影、视频、软件、音乐等文件所需要的软件。迅雷是一款基于多资源超线程技术的免费下载软件，针对宽带下载作了特别优化。迅雷下载能够将存在于第三方服务器和计算机上的数据文件进行有效整合，通过迅雷先进的超线程技术，用户能够以更快的速度从第三方服务器和计算机获取所需的数据文件。这种超线程技术还具有互联网下载负载均衡功能，在不降低用户体验的前提下，迅雷网络可以对服务器资源进行均衡，有效降低服务器负载。其官方网站为http://www.xunlei.com/。截至2016年5月末，最新版本为7.9.43（2016年2月19日），支持32/64位的XP及更高的Windows版本系统，也有苹果系统版和手机版等。

任务一：迅雷的获取、安装、设置。

【实验内容与要求】

1. 从迅雷官网下载迅雷的安装包。
2. 安装迅雷。
3. 设置迅雷。

【实验步骤】

（1）启动浏览器，在地址栏输入“http://dl.xunlei.com/”，进入迅雷产品中心官方网站。单击“电脑软件”中的“迅雷”的“Windows系统下载图表”按钮（不要错选苹果版）。下载的迅雷安装包的文件名为“Thunder_dl_7.9.43.5054.exe”。

（2）双击下载的安装程序Thunder_dl_7.9.43.5054.exe，打开窗口中有“快速安装”按钮和“自定义安装”。如果用户需要安装到非默认目录中，可单击“自定义安装”按钮，选择安装位置。建议单击“快速安装”按钮安装到C盘默认的位置。最后出现的安装完成窗口中，安装其他软件“hao123 导航”复选框选项默认选中，取消选中，单击“立即体会”按钮完成安装。

【说明】

安装完成后，启动本软件会出现广告弹窗。只有迅雷会员才有关闭迅雷 7 界面广告的特权，免费用户无法关闭广告。

(3) 在如图 6.26 所示的迅雷程序主界面中，单击右上角部位的“主菜单”下拉按钮→“系统设置”或直接按快捷键【Alt＋O】，弹出图中所示的“系统设置”窗口，有“基本设置”和“高级设置”两个选项卡标签，根据需要来调整默认的设置，也可以完全采用默认的设置而不进行任何修改。建议查看“基本设置”中的“下载目录”设置，了解迅雷默认的下载目录，根据需要修改或保持默认目录不改变。通常情况下，默认的设置足以满足绝大多数用户的需求，不必修改即可直接使用该软件。

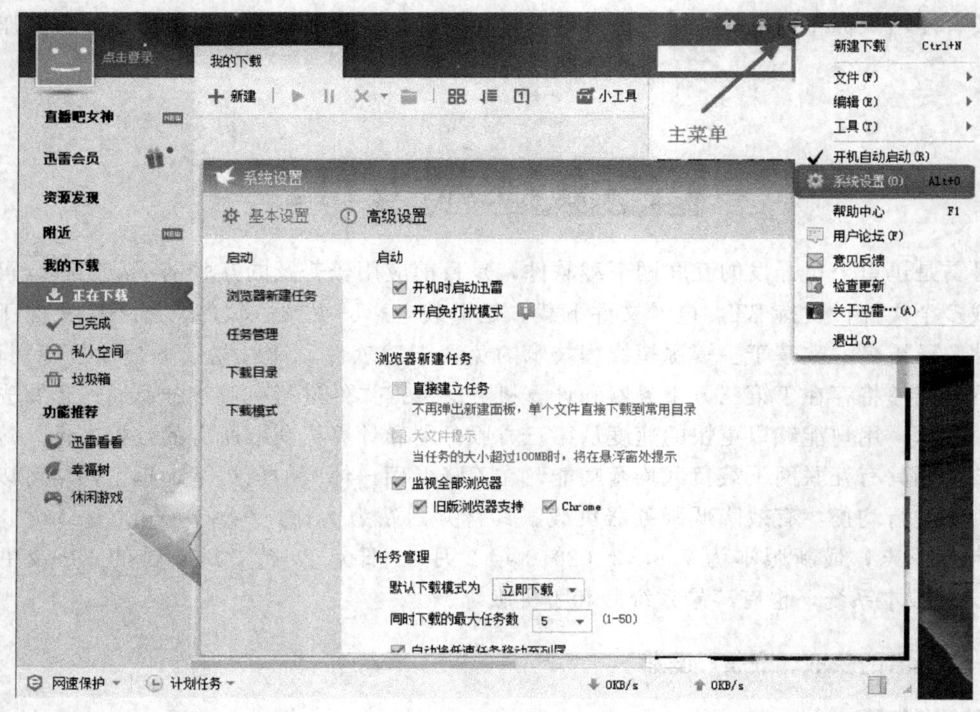

图 6.26　程序主界面

任务二：迅雷的使用。

【实验内容与要求】

1. 在 IE 等直接支持迅雷下载的浏览器中下载。
2. 在 Chrome 等浏览器中下载。
3. 直接下载。

【实验步骤】

1. 在 IE 等直接支持迅雷下载的浏览器中下载

首先在 IE 等浏览器中打开要下载文件所在的网页，有的网页下载直接支持迅雷，直接单击该文件的迅雷下载链接即可弹出迅雷下载，弹出新建任务框，显示默认下载目录，用户

可更改文件下载目录，目录设置好后点“立即下载”，下载完成后的文件会显示在左侧“已完成”的目录内，用户可自行管理。如果网页的下载链接没有提示，在该文件的下载链接按钮上单击鼠标右键，在弹出的快捷菜单选择“使用迅雷下载”即可，之后操作同前。

2. 在 Chrome 等浏览器中下载

在 Chrome 等浏览器中打开要下载文件所在的网页，在该文件的下载链接按钮上单击鼠标右键，在弹出的快捷菜单选择“复制链接地址”，之后迅雷会自动感应出来并弹出新建任务下载框，之后操作同前。如果没有自动弹出迅雷的新建任务下载框，用户可单击迅雷主界面上的“新建”按钮或在系统托盘处的迅雷图标上单击鼠标右键选择“新建任务”，如果任务中没有自动出现刚才复制的链接地址，按【Ctrl＋V】将复制的链接地址粘贴到任务框中，之后操作同前。

3. 直接下载

如果知道下载文件的绝对下载地址，可以先复制此下载地址，复制之后迅雷会自动感应出来并弹出新建任务下载框，之后操作同前。

也可以单击迅雷主界面上的“新建”按钮或在系统托盘处的迅雷图标上单击鼠标右键选择“新建任务”，将刚才复制的下载地址粘贴在新建任务栏上。

对于不支持迅雷的其他程序来说，也可以采用这样的方法使用迅雷下载文件。

实验 6.5　ACDSee 图片浏览工具

ACDSee 是目前使用较多的图片浏览工具软件之一，同时也具有丰富的影像编辑功能。它提供了良好的操作界面、简单人性化的操作方式、优质快速的图形解码方式，支持丰富的图形格式，具有强大的图形文件管理功能，当前有收费和免费两种版本。ACDSee 官方免费版是一款集速度快、功能强、免费于一体的图片管理软件，不必将图片导入单独的库，就可以立即实时浏览计算机中存储的无数张图片，不必再费力寻找图片。其中文官网为 cn. ACDSee. com。

任务一：ACDSee 的获取、安装、设置。

【实验内容与要求】

1. 从 ACDSee 中文官网下载安装包。
2. 安装 ACDSee。
3. 设置 ACDSee。

【实验步骤】

（1）启动浏览器，在地址栏输入“http:// cn. ACDSee. com/”，单击主页中的“ACDSee 官方免费版”，进入 ACDSee 官方免费版网页，单击其中的“免费下载”按钮或“免费使用标签”栏的“立即下载”按钮。下载的 ACDSee 官方免费版安装包文件名为“ACDSee-official-free. exe”。

（2）双击下载的安装程序 ACDSee-official-free. exe，按提示进行操作，在安装过程中出现的窗口单击“下一步”、“我接受”许可协议，在“安装类型”窗口中有“完全”和“自定义”两个单选框，用户可根据需要选择。默认选择为“完全”，单击“下一步”继续。

【说明】

安装完成后，启动本软件会出现广告弹窗，而且免费版要求必须注册才能结束安装过程，可按提示操作进行注册。

(3) 在 ACDSee 程序主界面中，单击“工具”菜单下拉列表中的“选项”或直接按快捷键【Alt+O】，弹出如图 6.27 所示的“选项”窗口，用户可根据需要来调整默认的设置，也可以完全采用默认的设置而不进行任何修改。在自定义设置后，可通过单击左下角的“恢复所有默认值”按钮来恢复到系统默认设置。

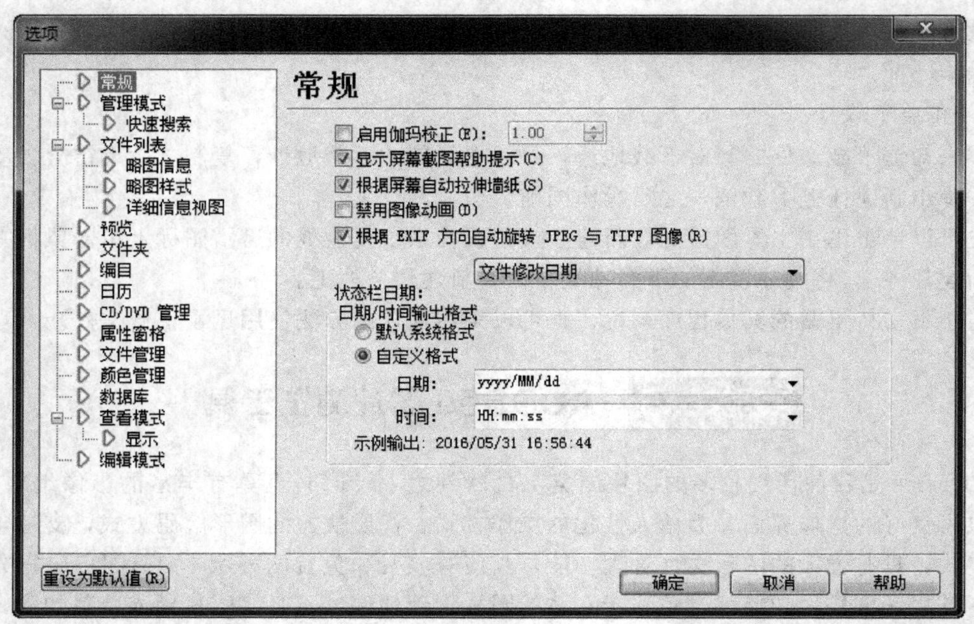

图 6.27　ACDSee“选项”窗口

任务二：ACDSee 的使用。

【实验内容与要求】

1. 管理模式的应用。
2. 查看模式的应用。
3. 编辑图片。

【实验步骤】

1. 管理模式的应用

点击 ACDSee 程序主界面右上角的“管理”按钮进入管理模式，如图 6.28 所示。在管理模式下可以完成许多管理类型的操作，可通过菜单或主工具栏或快捷键等方式进行操作，这里简单介绍通过主工具栏进行的操作。

主工具栏包括导入、批量、创建、幻灯放映、发送、外部编辑器等功能列表，功能强大实用，操作简单。其中，导入功能可以从设备（数码相机等）、CD/DVD、磁盘、扫描仪、手机文件夹等导入文件；批量功能则可以对选中的多个图片进行转换文件格式、旋转/翻转、

调整大小、调整曝光度、调整时间标签、重命名等操作；创建功能则可以将选中的多个图片创建为“.exe”和“.swf”格式的幻灯片放映和“.scr”格式的屏幕保护、PDF、PPT、ACDSee 陈列室、创建 CD/DCD 光盘、HTML 相册等；幻灯放映可以将选中的多个图片以全屏幕方式进行幻灯放映并可以对放映方式进行设置。

图 6.28　ACDSee 主界面（即管理模式）窗口

进行操作练习时，可先在主程序窗口的“文件夹”区域导航到有图片的目录，比如 c:\windows\web\wallpaper 目录下的几个子目录，选中多个图片文件进行上述一些功能的应用练习。

其他功能简介：

“文件”菜单中的“打印”支持多种形式的打印布局。Windows 的打印功能只能在一张纸上打印一个数码照片，ACDSee 提供了多种形式的打印布局，允许用户在一张纸上按多种形式进行打印，以使打印结果满足用户需要。在 ACDSee 打印窗口，可在左上角选择打印布局，如整页、联系页或布局等，在下面选择布局的样式，可在中间的预览窗口实时看到最终的打印结果预览图，同时在右侧设置好打印机、纸张大小、方向、打印份数、分辨率及滤镜等，设置完成后单击“打印”按钮，即可按设置打印输出。

处理重复的图片。利用 ACDSee 从数量众多的图片中搜索找出重复的图片，其操作步骤如下。

（1）单击 ACDSee 程序“工具”菜单中的“查找重复项”命令，打开“重复项查找器”设置窗口。

（2）在“选择搜索类型”设置窗口中，单击“添加文件夹”，选择目标文件夹，然后选中“在此文件列表查找重复项”单选框，如果包含子文件夹，还应该选中“包含子文件夹”，单击“下一步”进入“搜索参数”窗口。

（3）在“搜索参数”窗口中，选中“完全重复”选项，然后选中“仅查找图像”复选项，单击“下一步”开始搜索。这里一般不要选择相同文件名，因为图片即使文件名不同，图像内容也可能相同。

（4）经过搜索后即可得到搜索结果，从“搜索结果”窗口中的“重复项集合”后面的数字，可以看到本次搜索查到的几组重复图片，在“检查要删除的项目”中列出重复图片的文件名、文件大小、原始路径等信息；单击其中图片文件名，可预览此图片；在图片文件名上单击鼠标右键，可以选择“打开”、“打开包含的文件夹”和“重命名”等操作；如果要删除其中的某些文件，单击选中文件名前的小方框，单击“下一步”，在待确认窗口单击“完成”即可删除选定的重复图片文件。

2. 查看模式的应用

点击 ACDSee 程序主界面右上角的“查看”按钮进入查看模式，或在管理模式下双击某图片文件也能进入查看模式，如图 6.29 所示。在该模式浏览图片时可利用该窗口提供的相关工具，如前后翻页、显示比例、旋转、滚动、缩放等。

图 6.29　ACDSee 查看模式窗口

3. 编辑图片

如果需要编辑处理大量的素材图片，并不需要特别的效果，只进行常规的图片处理工作，可用 ACDSee 进行图片编辑而不必使用操作复杂的 Photoshop 等专业图片编辑工具。ACDSee 具有简单的图像编辑功能，可以对图片进行简单的处理

选择所需图片，点击 ACDSee 程序主界面右上角的“编辑”按钮进入编辑模式，如图 6.30 所示。使用窗口左侧的编辑模式菜单，可以简单方便地进行图片尺寸调整、添加文本、裁剪、旋转照片、修复红眼等操作，还可以对图片的颜色进行曝光、色阶、色调、光线等效果调整。

图 6.30　ACDSee 编辑模式窗口

实验 6.6　Adobe PDF 阅读器

PDF（Portable Document Format 的简称，便携式文档格式）是由 Adobe 公司开发出的一种电子文件格式，与硬件、应用程序、操作系统平台无关。PDF 文件是以 PostScript 语言图像模型为基础，无论在哪种打印机上都可保证精确的颜色和准确的打印效果。PDF 文件的外观同原始文档无异，保留了原始文件的字体、图像、图形和布局，是目前应用较多的文档格式之一。PDF 阅读器是阅读 PDF 文档的工具软件，Adobe Reader 是美国 Adobe 公司开发的一款优秀的免费 PDF 文件阅读软件，它可以打开所有 PDF 文档，并能与所有 PDF 文档进行交互。可查看、搜索、验证和打印 Adobe PDF 文件，还可以对其进行数字签名及展开协作，功能更强大，是可信赖的标准 PDF 阅读器。除了官方的 Adobe PDF 阅读器外，还有各具特色的福昕 PDF 阅读器（Foxit Reader）、克克 PDF 阅读器、方正 Apabi Reader 等许多种。

Adobe 公司的中文官网为 http://www.adobe.com/cn/。这里介绍最新的 Adobe PDF 阅读器 Adobe Acrobat Reader DC。

任务一：Adobe Acrobat Reader DC 的获取、安装、设置。

【实验内容与要求】

1. 从 Adobe 中文官网下载安装包。

2. 安装 Adobe Acrobat Reader DC。

3. 设置 Adobe Acrobat Reader DC。

【实验步骤】

(1) 启动浏览器，在地址栏输入“www. adobe. com/cn/”，单击主页“下载”区的“Adobe Reader DC”，进入 https://get. adobe. com/cn/reader/网页，取消安装（或保留）可选程序，单击“立即安装”按钮，下载的 Adobe Reader DC 官方版安装包为联机安装文件，文件名为“readerdc _ cn _ ha _ install. exe”；要下载离线安装包，可以从百度软件中心下载，或从 Adobe FTP 服务器下载，其地址为（文件名在结尾处）：

ftp://ftp. adobe. com/pub/adobe/reader/win/AcrobatDC/1500720033/AcroRdrDC1500720033 _ zh _ CN. exe。

(2) 双击下载的安装程序，按提示进行操作。

(3) 在 Adobe Acrobat Reader DC 程序主界面中，单击“编辑”菜单下拉列表中的“首选项”或直接按快捷键【Ctrl+K】，弹出图 6. 31 所示的“首选项”窗口，用户可根据需要来调整默认的设置，也可以完全采用默认的设置而不进行任何修改。通常不必进行设置而采用默认选项即可适合一般的应用。

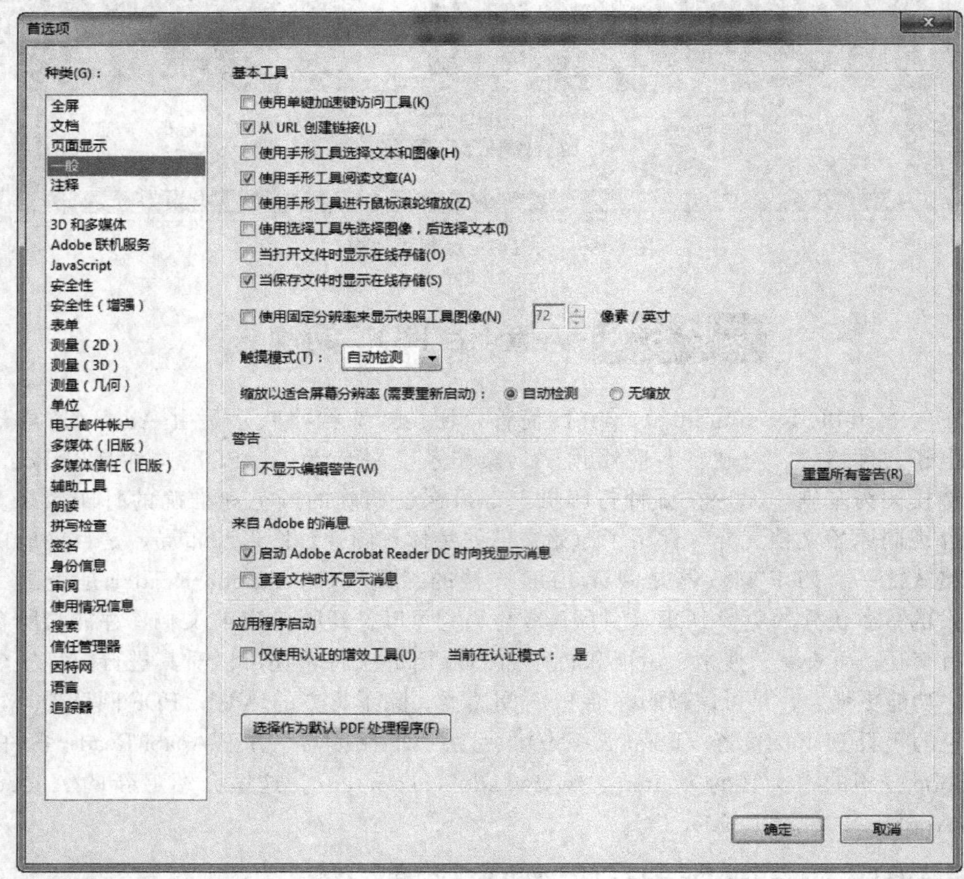

图 6. 31　Adobe Acrobat Reader DC“首选项”窗口

任务二：Adobe Acrobat Reader DC 的使用。

【实验内容与要求】

1. 日常应用。
2. 添加注释。

【实验步骤】

1. 日常应用

安装完成 Adobe Acrobat Reader DC 程序后，扩展名为“.pdf”的文件将自动关联到本程序。双击 PDF 文件名即可用本软件查看文件内容，如图 6.32 所示，使用方法很简单，不再详细介绍。无法使用 Acrobat Reader 对 PDF 文件中的文本或图像进行永久更改，如果编辑 PDF 文件，需要使用 Adobe Acrobat DC 软件或其他软件。

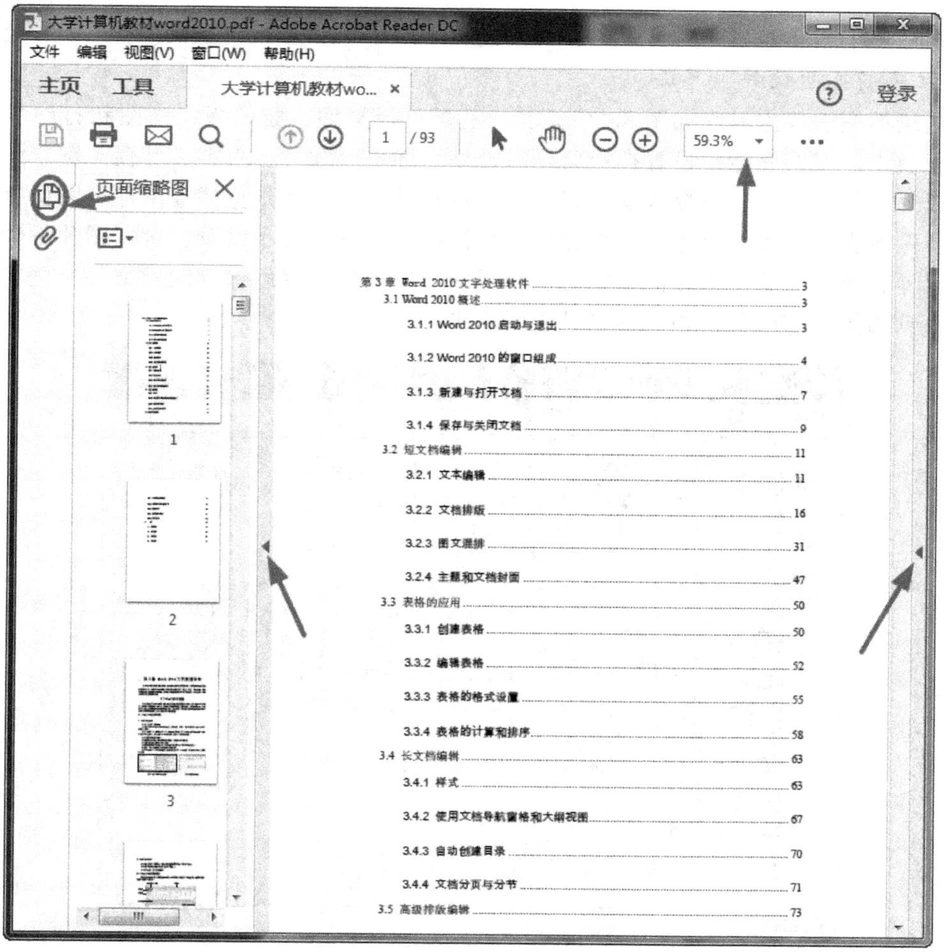

图 6.32　使用 Adobe Acrobat Reader DC 查看 PDF 文件

2. 添加注释

使用 Adobe Acrobat Reader DC 程序给 PDF 文档添加批注很简单。可以使用附注批注 PDF；直接在页面上输入文本；高亮显示、加下划线或者使用删划线工具；使用手画线绘图工具在屏幕上绘图。操作方法为：打开 PDF 文档后，单击“视图”菜单→“工具”→“注释”→“打开”，在主工具栏下出现“注释”工具栏，可以使用其中的工具为文档添加注释。

实验 6.7 屏幕抓图软件

红蜻蜓抓图精灵是一款完全免费的专业级屏幕捕捉软件，能够让用户得心应手地捕捉到需要的屏幕截图。捕捉图像方式灵活，主要可以捕捉整个屏幕、活动窗口、选定区域、固定区域、选定控件、选定菜单、选定网页等，图像输出方式多样。

【实验内容与要求】

能够熟练使用红蜻蜓抓图精灵。

【实验步骤】

1. 红蜻蜓抓图软件主界面

红蜻蜓抓图软件主界面如图 6.33 所示，主要包括文件、剪贴板、画图和打印机。软件具有捕捉历史、捕捉光标、设置捕捉前延时、显示屏幕放大镜、自定义捕捉热键、图像文件自动按时间或模板命名、捕捉成功声音提示、重复最后捕捉、预览捕捉图片、图像打印、图像裁切、图像去色、图像反色、图像翻转、图像旋转、图像大小设置、常用图片编辑、外接图片编辑器、墙纸设置、水印添加等功能。捕捉到的图像能够以保存图像文件、复制到剪贴板、输出到画图、打印到打印机等多种方式输出。

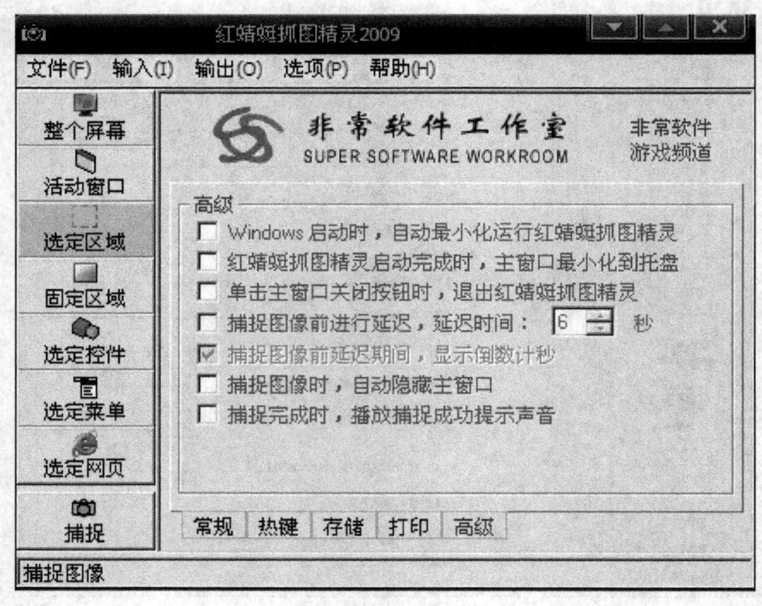

图 6.33　红蜻蜓抓图软件主界面

2. 红蜻蜓抓图软件主要功能

(1) 具有多种捕捉方式，分别是整个屏幕、活动窗口、选定区域、固定区域、选定控件、选定菜单、选定网页。

(2) 具有多种输出方式，分别是文件、剪贴板、画图、打印机。

（3）捕捉历史功能，在主窗口中提供捕捉历史选项。其中显示捕捉图像文件的历史列表，方便用户对历史截图文件进行查看、编辑。

（4）捕捉光标功能，在捕捉图像时捕捉鼠标光标指针。通过选择“主窗口”→“常规”选项卡→“捕捉图像时，同时捕捉光标”选项（或者选择“托盘图标右键菜单”→“输入选项”菜单项→“包含光标”菜单项）来开启/关闭该功能。

（5）捕捉图像时隐藏红蜻蜓抓图精灵窗口，在捕捉图像时自动隐藏红蜻蜓抓图精灵窗口。通过选择“主窗口”→“高级”选项卡→“捕捉图像时，自动隐藏红蜻蜓抓图精灵窗口”选项（或者选择“托盘图标右键菜单”→“捕捉选项”菜单项→“捕捉时隐藏红蜻蜓抓图精灵窗口”菜单项）来开启/关闭该功能。

（6）捕捉图像预览功能，在捕捉完成后，显示预览窗口。通过选择“主窗口”→“常规”选项卡→“捕捉图像后，显示预览窗口”选项（或者选择“托盘图标右键菜单”→“输出选项”菜单项→“预览窗口”菜单项）来开启/关闭该功能。

（7）常用的图像编辑功能，在捕捉预览窗口中用户可以对图像进行编辑。例如，可以在图像上画线、画箭头，添加文本、添加印章，画矩形、椭圆形或圆角矩形等。

（8）屏幕放大镜，在区域捕捉模式下能够显示屏幕放大镜，便于精确地进行图像捕捉。

（9）捕捉热键自定义功能，捕捉图像最常用的方式就是使用热键捕捉，本软件提供“捕捉热键”和“重复最后捕捉热键”两个热键，它们的默认值分别是【Ctrl＋Shift＋C】和【Ctrl＋Shift＋R】，用户可以在“主窗口”→“热键”选项卡中对热键自行修改。捕捉热键用于常规捕捉，重复最后捕捉热键可以继承上次捕捉的方式、捕捉屏幕的区域位置、捕捉的控件对象等参数，实现高效捕捉。

（10）图像文件自动命名功能，能够对捕捉到的图片进行自动命名保存，可以设置根据时间或文件名模板自动保存。在“主窗口”→“存储”选项卡中可以对命名规则和文件名模板进行设置。

（11）图像保存目录及格式设置功能，可以为捕捉的图像规定默认保存位置及图像格式，图像格式包括 BMP、GIF、JPG、PNG、TIF 等。在“主窗口”→“存储”选项卡中可以对图像保存目录和格式进行设置。

（12）墙纸设置功能，用户在使用该软件时，经常会捕捉到自己喜欢的图像，这时可以使用此功能将图像设成墙纸。通过选择“捕捉预览窗口”→“工具”菜单→“设置墙纸”菜单中的菜单项可以将预览窗口中的图像设置成 Windows 墙纸。当然，使用本软件设置的墙纸也可以被轻松地去除，方法为选择“捕捉预览窗口”→“工具”菜单→“设置墙纸”菜单中的“还原”菜单项。

3. 捕捉前设置

（1）选择捕捉方式　红蜻蜓抓图精灵具有多种捕捉方式，分别是整个屏幕、活动窗口、选定区域、固定区域、选定控件、选定菜单、选定网页等，用户在捕捉之前可以对捕捉方式进行适当的设置，以获得符合用户要求的捕捉图像。捕捉方式设置方法：

① 选择“主窗口”→“输入”菜单中任意一个捕捉方式菜单项；

② 选择“主窗口”左侧按钮组中的任意一个捕捉方式按钮；

③ 选择“托盘图标右键菜单”→“输入选项”子菜单中的任意一个捕捉方式菜单项。

（2）选择输出方式：红蜻蜓抓图精灵具有多种输出方式，分别是文件、剪贴板、画图、打印机等，用户在捕捉之前可以对图像输出方式进行适当设置，以获得符合用户要求的输出。输出方式设置方法：

① 选择“主窗口”→“输出”菜单中任意一个输出方式菜单项；

② 选择“托盘图标右键菜单”→“输出选项”子菜单中的任意一个输出方式菜单项。

(3) 设置捕捉常规选项

① 设置捕捉光标。用户可以选择捕捉图像时是否同时捕捉光标。设置方法：

a. 选择“主窗口”→“常规”选项卡→“捕捉图像时，同时捕捉光标”选项；

b. 选择“托盘图标右键菜单”→“输入选项”菜单项→“包含光标”菜单项。

设置捕捉图像后显示预览窗口，用户可以选择在捕捉完成后是否显示捕捉预览窗口。设置方法如下。

a. 选择“主窗口”→“常规”选项卡→“捕捉图像后，显示预览窗口”选项；

b. 选择“托盘图标右键菜单”→“输出选项”菜单项→“预览窗口”菜单项。

② 设置显示光标辅助线。选择在选定区域捕捉时是否显示光标辅助线。设置方法：选择“主窗口”→“常规”选项卡→“选定区域捕捉时，显示光标辅助线”选项。

③ 设置显示屏幕放大镜。当进行区域捕捉时，可以设置是否显示屏幕放大镜，以便精确地进行图像捕捉。设置方法如下：

a. 在选定区域捕捉方式下，选择“主窗口”→“常规”选项卡→“选定区域捕捉时，显示屏幕放大镜”选项；在固定区域捕捉方式下，选择“主窗口”→“常规”选项卡→“捕捉的固定区域小于25×25时，显示屏幕放大镜”选项。

b. 在区域捕捉方式下的捕捉过程中，按下【F8】键进行放大镜的显示/隐藏切换。

④ 设置区域闪烁显示。在进行选定控件、选定网页捕捉时可以设置选区边框是否闪烁显示。设置方法：在选定控件捕捉方式下，选择“主窗口”→“常规”选项卡→“选定控件捕捉时，鼠标指向的区域闪烁显示”选项；在选定网页捕捉方式下，选择“主窗口”→“常规”选项卡→“选定网页捕捉时，鼠标指向的网页区域闪烁显示”选项。

⑤ 设置捕捉层叠菜单。在选定菜单捕捉时可以设置是否捕捉层叠（级联）菜单。设置方法：选择“主窗口”→“常规”选项卡→“选定菜单捕捉时，捕捉层叠菜单”选项。

(4) 设置捕捉高级选项

① 设置延迟捕捉，该功能实现在按下捕捉热键或选择捕捉按钮后，程序按照用户设定的时间等待，直到经历了用户设定延迟时间方开始捕捉操作。启用延迟设置方法：

a. 选择“主窗口”→“高级”选项卡→“捕捉图像前进行延迟”选项；

b. 选择“托盘图标右键菜单”→“捕捉选项”菜单项→“捕捉前进行延迟”菜单项。延迟时间设置方法：在“主窗口”→“高级”选项卡→“捕捉图像前进行延迟”选项后“延迟时间”输入框中输入要延迟的时间（1～60秒）。

② 设置显示倒数计秒。在设置了延迟捕捉的前提下，可以选择捕捉图像前的延迟期间是否显示倒数计秒浮动窗口。设置方法：选择“主窗口”→“高级”选项卡→“捕捉图像前延迟期间，显示倒数计秒”选项。

③ 设置捕捉图像时隐藏红蜻蜓抓图精灵窗口。可以选择在捕捉图像时是否自动隐藏红蜻蜓抓图精灵窗口。设置方法如下：

a. 选择“主窗口”→“高级”选项卡→“捕捉图像时，自动隐藏红蜻蜓抓图精灵窗口”选项；

b. 选择“托盘图标右键菜单”→“捕捉选项”菜单项→“捕捉时隐藏红蜻蜓抓图精灵窗口”菜单项。

④ 设置播放捕捉成功提示声音，选择在捕捉完成时是否播放捕捉成功的提示声音。设置方法如下：

a. 选择“主窗口”→“高级”选项卡→“捕捉完成时，播放捕捉成功提示声音”选项；

b. 选择“托盘图标右键菜单”→“捕捉选项”菜单项→“捕捉后播放提示声音”菜单项。

⑤ 设置捕捉图像上添加水印，选择在捕捉图像上是否添加水印。设置方法如下：

a. 选择“主窗口”→“高级”选项卡→“捕捉图像上添加水印”选项；

b. 选择“托盘图标右键菜单”→“捕捉选项”菜单项→“捕捉图像上添加水印”菜单项。

实验 6.8 系统备份与还原

【实验内容与要求】

1. 运行 Ghost 软件进行系统备份。
2. 运行 Ghost 软件，添加镜像文件来还原系统。

【实验步骤】

任务一：系统备份。

(1) 先打开 Ghost，出现关于 Ghost 的界面。单击“OK”按钮，进入 Ghost。如图 6.34 所示。

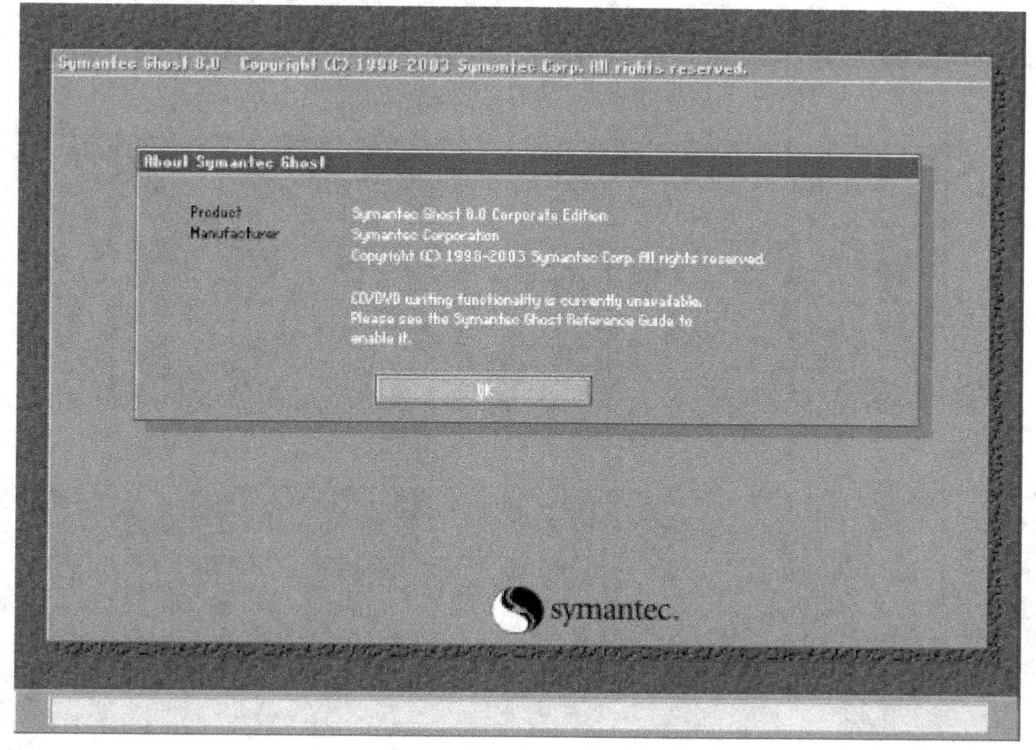

图 6.34　关于 Ghost 界面

(2) 选择“Local（本机）”→“Partition（分区）”→“To Image（到镜像）”。通俗一点说就是 1-2-2，先选中 1，再选取弹出选项 2，再选取弹出选项 2。如图 6.35 所示。

(3) 显示当前硬盘信息，左键单击“OK”按钮。如图 6.36 所示。

(4) 选择要备份分区到哪个磁盘目录，左键单击“OK”按钮。如图 6.37 所示。

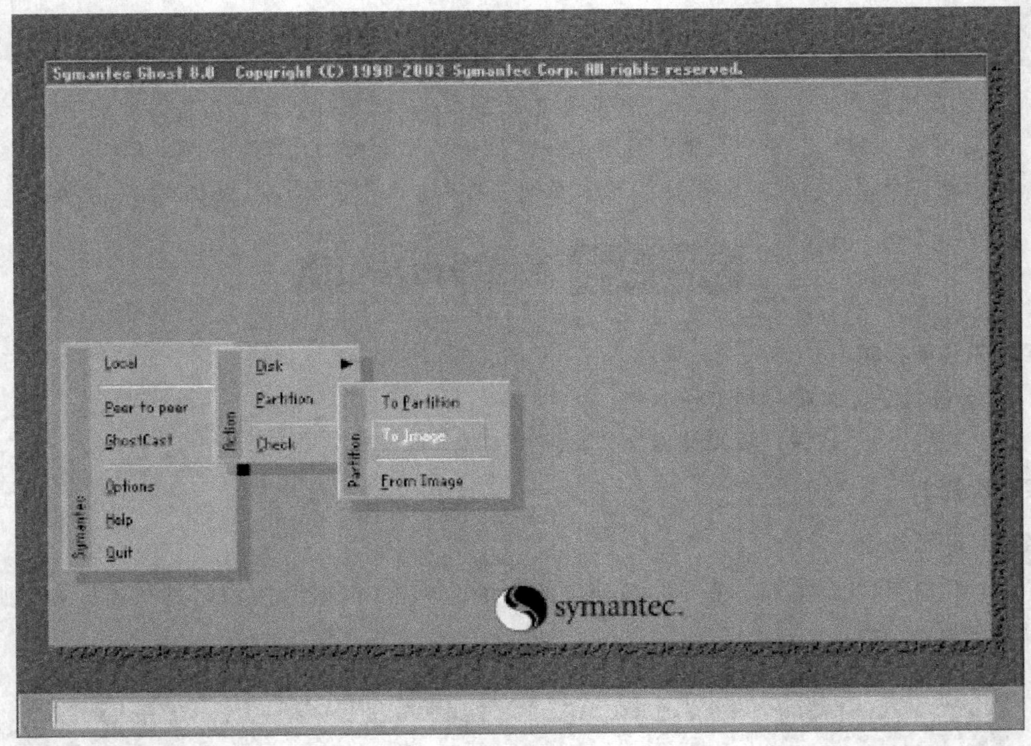

图 6.35　选择到镜像界面

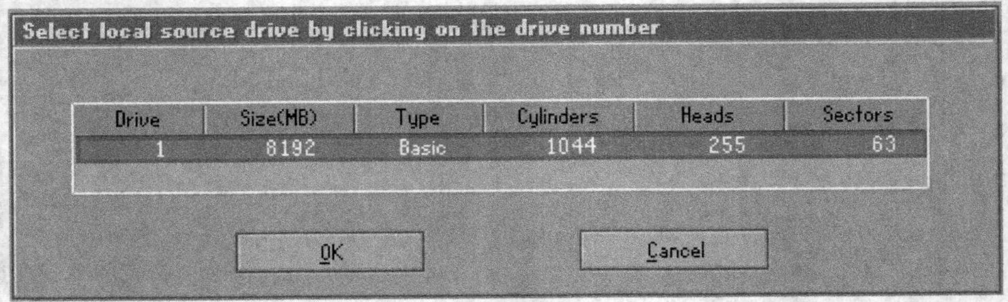

图 6.36　显示当前硬盘信息

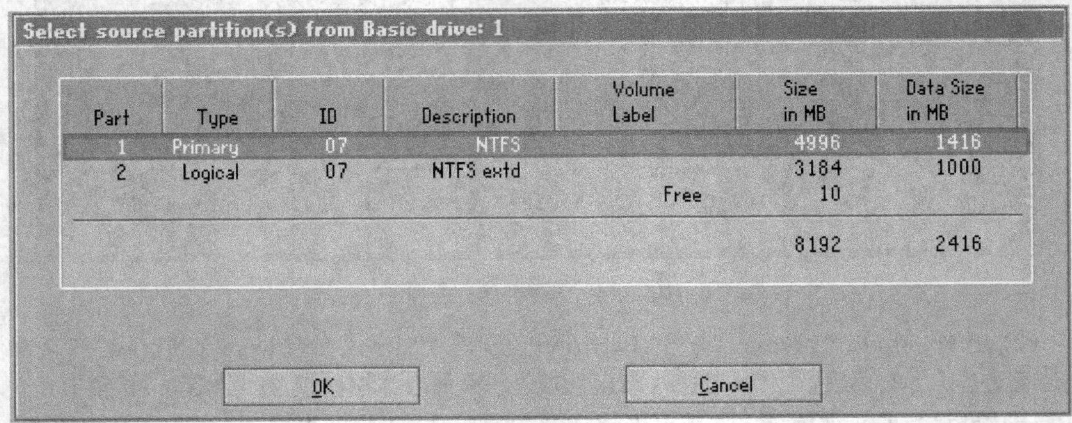

图 6.37　选择要备份的磁盘目录

（5）输入备份文件的名字，左键单击“Save”按钮，将所要备份的文件保存到用户所指定的磁盘目录下。如图 6.38 所示。

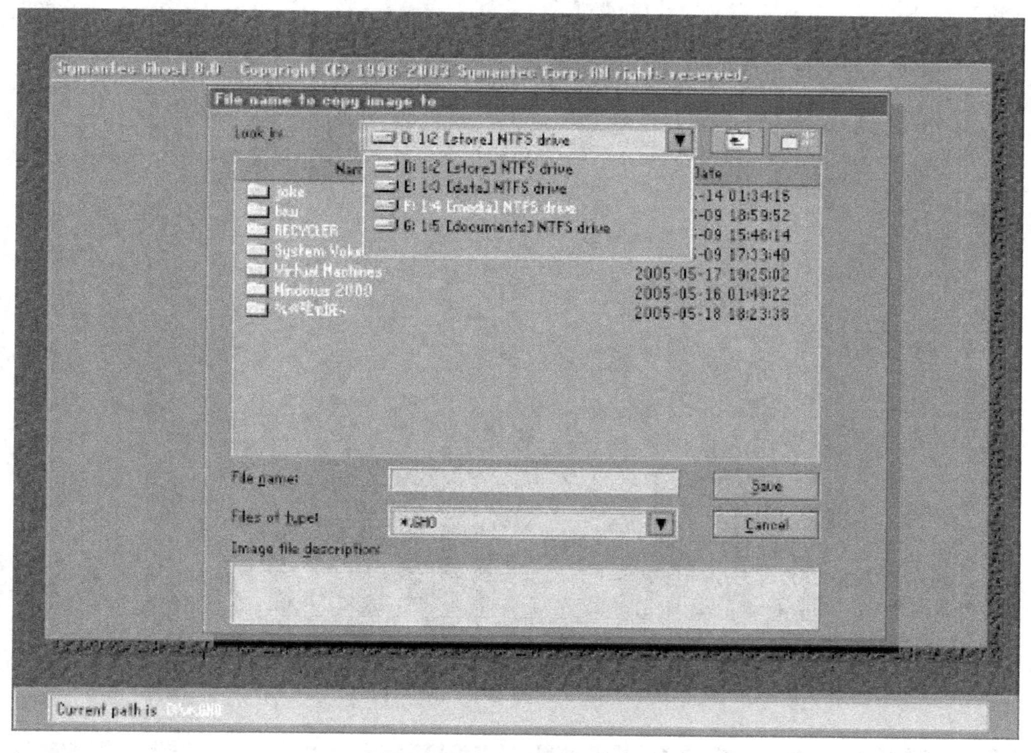

图 6.38　输入备份文件名字

（6）选择压缩模式，共有三个选项：No 表示不压缩，Fast 表示适量压缩，High 表示高压缩。限于适用与速度，通常选择适量压缩 Fast。如图 6.39 所示。

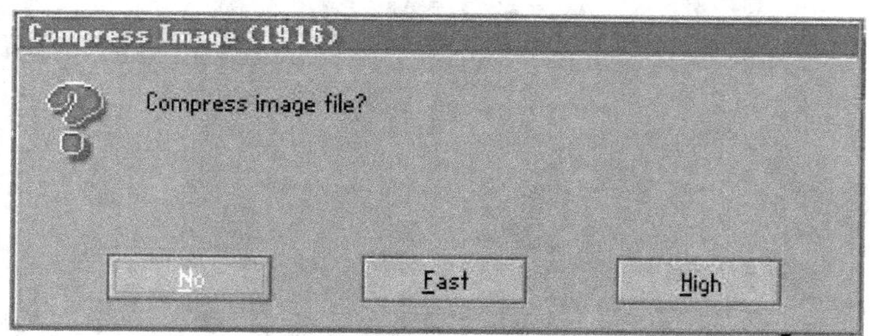

图 6.39　选择压缩模式

（7）选择是否开始备份，共有两个选项：Yes 是开始备份，No 不开始备份。选定 Yes 则 Ghost 自动完成系统备份工作，如图 6.40 所示。

任务二：系统还原。

（1）先打开 Ghost，出现关于 Ghost 的界面。单击“OK”按钮，进入 Ghost。如图 6.41 所示。

（2）选择“Local（本机）”→“Partition（分区）”→“From Image（从镜像）”。通俗一点说就是“1-2-3”，先选中 1，再选取弹出选项 2，再选取弹出选项 3。如图 6.42 所示。

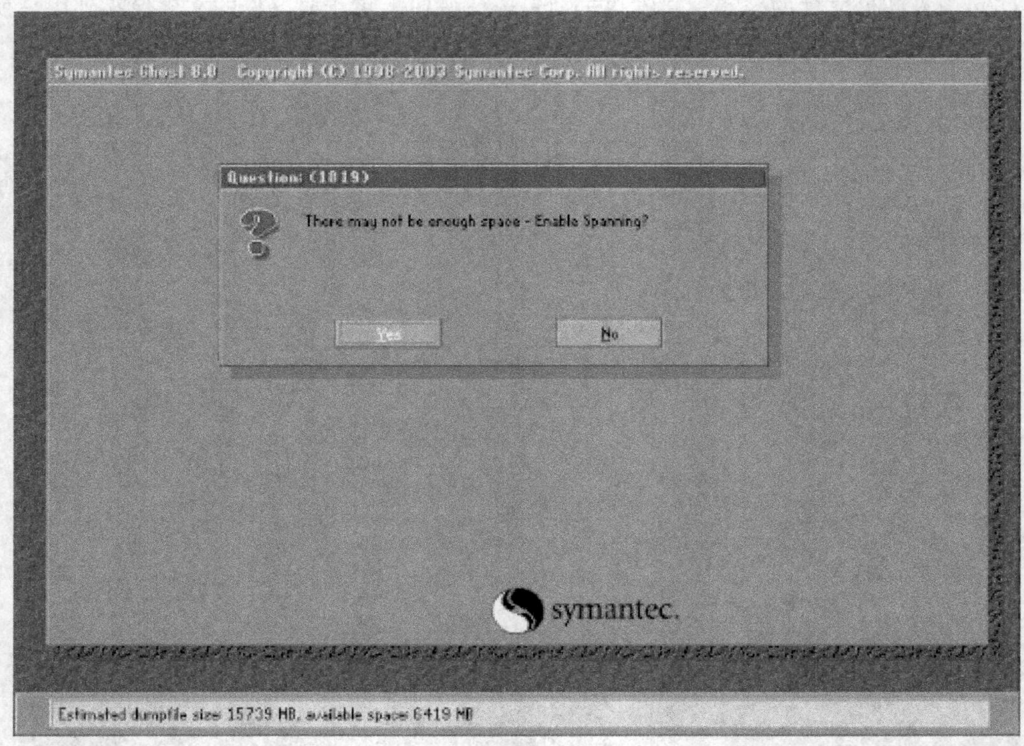

图 6.40　选择是否开始备份

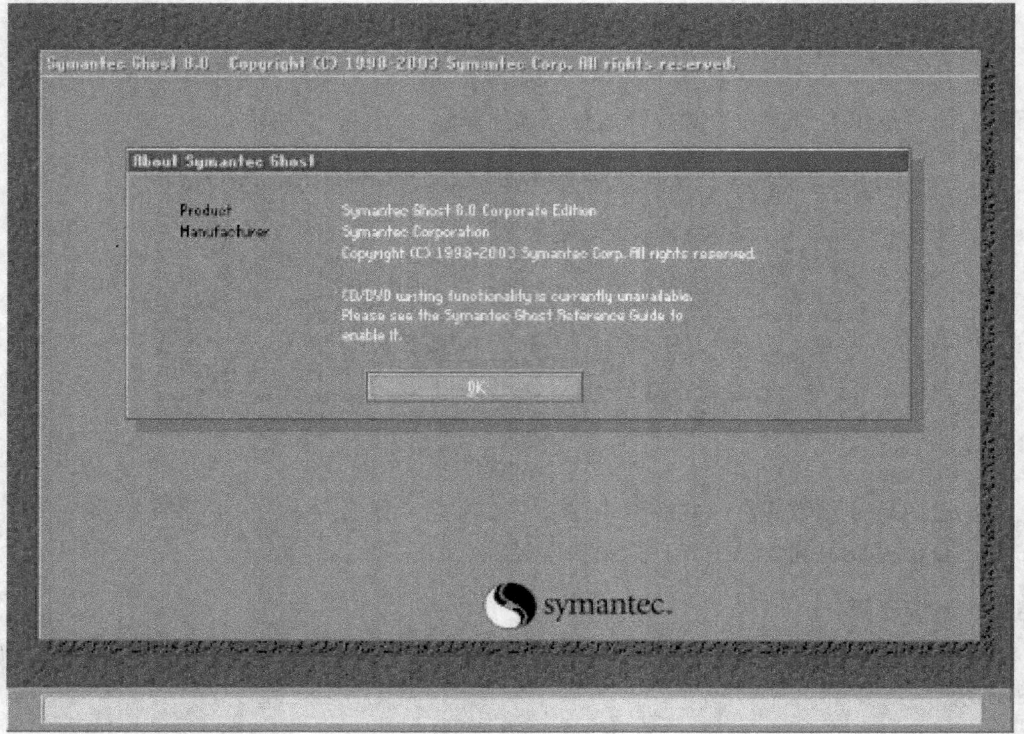

图 6.41　关于 Ghost 界面

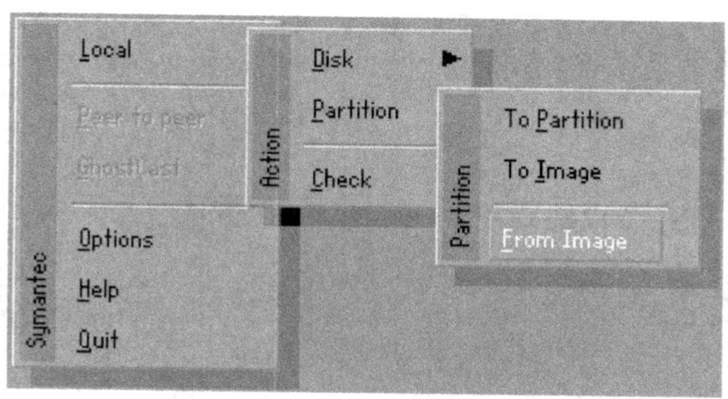

图 6.42　选择从镜像界面

(3) 出现选择镜像文件界面，在该界面下拉的浏览列表中，选择已经备份好的镜像文件(文件后缀名为．“gho”，如果镜像文件为中文则出现乱码)。如图 6.43 所示。

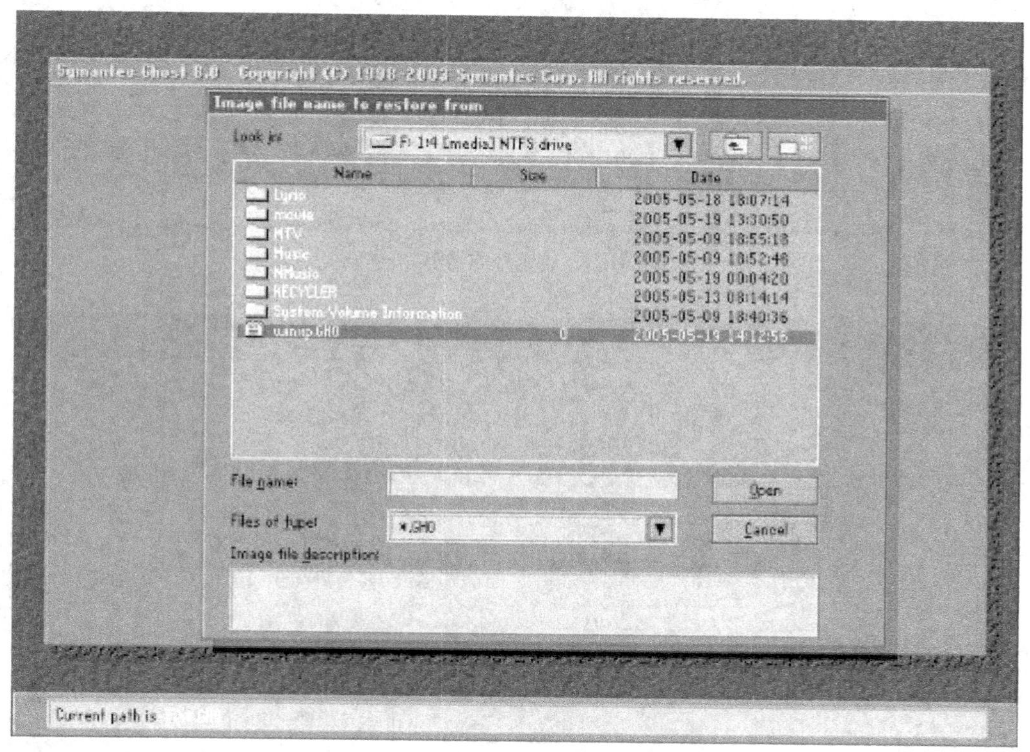

图 6.43　选择镜像文件界面

(4) 选择好 gho 文件后，左键单击“Open”按钮，在弹出的窗口中一直左键单击“OK”按钮。如图 6.44 所示。

(5) 选择将系统还原到哪个盘符下，选择确定后左键单击“OK”按钮。如图 6.45 所示。

(6) 选择是否还原，共有两个选项：Yes 表示还原系统，No 表示不还原系统。选择 Yes 后 Ghost 会自动完成还原。如图 6.46 所示。

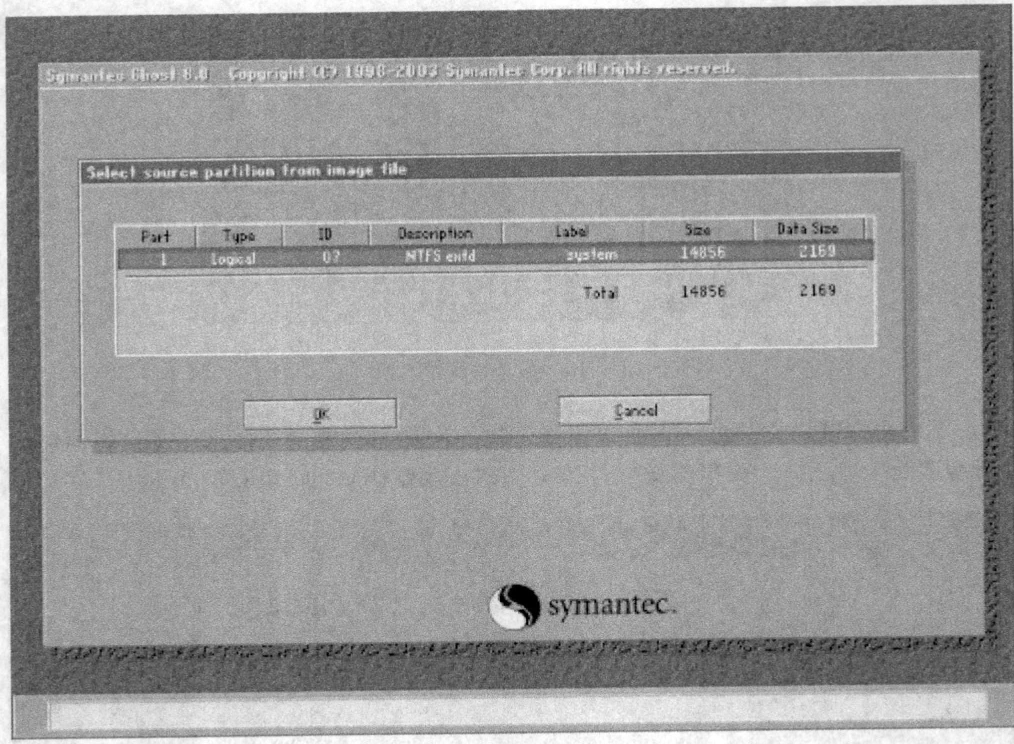

图 6.44　磁盘信息确认界面

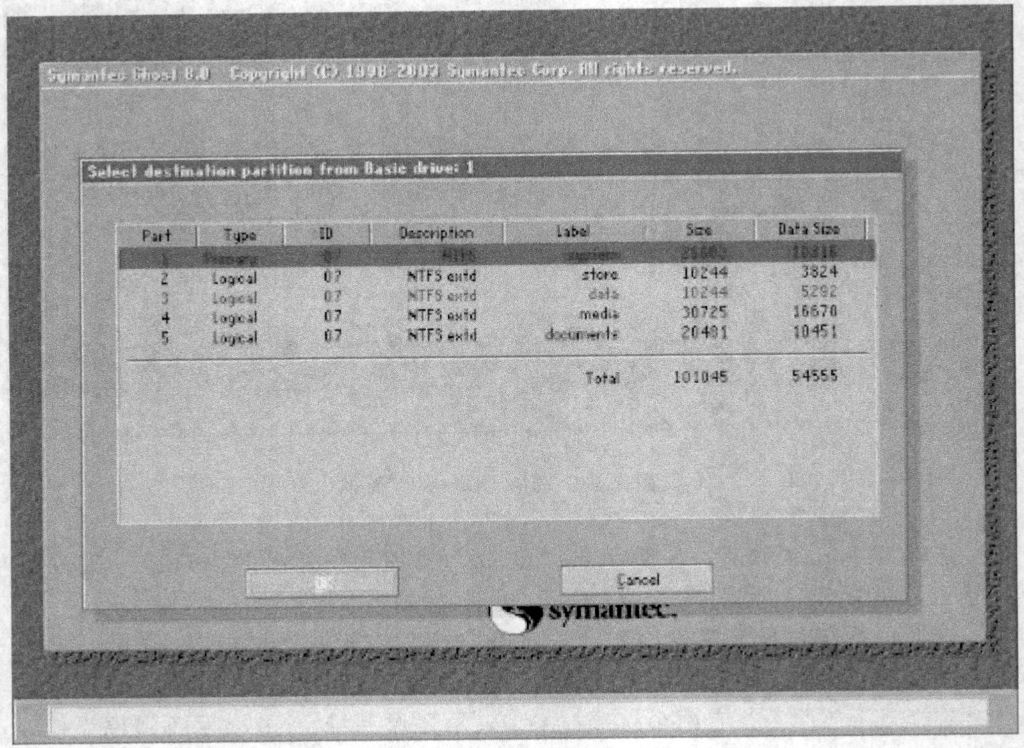

图 6.45　选择系统还原位置

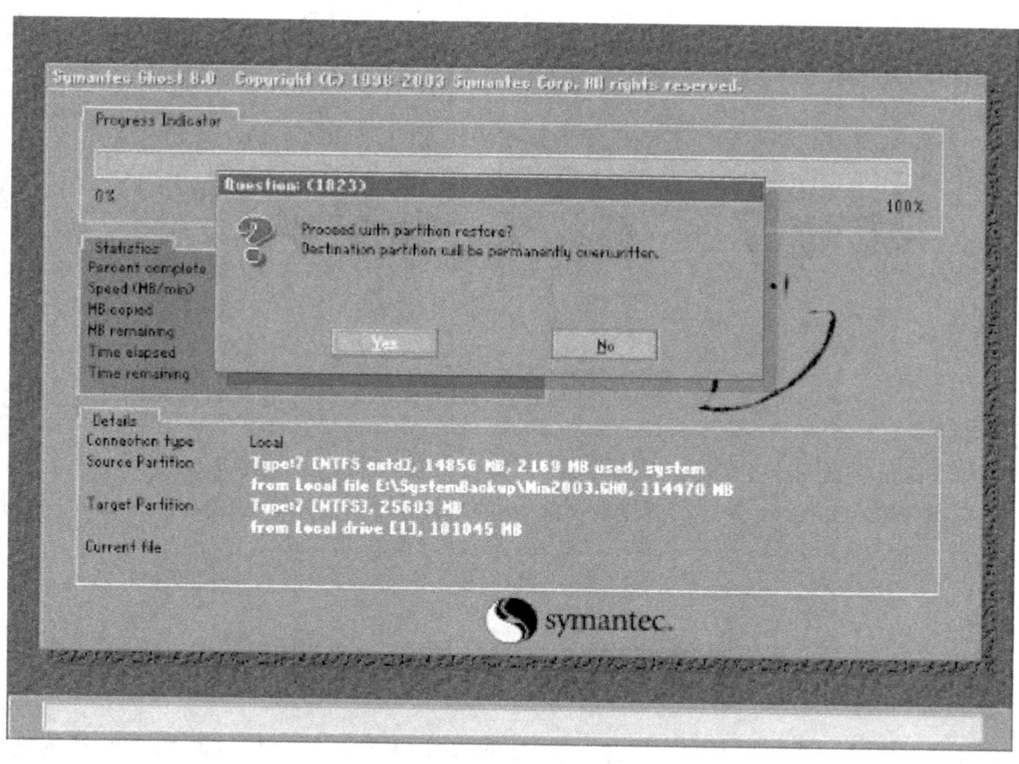

图 6.46　确认系统是否还原

实验 7 多媒体技术应用

【实验目的】

1. 解 Flash 基础知识，掌握 Flash 的基本操作，能够制作 Flash 动画。

2. 熟悉 Photoshop 环境，掌握 Photoshop 的基本操作，能够利用 Photoshop 进行图像处理。

实验 7.1 Flash 动画制作

本实验主要目的为：掌握帧、元件、图层等基本概念，掌握在时间轴上的帧的基本操作；掌握 Flash 动画设计的基本操作方法和技巧；掌握形状补间动画、传统补间动画的制作方法。

【实验内容与要求】

任务一：掌握形状补间动画——几何图形的变化。

1. 几何图形变化为：圆形→矩形→三角形→矩形→圆形。

2. 每个形状补间动画各 15 帧。

【实验步骤】

(1) 新建一空白文档。

(2) 选择“椭圆工具”，设置填充颜色，在第 1 帧的舞台中画一个圆形（同时按住【Shift】键画正圆）。

(3) 单击第 15 帧，按【F7】，或右击第 15 帧，在快捷菜单中选择“插入空白关键帧”，当前帧变成第 15 帧，选择“矩形工具”，改变填充色，在第 15 帧上画上一个矩形。

(4) 同样，在第 30 帧处插入一个空白关键帧，用“直线工具”画一个三角形，然后用“填充工具”把它填充成另一个颜色。

(5) 鼠标右击第 15 帧，在快捷菜单中选择“复制帧”，这样就把第 15 帧内容复制到剪贴板；鼠标右击第 45 帧，在快捷菜单中选择“粘贴帧”把剪贴板里第 15 帧的内容粘贴过来。重复这个复制、粘贴帧操作，把第 1 帧的内容复制到第 60 帧。

(6) 然后分别用鼠标右击第 1、15、30 和 45，在快捷菜单中选择“创建补间形状”。时间轴如图 7.1 所示。

(7) 单击“文件”→“保存”，保存文件。

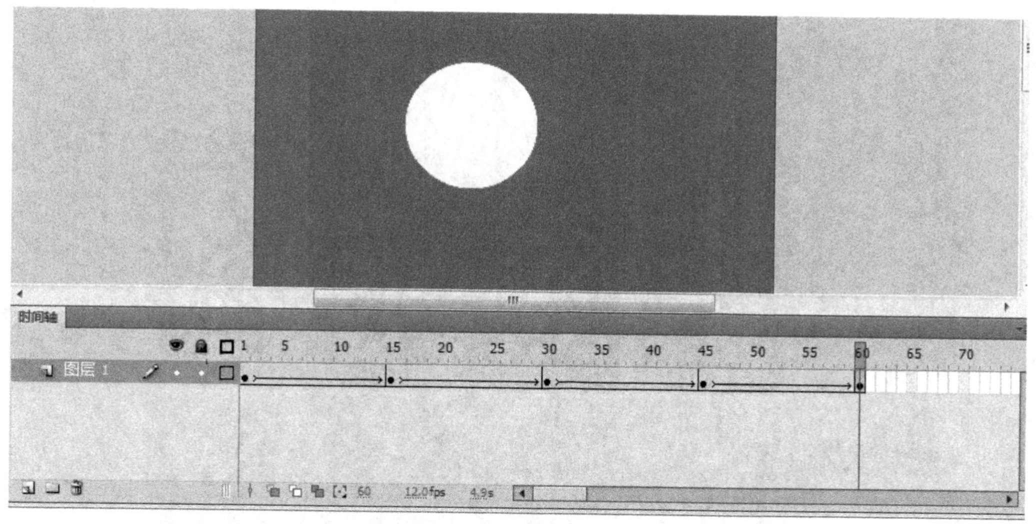

图 7.1　几何形状变化的时间轴

(8) 按【Ctrl+Enter】组合测试影片，也可以单击“控制”→“测试影片”或“测试场景”。

(9) 单击“文件”→“发布”。

任务二：掌握传统补间动画——飞驰的汽车。

1. 绘制背景。

2. 绘制汽车或导入汽车素材。

3. 制作传统补间动画，实现汽车由西向东的运动过程。

【实验步骤】

(1) 新建一空白文档，设置背景色为黑色或深蓝色。

(2) 单击“插入”→“元件”命令，新建元件“汽车”，在舞台中绘制汽车，或单击“文件”→“导入”→“导入到舞台”命令，导入已准备好的汽车素材（可以在 Photoshop 中新建一背景为透明的图形文件，处理完图像后，保存为 GIF 格式，这样导入的图片就不会有背景色）。

(3) 单击“场景 1”，切换至场景编辑。

(4) 将图层 1 改名为“背景”，单击第 1 帧。用“直线工具”绘制两条平行水平直线模拟街道。用“绘图工具”再绘制些高楼、路灯等街景，并延长至 20 帧。

(5) 新建一图层，将图层 2 改名为“汽车”，单击第 1 帧。按【F11】键打开“库”面板，或单击“窗口”→“库”命令。用鼠标按住“库”面板中的元件“汽车”，拖到舞台中。调整位置，使汽车位于舞台外的左端，如图 7.2 所示。

(6) 单击第 20 帧，按【F6】键，使其成为关键帧。按住【Shift】键用“箭头工具”调整第 20 帧的汽车位置，使其处于舞台外的右边，如图 7.3 所示。

(7) 在第 1 帧与第 20 帧之间点击鼠标右键，在快捷菜单中选择“创建传统补间”。

(8) 单击“文件”→“保存”，保存文件。

(9) 按【Ctrl+Enter】组合测试影片，也可以单击“控制”→“测试影片”或“测试场景”。

(10) 单击“文件”→“发布”。

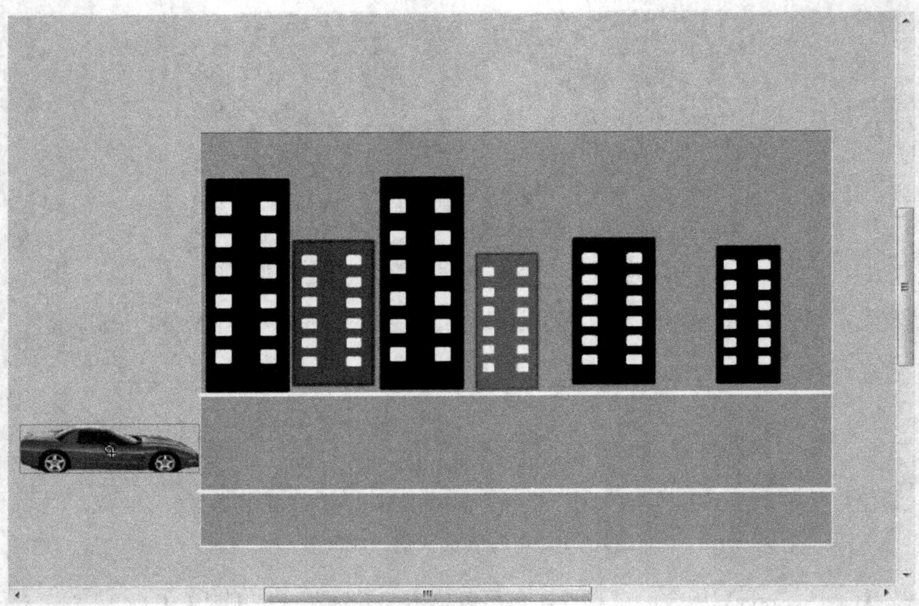

图 7.2　动画的起始状态

图 7.3　动画的结束状态

实验 7.2　Photoshop 图像处理

本实验主要目的是掌握 Photoshop CS6 的基本操作；掌握选择工具及图像变形、羽化命令等的使用方法；了解 Photoshop CS6 滤镜的基本操作流程。

【实验内容与要求】

任务一：羽化在图片合成中的应用。

在两幅图片合成时使用羽化，实现过渡自然。原始图片及最终效果如图 7.4～图 7.6 所示。

图 7.4　背景原始图片

图 7.5　人物原始图片

【实验步骤】

(1) 打开“背景原始图片”，先按【Ctrl＋A】键选择整幅图片，再按【Ctrl＋C】键复制，新建一个文件，然后按【Ctrl＋V】键粘贴。

(2) 打开“人物原始图片”，在 Photoshop CS6 工具箱中选择“椭圆选框”工具，在图片上画一个椭圆，大小即是要选择的人物范围。

(3) 对所选区域进行羽化：“选择”→“修改”→“羽化”命令，“羽化半径”设置为“9”像素。

(4) 按【Ctrl＋C】键复制，然后在新建的背景图片中按【Ctrl＋V】键粘贴。

(5)【Ctrl＋T】键，调整位置及大小。图层面板如图 7.7 所示。

图 7.6　最终效果

图 7.7　图层面板

任务二：制作水中倒影。

要求利用所给素材制作水中倒影。原始效果及最终效果如图 7.8 和图 7.9 所示。

【实验步骤】

(1) 按【Ctrl＋O】组合键打开一幅图像素材。

(2) 按【Ctrl＋J】组合键复制并新建一个“图层 1”，在 Photoshop CS6 图层面板中双击背景图层，使其变成可编辑图层，并命名为“图层 0”。

(3) 选中“图层 1”，在 Photoshop CS6 菜单栏中选择“编辑”→“变换”→“缩放”命令，对“图层 1”进行缩放处理，将图片向上压缩至原图大小的一半多一些。

(4) 选中“图层 0”，使用同样的方法向下压缩，直至与“图层 1”无缝拼接。在 PhotoshopCS6 菜单栏中选择“编辑”→“变换”→“垂直翻转”命令得到倒影效果。

图 7.8　原始效果

图 7.9　最终效果

(5) 选中“图层 0”，在 Photoshop CS6 菜单栏中选择“滤镜”→“模糊”命令，多次按下【Ctrl+F】组合键，直至做出水中模糊倒影的效果。

(6) 在 Photoshop CS6 工具箱中选择“椭圆选框”工具，在“图层 0”上画一个椭圆，大小即是将要制作的水波范围。

(7) 在 Photoshop CS6 菜单栏中选择“滤镜”→“扭曲”→“水波”命令，在“水波”对话框中设置数量为“21”，起伏为“10”，样式为“水池波纹”，单击“确定”按钮。

(8) 在 Photoshop CS6 图层面板中新建一个“图层 2”，并将它拖动到图层面板的底层。将“图层 2”的颜色填充为蓝色，并调整“图层 0”不透明度，直至达到满意的湖面颜色效果。图层面板如图 7.10 所示。

图 7.10　图层面板

实验 8 | 网页制作

【实验目的】

1. 熟悉 Dreamweave 8 的操作环境，学会制作页面的一般制作方法。
2. 掌握 HTML 语言的基本结构。
3. 掌握 HTML 语言的文档及其格式化的设计。
4. 掌握页面中图像与超链接的设置。
5. 掌握表格操作及其页面布局的设计。
6. 掌握框架操作及其页面布局的设计。
7. 掌握表单的设计方法。
8. 掌握站点的创建、设置及其发布。

实验 8.1 文档及其格式化

【实验内容与要求】

1. 文档及其格式化，练习文本的输入及属性的设置。
2. 创建文本列表。
3. 练习文本录入、编辑并利用 HTML 格式化文本。
4. 层叠样式表；熟悉 CSS 样式面板；设置各种类型的 CSS 样式；熟悉 CSS 样式定义对话框中各项的含义；CSS 基本样式设置。
5. 网页的预览。

【实验步骤】

任务一：文本输入。

（1）打开 Dreamweaver 8，新建 HTML 网页，在网页中联系加入文本、字符、空格、注释文字、图像、水平线、日期和时间等。样式如图 8.1 所示。

（2）练习对文本和水平线进行编辑处理。

（3）利用记事本打开网页文件，查看 HTML 源文件，注意标记符的作用和使用方法。

（4）在 IE 浏览器中测试上述 HTML 源文件。

任务二：CSS 样式使用。

（1）建立一个网页文件“index. htm”并打开进行编辑。

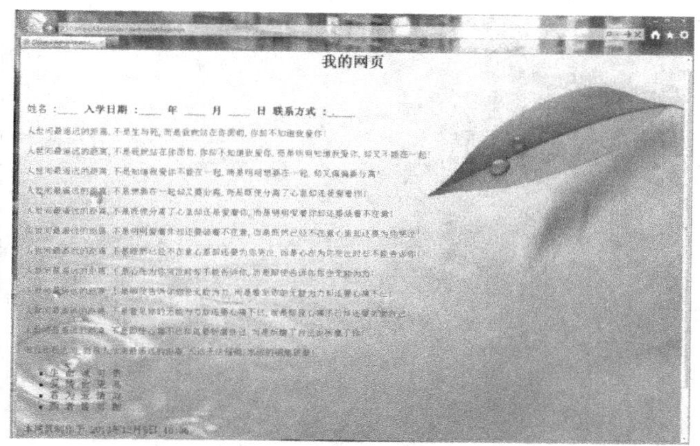

图 8.1　网页示例一

（2）在网页中插入一幅图像，如图 8.2 所示，保存文档。

图 8.2　网页示例二

（3）在 CSS 样式面板中，单击按钮，打开“新建 CSS 规则”对话框，如图 8.3 所示。

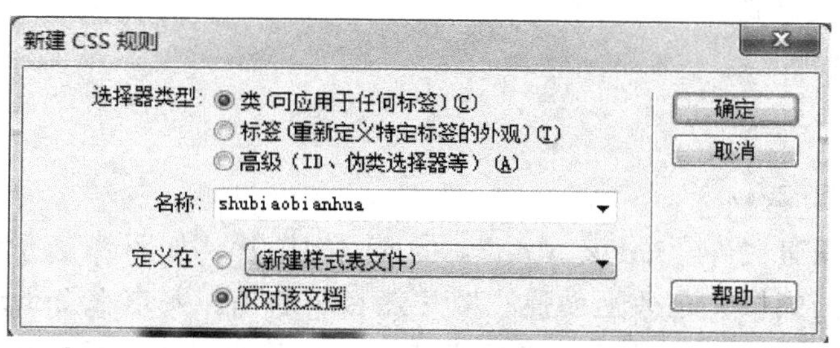

图 8.3　新建样式表对话框

（4）输入 CSS 样式的名称“shubiaobianhua”，“选择器类型”选择“类”选项，“定义在”选择“仅对该文档”。

（5）点击“确定”，打开“shubiaobianhua 的 CSS 规则定义”对话框，切换到“扩展”分类，如图 8.4 所示。

（6）在“视觉效果”的“光标”的下拉列表中选择“help”，单击“确定”按钮，样式建立完成。

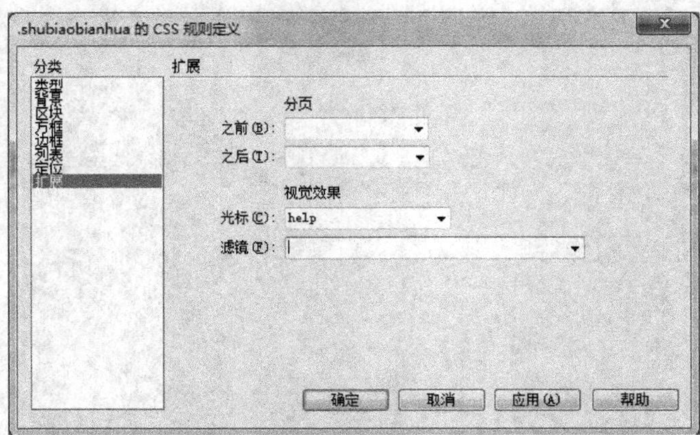

图 8.4　CSS 规则定义对话框

(7) 选中图像，执行以下操作之一：

① 在 CSS 面板中，右击 shubiaobianhua 样式，在弹出的快捷菜单中选择“套用”命令。

② 在“属性检查器”的“类”的下拉列表中选择“shubiaobianhua”。

(8) 保存网页，在浏览器中鼠标指向图像测试效果。

实验 8.2　图像与超链接

【实验内容与要求】

1. 图像创建实例与应用技巧。
2. 设置图像的属性。
3. 使用图像地图。
4. 创建鼠标经过图像。
5. 创建 Web 相册。

【实验步骤】

任务一：页面图像的插入。

(1) 建立一个网页文件“index. html”，插入一幅图片，如图 8.5 所示。

(2) 在图片上的蝴蝶、花朵上创建“图片热点”效果。要求在 index. html 页面上左键单击蝴蝶能连接到 hudie. html 页面，左键单击花朵能连接到 huaduo. html 页面，分别如图 8.6 和图 8.7 所示。

任务二：超链接的设计。

(1) 新建一个网页，在此网页中，创建到电子邮件地址 yzsysl@163. com 的超级链接。

(2) 创建一个网页，在此网页中插入一幅图片，当鼠标移动到不同部位（至少两个部位）时，显示不同的提示信息，并且超级链接到不同网页中去。

(3) 制作一个如图 8.8 所示的锚点。

图 8.5　插入图片网页

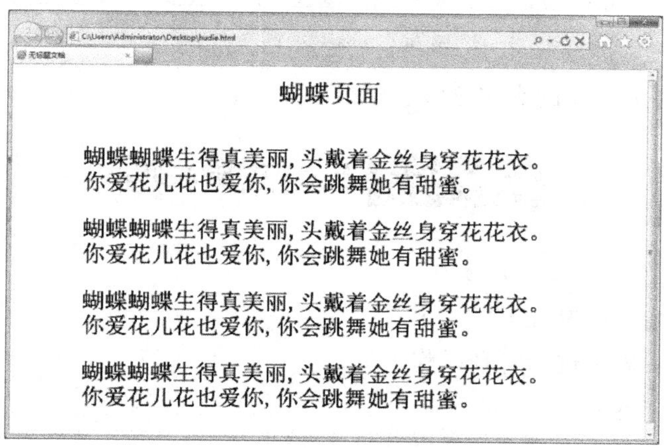

图 8.6　hudie. html 页面

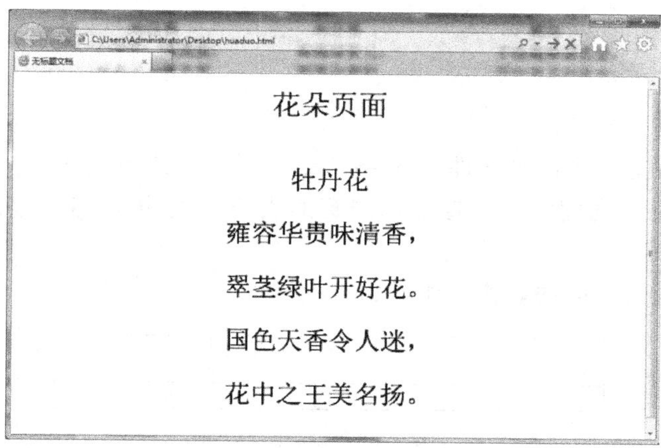

图 8.7　huaduo. html 页面

(4) 要求网页中所示具有超级链接属性的文字起初不具有下划线，当鼠标悬在上面时，字体变成红色，且具有下划线。

(5) 整合以前做的各种网页，创建一个主页“default. asp”，将上述各网页链接起来。

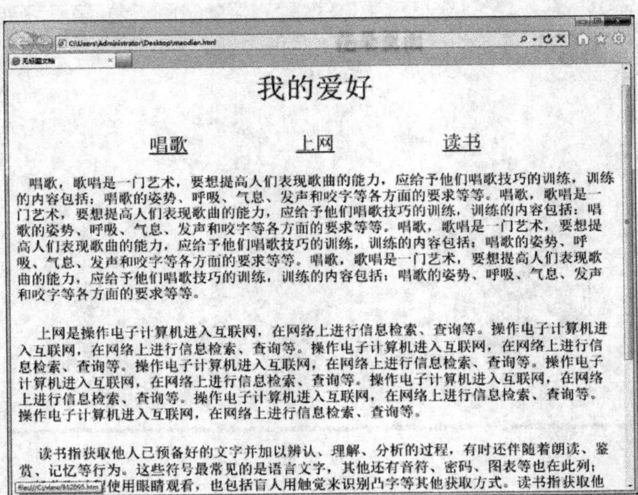

图 8.8 锚点示例网页

并且要求在此主页写上自己的真实班级、学号和姓名。

实验 8.3 表格及其布局

【实验内容与要求】

1. 表格创建及属性设置练习。
2. 插入表格，对表格进行各种操作。
3. 外部数据的导入。
4. 表格美化。
5. 创建复杂表格。
6. 绘制布局单元格和布局表格。

【实验步骤】

(1) 建立一个本地站点。

(2) 在站点中建立一个网页文件“index.htm”并打开进行编辑。

(3) 最外层的表格宽度为 700 像素，嵌套的表格宽度为 100%，整体上分为上下两个表格。

(4) 上表格为 2 行 1 列的表格，如图 8.9 所示。

图 8.9 布局表格一

(5) 下表格为 4 行 3 列的表格，如图 8.10 所示。

(6) 将下表格的单元格进行合并，调整为如图 8.11 所示的表格。

(7) 在下表格的左侧嵌套 7 行 1 列的表格，在下表格的右侧上边单元格内嵌套 1 行 1 列的表格，在右侧下边单元格嵌套 2 行 4 列的表格。如图 8.12 所示。

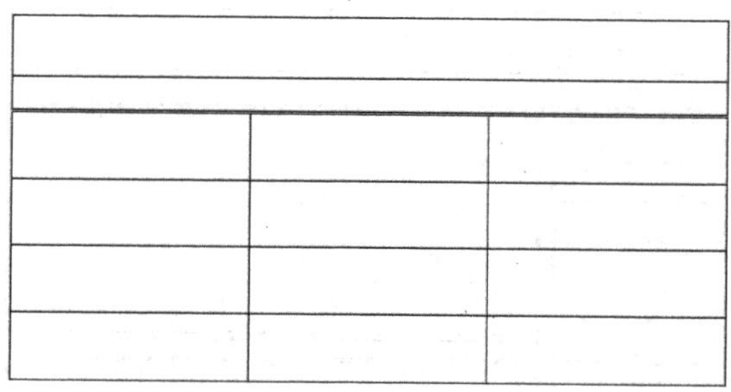

图 8.10　布局表格二

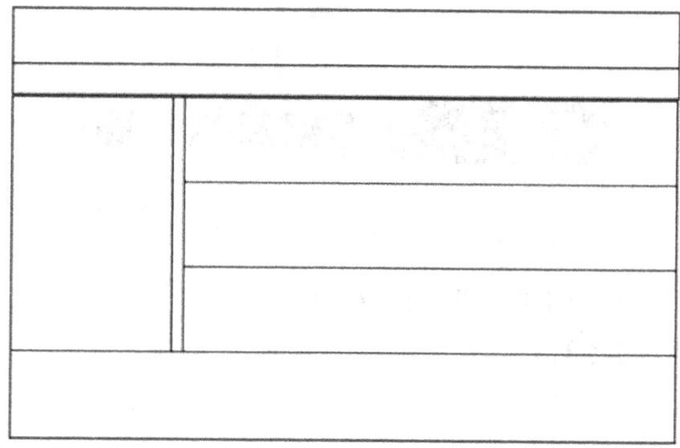

图 8.11　布局表格三

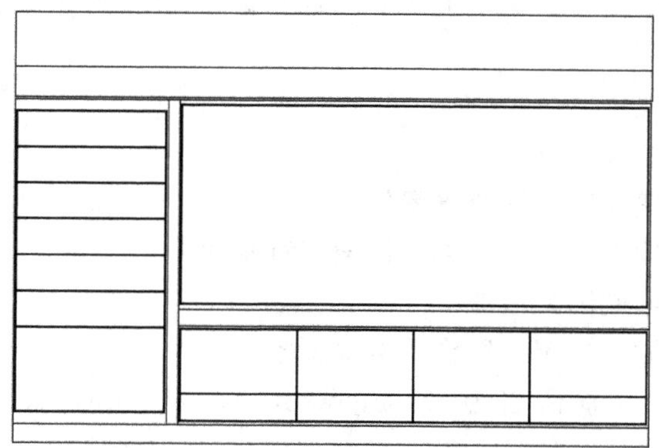

图 8.12　布局表格四

(8) 在左侧嵌套的表格最下面一个单元格嵌套 5 行 2 列的表格并合并，如图 8.13 所示。

(9) 上表格的第二行和下表格右侧第二行制作水平线，将单元格的高度设为“2”；下表第二列制作垂直线，宽度值为“2.”

(10) 向表格内添加图像和文字，将所有表格的边框值设置为“0”。

(11) 浏览网页的实际效果。

(12) 设计另一个自由发挥的网页。

(13) 用超链接将两者链接起来。

(14) 浏览网页的实际效果，并测试超链接的有效性。

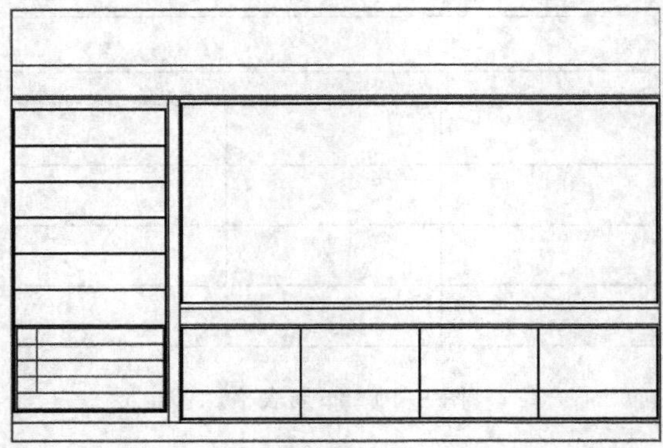

图 8.13　布局表格五

实验 8.4　框架及其布局

【实验内容与要求】

1. 框架的基本操作练习，创建框架和框架集。
2. 设置框架和框架集的各种属性。
3. 框架布局练习。
4. 框架中的链接练习。

【实验步骤】

(1) 新建一个空白文档，创建一个“上方及左侧嵌套”，右侧下方框架为主框架（mainFrame）。

(2) 保存框架及框架集。

(3) 在顶部框架中插入图像。

(4) 左侧框架中设置页面属性背景图像。

(5) 在左侧框架中插入 7 行 1 列无边框架和背景表格。

(6) 在表格中插入导航图像按钮。

(7) 在右侧框架中插入文字、图像等网页元素。

(8) 制作两个网页分别命名为“dianyin. html”和“jingyue. html”，保存在同一站点内。

(9) 为左侧导航按钮制作超链接，设置链接目标为“mainFrame”。

(10) 击菜单栏“文件”→“保存全部”。

(11) 预览网页并检测超链接是否在指定框架内打开。

实验 8.5　表单

【实验内容与要求】

1. 练习表单及表单对象在网页中的插入。
2. 表单对象的编辑练习。

3. 表单元素正确性的验证。
4. 创建脚本，表单的处理。
5. 建立动态交互式表单示例。
6. 验证表单。
7. 创建 ASP 文件。

【实验步骤】

任务一：插入表单。

（1）将插入点放在希望表单出现的位置。选择“插入”→“表单”，或选择“插入”栏上的“表单”类别，然后左键单击“表单”图标。

（2）用鼠标选中表单，在属性面板上可以设置表单的各项属性。如图 8.14 所示。

图 8.14　插入表单属性面板

任务二：表单对象编辑。

（1）创建一个新表单。

（2）编辑表单，可以使客户进行留言，样式如图 8.15 所示。

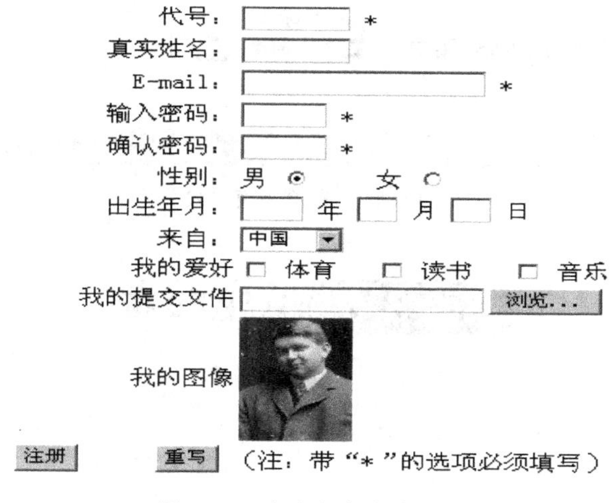

图 8.15　客户留言表单样式

任务三：验证表单编辑。

（1）创建一个新表单。

（2）编辑表单，可以对表单中的“姓名”和“电子邮箱”进行内容的验证，样式如图 8.16 所示。

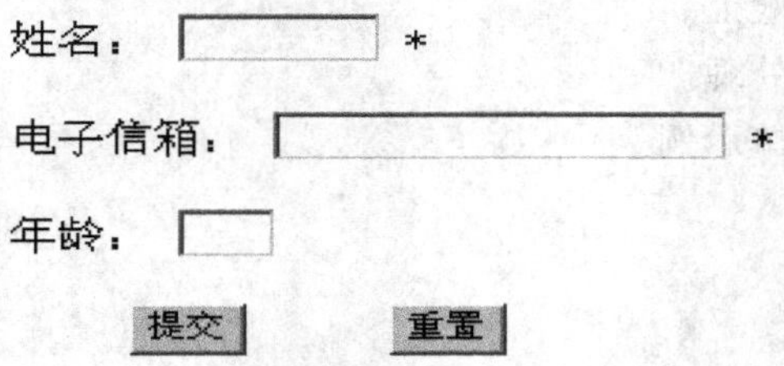

姓名：　　*

电子信箱：　　*

年龄：

提交　重置

图 8.16　验证表单样式

任务四：编辑表单页面。

（1）创建一个表单页面。

（2）编辑表单，内容包括两组单选框、四组下拉列表框和一个命令按钮，样式如图 8.17 所示。

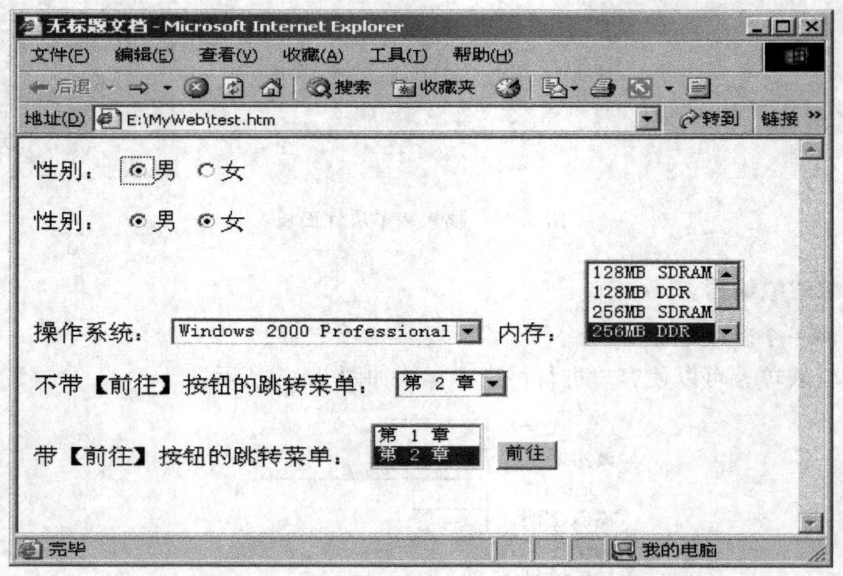

图 8.17　表单页面样式

实验 8.6　站点的发布

【实验内容与要求】

1. 创建 Web 站点。
2. 设置 Web 站点。
3. 浏览发布网页。

【实验步骤】

任务一：创建 Web 站点。

（1）在 IIS 管理控制台中，右键单击网站，指向新建，选择网站。

（2）在弹出的“欢迎使用网站创建向导”页，点击“下一步”。

（3）在“网站描述”页，输入网站的描述，然后点击“下一步”。如图 8.18 所示。

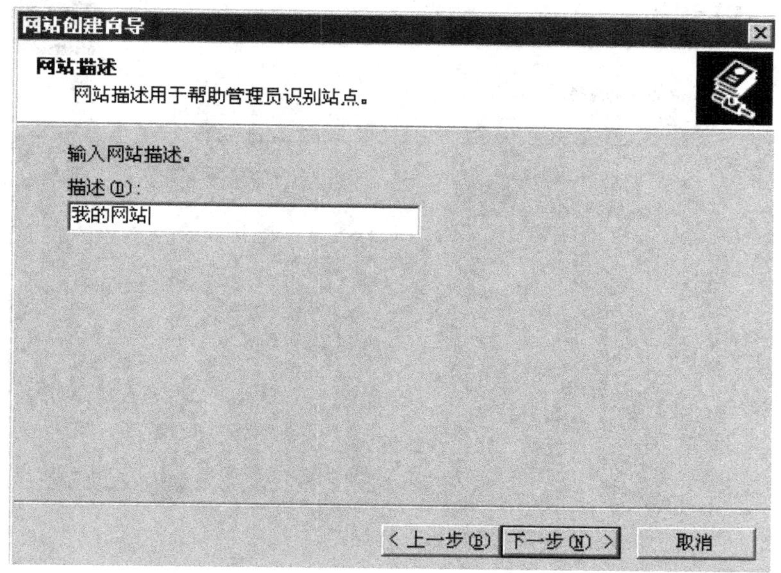

图 8.18　网站描述

（4）在 IP 地址和端口设置页，设置此 Web 站点的网站标识（IP 地址、端口和主机名头），在此仅能设置一个默认的 HTTP 标识，用户可以在创建网站后添加其他的 HTTP 标识和 SSL 标识。设置好 IP 地址、端口和主机名头后左键单击“下一步”，如图 8.19 所示。

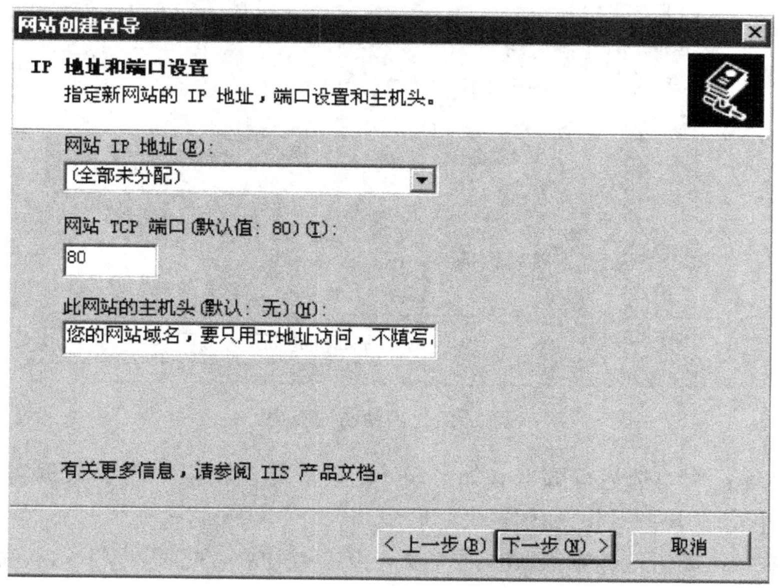

图 8.19　IP 地址和端口设置

（5）在“网站主目录”页，输入主目录的路径，主目录即用户的网站内容存放的目录，其实把网站主目录存放在系统分区不是安全的行为。默认选择了允许匿名访问网站，这允许对此网站的匿名访问，左键单击“下一步”，如图 8.20 所示。

（6）在网站访问权限页，默认只是选择了读取，即只能读取静态内容，如果用户需要运

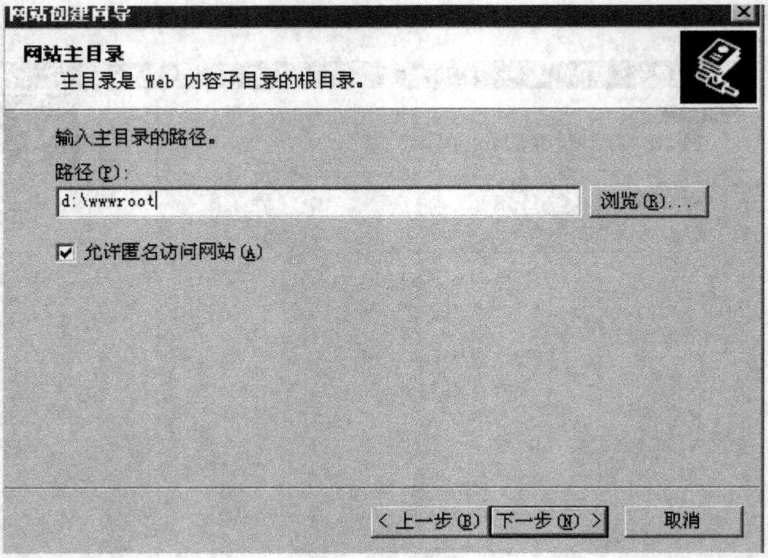

网站创建向导

网站主目录

主目录是 Web 内容子目录的根目录。

输入主目录的路径。

路径(P):

d:\wwwroot

浏览(R)...

允许匿名访问网站(A)

< 上一步(B)　下一步(N) >　取消

图 8.20　网站主目录

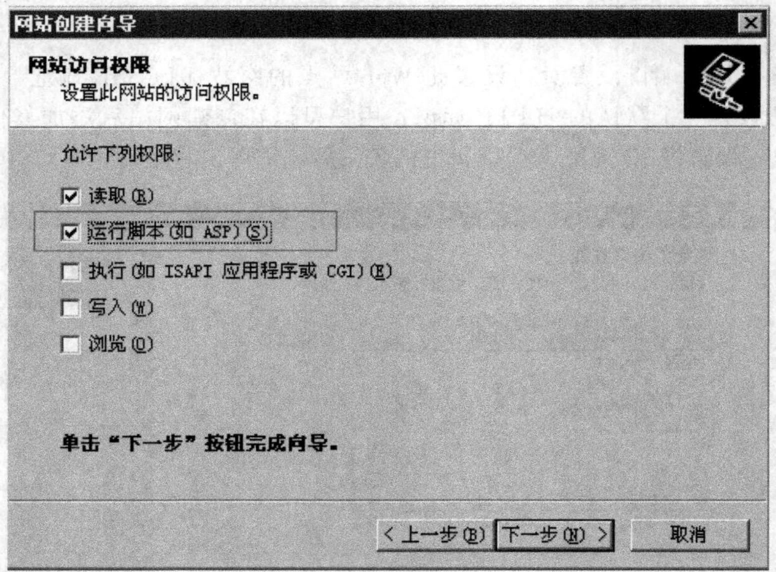

图 8.21　网站访问权限

行脚本如 ASP 等，则勾选运行脚本（如 ASP)，至于其他权限，需要根据需要慎重考虑后再选取，左键单击“下一步”。如图 8.21 所示。

（7）最后在“已成功完成网站创建向导”页，点击“完成”，此时，Web 站点就创建好了。

任务二：设置 Web 站点。

（1）在 IIS 管理控制台中右击对应的 Web 站点，然后选择“属性”。

（2）选择“网站”标签。在“网站标识”框中修改此网站的默认 HTTP 标识，也可以点击“高级”按钮添加其他的 HTTP 标识和 SSL 标识；在“连接”框，可以配置 Web 站点在客户端空闲多久时断开与客户端的连接；在“启用日志记录”框中可以配置是否启用日志

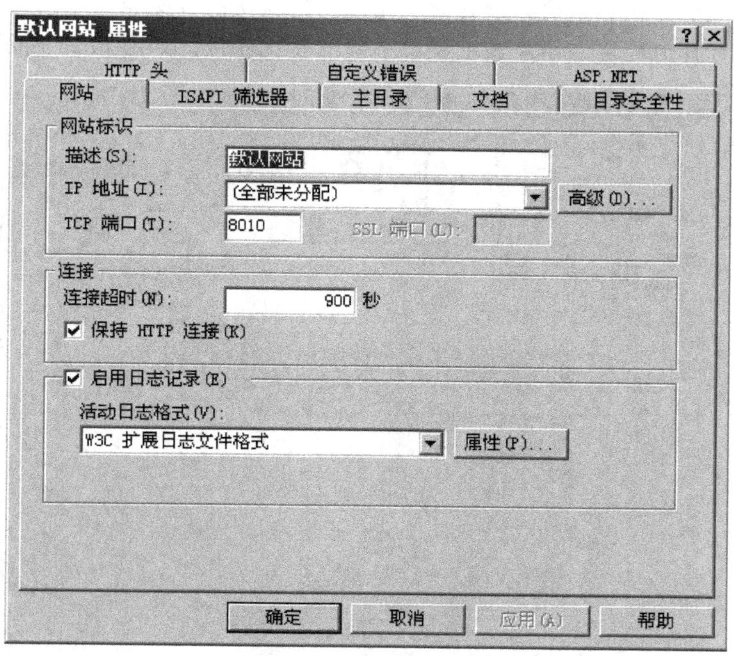

图 8.22　默认网站属性“网站”标签

记录以及日志记录文件的存储路径和记录的字段。如图 8.22 所示。

（3）选择“主目录”标签。修改网站的主目录：配置为本地目录、共享目录或者重定向到其他 URL 地址；修改网站访问权限：网站访问权限用于控制用户对网站的访问，IIS 6 中具有六种网站访问权限。如图 8.23 所示。

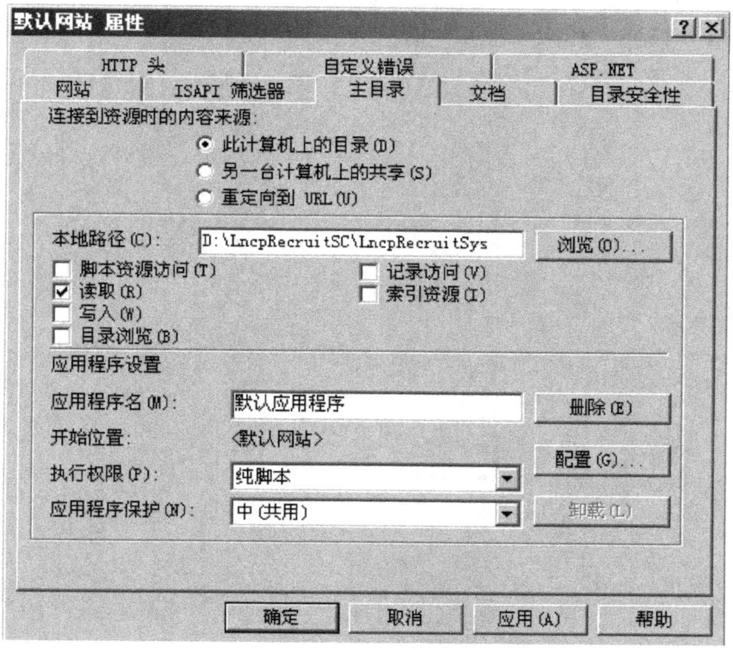

图 8.23　默认网站属性“主目录”标签

（4）选择“文档”标签。可以配置此网站使用的默认内容文档，可以添加和删除默认内容文档，也可以选择对应名字后点击上移、下移调整优先级。如图 8.24 所示。

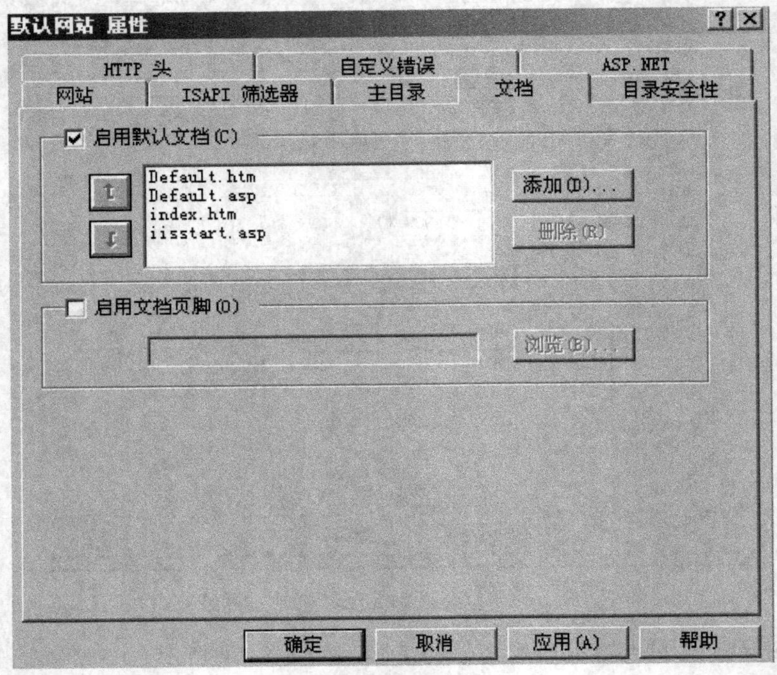

图 8.24　默认网站属性“文档”标签

任务三：浏览发布的网页。

（1）打开 IE 浏览器。

（2）在“地址”栏输入相应的网址，浏览所发布的网页。

第二部分

大学计算机理论技能训练

理论技能训练项目一　填空

1. 按计算机所采用的逻辑器件，可将计算机的发展分为______个时代。

2. 液晶显示器又可简称为______。

3. 显示器的点距为28，其含义是屏幕上相邻两个________之间的距离为0.28mm。

4. 与八进制数16.327等值的二进制数是______________。

5. 在Windows中，要想将当前的活动窗口图形存入剪贴板中，可以按__________键。

6. 在Windows中，通过"开始"菜单中的"程序"进入MS-DOS方式，欲重新返回Windows窗口，可使用____________命令。

7. 在Windows的窗口中，为了使具有系统和隐藏属性的文件或文件夹不显示出来，首先应进行的操作是选择________菜单中的"文件夹"选项。

8. 在Word文本编辑中"粘贴"操作的快捷键是按Ctrl＋________。

9. 在Word打印输出前，可以由__________命令预先观察输出效果。

10. Word的默认字体是______号________字体。

11. 复制字符格式最快捷的方法是使用常用工具栏上的____________。

12. 如果将B2单元格中的公式"＝C3＊$D5"复制到E7单元格中，该单元格公式为__________。

13. 分类汇总前必须先进行________操作。

14. 数据筛选有________和________两种。

15. 在做幻灯片背景设置时，若在"背景"对话框中单击"应用"按钮，则将刚设置的背景应用于______________。

16. 观看放映幻灯片的快捷键是__________。

17. 因特网上目前使用的IP地址采用________位二进制代码。

18. 某用户的E-Mail地址是Lu-sp@online.sh.cn，那么该用户邮箱所在服务器的域名多半是____________。

19. 在互联网中，为了把各单位、各地区大量不同的局域网进行互连必须统一采用____________通信协议。

20. 微型计算机系统结构中的总线有__________、__________和地址总线。

21. 计算机执行程序的时候，通常在__________保存待处理的程序，在__________进行数据的运算。

22. 微电子技术是以__________为核心的电子技术。

23. 八位无符号二进制数能表示的最大十进制数是__________。

24. 标准ASCII码字符集采用的二进制码长是__________位。

25. 采用大规模或超大规模集成电路的计算机属于第__________代计算机。

26. 常见的拓扑结构有星型、环型、__________。

27. 存储120个64×64点阵的汉字，需要占存储空间______kB。

28. 到目前为止，电子计算机的基本结构基于存储程序思想，这个思想最早是由______________提出的。

29. 将二进制数10001110110转换成八进制数是__________。

30. 将十进制数 110.125 转换为十六进制数是__________H。

31. 十进制小数化为二进制小数的方法是______________。

32. 世界上第一台电子计算机于__________年诞生。

33. 世界上第一台电子数字计算机于 1946 年诞生在__________国。

34. 数字符号“1”的 ASCII 码的十进制表示为“49”，数字符号“9”的 ASCII 码的十进制表示为__________。

35. 同十进制数 100 等值的十六进制数是________，八进制数是________，二进制数是____________。

36. 一个字节包含________个二进制位。

37. 已知大写字母 D 的 ASCII 码为 68，那么小写字母 d 的 ASCII 码为______。

38. 以微处理器为核心的微型计算机属于第________代计算机。

39. 英文缩写 CAD 的中文意思是__________。

40. 在计算机系统中对有符号的数字，通常采用原码、反码和________表示。

41. 在计算机中存储数据的最小单位是__________。

42. “奔腾”是 32 位处理器，这里的 32 是指__________。

43. CGA、EGA、VGA 标志着________的不同规格和性能。

44. Windows 从软件归类来看是属于____________软件。

45. Windows 提供了长文件名命名方法，一个文件名的长度最多可达到__________个字符。

46. Windows 中，当屏幕上有多个窗口时，标题栏的颜色与众不同的窗口是____________________窗口。

47. Windows 中，被删除的文件或文件夹将存放在____________中。

48. 按照打印机的打印原理，可将打印机分为击打式和非击打式两大类，击打式打印机中最常用、最普遍的是____________打印机。

49. 衡量微型计算机的主要技术指标是字长、__________、内存容量、可靠性和可用性五项指标。

50. 计算机的核心是____________________。

51. 计算机的硬件系统核心是____________，它是由运算器和__________两个部分组成的。

52. 计算机的运算器是对数据进行__________和逻辑运算的部件，故又简称为“数逻部件”。

53. 计算机向使用者传递计算、处理结果的设备，称为______________。

54. 计算机中常用的英文词 Byte，其中文意思是__________。

55. 键盘是一种____________设备。

56. 可以将数据转换成为计算机内部形式并输送到计算机中去的设备统称为____________________。

57. 控制器是依据______________统一指挥并控制计算机各部件协调工作的。

58. 逻辑代数的三个基本运算是与运算、______运算和非运算。

59. 鼠标器是一种__________设备。

60. 微型机开机顺序应遵循先__________后主机的次序。

61. 微型机硬件的最小配置包括主机、键盘和__________。

62. 微型机中，用来存储信息的最基本单位是___________。

63. 微型计算机可以配置不同的显示系统，在 CGA、EGA 和 VGA 标准中，显示性能最好的一种是__________。

64. 为了更改“我的电脑”或“Windows 资源管理器”窗口文件夹和文件的显示形式，应当在窗口的__________菜单中选择指定。

65. 显示器是一种__________设备。

66. 要在 Windows 中修改日期或时间，则应双击“__________”中的“日期/时间”图标。

67. 右击输入法状态窗口中的__________按钮，即可弹出所有软键盘菜单。

68. 在 Windows 的资源管理器窗口中，通过选择________菜单可以改变文件或文件夹的显示方式。

69. 在 Windows 系统中，为了在系统启动成功后自动执行某个程序，应该将该程序文件添加到________文件夹中。

70. 在 Windows 中，回收站是________中的一块区域。

71. 在 Web 网页中超链接一般有两种表现形式，即以__________标注的超链接和以图片方式标注的超链接。

72. 在 Windows 中，如果要把整幅屏内容复制到剪贴板中，可按__________键。

73. 在计算机内部，用来传送、存储、加工处理的数据或指令都是以__________形式进行的。

74. 在任意对象上单击鼠标右键，可以打开对象的__________菜单。

75. 在微型计算机中，1K 字节表示的二进制位数是___________。

76. 在微型计算机组成中，最基本的输入设备是________，输出设备是________。

77. 在中文 Windows 中，默认的中文和英文输入方式的切换是___________。

78. Word 上的段落标记是在输入键盘上的__________键之后产生的。

79. Word 在正常启动之后会自动打开一个名为__________的文档。

80. Word 中长文档的最佳显示方式是________视图显示方式。

81. 如果想在 Word 主窗口中显示常用工具按钮，应当使用的菜单是________菜单。

82. 若要使 Word 能定时自动保存当前文档内容，则必须用________菜单中的________菜单项启动________对话框，在________卡页上进行时间间隔设置。

83. 设置 Word 文档页码时，主要的设置信息有页码格式、起始页码号和__________。

84. 通过插入菜单的 Word________命令，可以插入特殊字符、国际字符和符号。

85. 用户在编辑、查看或者打印已有的文档时，首先应当____________已有文档。

86. 在 Word 编辑状态下，若要设置打印页面格式，应当使用“文件”菜单中的______________菜单项。

87. 在 Word 编辑状态下，若要为文档设置页码，应当使用______菜单中的______菜单项。

88. 在 Word 的编辑状态，设置了标尺，可以同时显示水平标尺和垂直标尺的视图方式是____________。

89. 在 Word 的编辑状态下，若退出全屏显示视图方式，应当按的功能键是___________________。

90. 在 Word 的编辑状态下，要取消 Word 主窗口显示常用工具栏应使用__________菜单中的命令。

91. 用 Word 设定打印纸张大小时，应当使用的是“文件”菜单中的__________命令。

92. 在 Word 文档编辑区的右侧有一纵向滚动条，可让文档页面作________方向的滚动。

93. 在 Word 文档编辑中，要完成修改、移动、复制、删除等操作，必须先__________要编辑的区域，使该区域反向显示。

94. 在 Word 文档中如果看不到段落标记，可以通过执行“视图”菜单栏上的________________命令来更改。

95. 在 Word 主窗口的右上角可以同时显示的按钮是最小化、还原和____________。

96. 在 Word 中，________是打印在文档每页顶部的描述性内容。

97. 在 Word 中，编辑文本文件时用于保存文件的快捷键是__________。

98. 在 Word 中，可以显示水平标尺的两种视图模式是普通视图和__________视图。

99. 在 Word 中，设置页眉和页脚应执行________菜单中的“页眉和页脚”命令。

100. 在 Word 中，水平标尺左侧有首行缩进标记、________、左缩进标记三个滑块位置，从而可缩定这三个边界的位置。

101. 在 Word 中，图文框的大小可以调整，只要先________，用鼠标拖动即可。

102. 在 Word 中，文档窗口中的________呈现为闪烁的形状。

103. 在 Word 中，选定一个矩形区域的操作是将光标移动到待选择的文本的左上角，然后按住________键和鼠标左键拖动到文本块的右下角。

104. 在 Word 中，要将文档中某段内容移到另一处，则先要进行________操作。

105. 在 Word 中，要将新建的文档存盘，应当执行“文件”菜单中的__________命令。

106. 在 Word 中，用户可以执行“格式”菜单的__________命令，自行选定项目编号的式样。

107. 在 Word 中，用户设定的页眉、页脚必须在___________方式或者打印预览中才可见。

108. 在 Word 中，用户在用【Ctrl+C】组合键将所选内容复制到剪贴板后，可以使用______________组合键粘贴到所需要的位置。

109. 在 Word 中，在输入文本时，按【Enter】键后将产生__________符。

110. 在 Word 中的字体对话框中，可以设置的字形特点包括常规、粗体、倾斜和_______________。

111. 在 Word 中段落对齐方式可以有两端对齐、居中、左对齐和右对齐四种方式，在__________上有这四个按钮。

112. 在 Word 中要查看文档的统计信息（如页数、段落数、字数、字节数等）和一般信息，可以执行“文件”菜单下的__________命令。

113. 在 Word 中一次可以打开多个文档，多份文档同时打开在屏幕上，当前插入点所在的窗口称为__________________窗口，处理中的文档称为活动文档。

114. 在编辑 Word 文本时，若按【Enter】键，就会产生一个符号，称为____或____符。

115. 在打印 Word 文本之前，常常要执行________菜单中的____________命令观察各页面的整体状况。

116. Excel 的工作簿窗口最多可包含________张工作表。

117. Excel 的信息组织结构依次是：________、__________、__________。

118. Excel 公式中使用的引用地址 E1 是相对地址，而＄E＄1 是________地址。

119. Excel 中对指定区域（C1：C5）求和的函数公式是__________。

120. Excel 中工作簿的最小组成单位是____________。

121. Excel 中如果需要在单元格中将 600 显示为 600.00，使用设置单元格格式中的数字标签为__________。

122. Excel 中如果一个单元格中的信息是以“＝”开头，则说明该单元格中的信息是______________。

123. Excel 中图表可以分为两种类型：独立图表和__________________________。

124. Excel 中，要在公式中引用某个单元格的数据时，应在公式中键入该单元格的______________。

125. 电子表格是一种________维的表格。

126. 一个 Excel 文件就是一个__________。

127. 一张 Excel 工作表，最多可以包含________行和________列。

128. 在 Excel 中，单元格默认对齐方式与数据类型有关，如：文字是左对齐，数字是________。

129. 在 Excel 中，进行分类汇总时，必须先______________。

130. 在 Excel 中，如果要修改计算的顺序，需把公式首先计算的部分括在________或________内。

131. 在 Excel 中，欲对单元格的数据设置对齐方式，可执行________菜单中的“单元格”命令。

132. 在 Excel 中，当输入有算术运算关系的数字和符号时，必须以________方式进行输入。

133. 在 Excel 中，公式都是以“＝”开始的，后面由__________和运算符构成。

134. 在 Excel 中，清除是指对选定的单元格和区域内的内容作清除，________依然存在。

135. 在 Excel 中，如果要打印一个多页的列表，并且使每页都出现列表的标题行，则应执行“文件”菜单的__________命令进行设置。

136. 在 Excel 中，设 A1～A4 单元格的数值为 82、71、53、60，A5 单元格使用的公式为＝If（Average（A＄1：A＄4）＞＝60，"及格"，"不及格"），则 A5 显示的值是______________。

137. 在 Excel 中，我们直接处理的对象称为__________。

138. 在 Excel 中，正在处理的单元格称为______________的单元格。

139. 在 Excel 中建立内嵌式图表最简单的方法是单击__________工具栏中的“图表类型”按钮。

140. 在 Excel 中输入数据时，如果输入的数据具有某种内在规律，则可以利用它的____________功能进行输入。

141. PowerPoint 文件的扩展名是__________。

142. PowerPoint 中，在浏览视图下，按住【Ctrl】键并拖动某幻灯片，可以完成______幻灯片操作。

143. 对于演示文稿中不准备放映的幻灯片可以执行________下拉菜单中的“隐藏幻灯片”命令隐藏。

144. 演示文稿（PowerPoint）的单选的放映有：观众自行浏览、展台浏览和________________三种方式。

145. 用 PowerPoint 制作的幻灯片在放映时，要使每两张幻灯片之间的切换采用向右擦除的方式，可在 PowerPoint 的________菜单中设置。

146. 在 PowerPoint 放映幻灯片时，若中途要退出播放状态，应按的功能键是________。

147. 在 PowerPoint 中，打上隐藏符号的幻灯片，播放时可能会________。

148. 在 PowerPoint 中，对幻灯片进行移动、删除、添加、复制、设置动画效果，但不能编辑幻灯片中具体内容的视图是________。

149. 在 PowerPoint 中，幻灯片________是一张特殊的幻灯片，包含已设定格式的占位符。这些占位符是为标题、主要文本和所有幻灯片中出现的背景项目而设置的。

150. 在 PowerPoint 中，具有交互功能的演示文稿具有______功能。

151. 在 PowerPoint 中，设置幻灯片切换效果可针对所选的幻灯片，也可针对______或______幻灯片。

152. 在 PowerPoint 某含有多个对象的幻灯片中，选定某对象，执行“幻灯片放映”菜单下的“自定义动画”命令，设置“飞入”效果后，该对象放映效果为______。

153. 在 PowerPoint 演示文稿中，如果要在放映第五张幻灯片时，单击幻灯片上的某对象后，跳转到第八张幻灯片上，执行“幻灯片放映”菜单下的“________”命令，在弹出的对话框中进行设置。

154. 202.112.144.75 是 Internet 上一台计算机的______地址。

155. E-mail 的中文含义是______。

156. Internet（因特网）上最基本的通信协议是______。

157. Internet 上采用的网络协议是______。

158. Internet 上的计算机是通过______地址来唯一标识的。

159. Internet 为联网的每个网络和每台主机都分配了唯一的地址，该地址由纯数字组成并用小数点分隔，将它称为______。

160. WWW（World Wide Web）的中文名称为______。

161. WWW 网页是基于______编写的。

162. 计算机互连的主要目的是为了实现________。

163. 计算机网络按其所覆盖的地理范围可分为______和广域网。

164. 目前世界上最大的计算机互联网络是____________。

165. 用户要想在网上查询 WWW 信息，必须安装并运行一个被称为________的软件。

166. 有些主页站点不直接提供信息，只用来查找信息，这些网站称为______。

167. 在 Internet 中用于文件传送的服务是________。

168. 在高速缓冲存储器、内存、磁盘设备中，读取数据最快的设备为________。

169. 在计算机网络中，通信双方必须共同遵守的规则或约定，称为＿＿＿＿＿＿＿。

170. 组成计算机网络的最大好处是＿＿＿＿＿＿。

171. ＿＿＿＿＿是指专门为某一应用目的而编制的软件。

172. ＿＿＿＿＿语言的书写方式接近于人们的思维习惯，使程序更易阅读和理解。

173. CPU 的中文意义是＿＿＿＿＿＿＿＿＿＿＿＿＿＿。

174. kB、MB 和 GB 都是存储容量的单位。1GB=＿＿＿＿＿＿＿kB。

175. PC 在工作中，电源突然中断，则＿＿＿＿＿＿＿＿＿＿＿＿＿＿数据全部不丢失。

176. 在互联网中，为了把各单位、各地区大量不同的局域网进行互联必须统一采用＿＿＿＿＿＿＿通信协议。

177. ROM 的中文名称是＿＿＿＿＿＿＿＿，RAM 的中文名称是＿＿＿＿或＿＿＿＿。

178. 高级语言编译程序按分类来看属于＿＿＿＿＿＿。

179. 个人计算机属于＿＿＿＿＿。

180. 计算机指令由＿＿＿＿＿＿＿和地址构成。

181. 计算机中系统软件的核心是＿＿＿＿＿＿，它主要用来控制和管理计算机的所有软硬件资源。

182. 计算机总线是连接计算机中各部件的一簇公共信号线，由＿＿＿＿总线、数据总线及控制总线所组成。

183. 数值数据在计算机中有＿＿＿＿＿和浮点两种表示形式。

184. 现有 1000 个汉字，每个汉字用 24×24 点阵存储，至少要有＿＿kB 的存储容量。

185. 用＿＿＿＿＿编制的程序计算机能直接识别。

186. 用任何计算机高级语言编写的程序（未经过编译）习惯上称为＿＿＿＿＿＿＿＿＿＿＿＿。

187. 在计算机系统中，1MB=＿＿kB。

188. Internet 中的每一台主机都分配有一个唯一的 32 位二进制地址，该地址称为＿＿＿＿＿。

189. 为了能够在 Internet 中方便地找到所需要的网站及所需要的信息资源，采用＿＿＿＿＿＿来唯一标识某个网络资源。

190. 通过＿＿＿＿＿可以把自己喜欢的、经常要上的 Web 页或站点地址保存下来，这样以后就能快速打开这些网站。

191. ＿＿＿＿＿＿＿＿＿＿＿＿＿＿＿构成了 Internet 应用程序的基础，用来编写 Web 网页。

192. 在 Web 站点中，网页是一种用＿＿＿＿＿＿＿＿＿＿＿＿＿＿＿＿语言描述的超文本，整个 Web 站点是由利用超链接为纽带建立相互联系的网页组成的。

193. 段落格式主要包括＿＿＿＿＿＿、文本缩进和段落间距属性。

194. 对于调整过宽度或高度的表格，可以执行“＿＿＿＿＿＿”菜单中的“平均分布行宽以及平均分布列宽”命令将选中单元格的高度和宽度设为相同。

195. 在 Excel 中输入数据时，如果输入的数据具有某种内在的规律，则可以用它的＿＿＿＿＿功能。

196. Excel 产生的文件是一种电子表格，该文件又称＿＿＿＿。

197. 在 Excel 中，单元格的引用有相对引用、＿＿＿＿＿＿和混合引用。

198. 在 Excel 中，能够实现分类汇总，要分类汇总，必须先进行____________操作。

199. 在 Excel 菜单栏中最右边的最小化、最大化和关闭按钮是作用于____________的。

200. 在 Excel 中，用拖动的方法移动单元格的数据时应拖动单元格的____________。

201. 在 Excel 中，自动填充数据时应拖动单元格的__________。

202. 在 Excel 中，图表分为嵌入图表和__________。

203. 在 Excel 中，如果要冻结 1～2 行，则先选定第______行，然后再执行“冻结窗口”命令。

204. 在 Excel 中，先选择要删除的行或列，再执行________菜单上的“删除”命令，可删除行或列。

205. 利用 PowerPoint 制作的多媒体作品称为演示文稿，文件的扩展名为____________。

206. 普通视图将幻灯片、大纲、__________视图集成到一个视图，来制作演示文稿。

207. 幻灯片设置背景时，若将新的设置应用到当前幻灯片，应单击__________按钮。

208. 幻灯片设置背景时，若将新的设置应用到所有幻灯片，应单击__________按钮。

209. 向幻灯片插入外部图片的操作依次为：插入、图片、____________。

210. 若要改变自选图形的大小，首先单击该图形，在其周围出现__________，拖动它就可以改变图形的大小。

211. 若“绘图”工具栏没有显示在屏幕上，则用鼠标依次单击菜单栏中的____________、工具栏、绘图，即可显示“绘图”工具栏。

212. 终止正在演示的幻灯片放映，可以按____________键。

213. PowerPoint 提供了三种新建演示文稿的方法，分别为内容提示向导、__________和空演示文稿。

214. 若要在绘制的自选图形中添加文字，则应右击要添加文字的图形，在弹出的快捷菜单中选择__________命令。

215. ISO/OSI 参考模型是国际标准化组织提出的________系统互连参考模型。

216. IP 地址由______位二进制数组成。

217. IP 地址的表示可以由______组十进制数组成。

218. IP 地址通常分为______地址和主机地址两部分。

219. 按使用的主要元器件分类，计算机的发展经历了四代。它们所使用的元器件分别是电子管、________、中小规模集成电路、大规模超大规模集成电路。

220. 软盘格式化的操作过程中，包含了按操作系统规定的格式，把每个磁道划分为许多________。

221. 目前超市中打印票据所使用的打印机属于______________。

222. 软盘上的信息是按磁道和扇区存放的，每个扇区的容量是____________字节。

223. 从软件的开发、使用到它走向消亡，这个时间周期称为该软件的__________。

224. 因特网上实现异构网络互连的通信协议是________。

225. 在 Word 中可以为文本和页面添加边框，同时也可以为__________添加边框。

226. 当鼠标指针变为__________时，拖动鼠标即可改变图形的大小。

227. ____________是指将表格中的一个单元格分成两个或多个单元格。

228. 单元格对齐方式是文本在单元格中的排列方式，分_________________________和

__________两种方式。

229. 如果要设置备注的字符格式，只能在________中进行设置。

230. 选中一张已有的幻灯片进行添加新幻灯片的操作时，那么新的幻灯片将插入到该幻灯片的________位置上。

231. 幻灯片母版的设计需在_________视图中进行。

232. 占位符是一种带有_________的边框，在这些边框内可以放置标题及正文，或图表、表格和图片等对象。

233. 在 PowerPoint 中录入的文本信息都是存放在插入的________中。

234. ______可以为喷墨打印机提供需要的墨水，是喷墨打印机最主要的耗材。

235. 在 Excel 中，若对数据清单进行排序，则需执行“数据”菜单中的________命令。

236. 在 Word 中，________的作用是控制文档内容在页面中的位置。

237. 和通信网络相比，计算机网络最本质的功能是________。

理论技能训练项目二　判断

1. 计算机的发展经历了四代，“代”是根据计算机的运算速度来划分的。（　）
2. 计算机的性能不断提高，体积和重量不断加大。（　）
3. 计算机中存储器存储容量的最小单位是字。（　）
4. 世界上第一台计算机的电子元器件主要是晶体管。（　）
5. 未来的计算机将是半导体、超导、光学、仿生等多种技术相结合的产物。（　）
6. 文字、图形、图像、声音等信息在计算机中都被转换成二进制数进行处理。（　）
7. 制作多媒体报告可以使用 PowerPoint。（　）
8. Windows 操作必须先选择操作对象，再选择操作项。（　）
9. Windows 的“桌面”是不可以调整的。（　）
10. Windows 的“资源管理器”窗口可分为两部分。（　）
11. Windows 的任务栏不能修改文件属性。（　）
12. Windows 应用程序某一菜单的某条命令被选中后，该菜单右边又出现了一个附加菜单（或子菜单），则该命令后跟“...”。（　）
13. Windows 中，不管选用何种安装方式，智能 ABC 和五笔字型输入法均是中文 Windows 系统自动安装的。（　）
14. Windows 中，窗口大小的改变可通过对窗口的边框操作来实现。（　）
15. Windows 中，软盘上所删除的文件不能从“回收站”中恢复。（　）
16. Windows 中的文件属性有只读、隐藏、存档和系统四种。（　）
17. Windows 中文件扩展名的长度最多可达 255 个。（　）
18. Windows NT 是一种网络操作系统。（　）
19. Windows 是一种多用户多任务的操作系统。（　）
20. Windows 中桌面上的图标能自动排列。（　）
21. Windows 环境中可以同时运行多个应用程序。（　）

22. 操作系统既是硬件与其他软件的接口，又是用户与计算机之间的接口。（　）

23. 当微机出现死机时，可以按机箱上的 RESET 键重新启动，而不必关闭主电源。（　）

24. 计算机必须要有主机、显示器、键盘和打印机这四部分才能进行工作。（　）

25. 计算机的外部设备就是指计算机的输入设备和输出设备。（　）

26. 创建图表之后无法更改图表类型。（　）

27. 利用“回收站”可以恢复被删除的文件，但须在“回收站”没有清空以前。（　）

28. 启动 Windows 后，我们所看到的整个屏幕称为我的电脑。（　）

29. 软件通常分为系统软件和应用软件两大类。（　）

30. 软盘、硬盘、光盘都是外部存储器。（　）

31. 若某文件被设置成“隐藏”属性，则它在任何情况下都不会显示出来。（　）

32. 删除桌面上的快捷方式，它所指向的项目也同时被删除。（　）

33. 声卡的主要功能是播放 VCD。（　）

34. 声音、图像、文字均可以在 Windows 的剪贴板暂时保存。（　）

35. 鼠标器在屏幕上产生的标记符号变为一个“沙漏”状，表明 Windows 正在执行某一处理任务，请用户稍等。（　）

36. 退出 Windows 的快捷键是【Ctrl＋F4】。（　）

37. 退出 Windows 时，直接关闭微机电源可能产生的后果：可能破坏某些程序的数据、可能造成下次启动时故障等后果。（　）

38. 微机的硬件系统与一般计算机硬件组成一样，由运算器、控制器、存储器、输入和输出设备组成。（　）

39. 微型机中的硬盘工作时，应特别注意避免强烈震动。（　）

40. 微型计算机使用的键盘上的【Shift】键称为上档键。（　）

41. 一台没有软件的计算机，称为“裸机”，它在没有软件的支持下，不能产生任何动作，不能完成任何功能。（　）

42. 用“开始”菜单中的“运行”命令执行程序，需在“运行”窗口的“打开”输入框中输入程序的路径和名称。（　）

43. 在 Windows 操作系统中，任何一个打开的窗口都有滚动条。（　）

44. 在 Windows 的“资源管理器”窗口中，通过选择“文件”菜单可以改变文件或文件夹的显示方式。（　）

45. 在 Windows 的菜单中，若某一菜单项前面带有“√”符号，则表示该菜单所代表的状态已经呈现。（　）

46. 在 Windows 环境中，用户可以同时打开多个窗口，此时只能有一个窗口处于激活状态，它的标题栏颜色与众不同。（　）

47. 在 Windows 系统中，切换 MS-DOS 后，返回到 Windows 的命令是 EXIT。（　）

48. 在 Windows 中，不能删除有文件的文件夹。（　）

49. 在 Windows 中，窗口的颜色方案是在显示器属性对话框中的设置选项卡（标签）内设置的。（　）

50. 在 Windows 中，进入 MS-DOS 方式的方法有多种。（　）

51. 在 Windows 中，可以利用控制面板或桌面任务栏最右边的时间指示器来设置系统

的日期和时间。（　）

52. 在 Windows 中，可以使用"我的电脑"或"资源管理器"来完成计算机系统的软、硬件资源管理。（　）

53. 在 Windows 中，控制面板可以用来更改计算机的设置。（　）

54. 在 Windows 中，启动资源管理器的方式至少有三种。（　）

55. 在 Windows 中，如果要把整幅屏幕内容复制到剪贴板中，可以按【PrintScreen＋Ctrl】键。（　）

56. 在 Windows 中，若要将当前窗口存入剪贴板中，可以按【Alt＋PrintScreen】键。（　）

57. 在 Windows 中，若要一次选择不连续的几个文件或文件夹，可单击第一个文件，然后按住【Shift】键再单击最后一个文件。（　）

58. 在 Windows 中，使用鼠标拖放功能，可以实现文件或文件夹的快速移动或复制。（　）

59. 在 Windows 中，通过"回收站"可以恢复所有被误删除的文件。（　）

60. 在 Windows 中，拖动鼠标执行复制操作时，鼠标光标的箭头尾部带有"!"号。（　）

61. 在 Windows 中，未格式化的磁盘不能进行快速格式化操作。（　）

62. 在 Windows 中，文件夹或文件的换名只有一种方法。（　）

63. 在 Windows 中，可以用【PrintScreen】键或【Alt＋PrintScreen】键来复制屏幕内容。（　）

64. 在 Windows 中，要更改文件名可双击文件名，然后再选择"重命名"，键入新文件名后按回车键。（　）

65. 在 Windows 中，用户可以通过设置 Windows 屏幕保护程序来实现对屏幕的保护，以减少对屏幕的损耗。（　）

66. 在 Windows 中的"资源管理器"下，对文件或文件夹图标的排列方法有五种。（　）

67. 在 Windows 中的菜单中，若某菜单项用灰色字符显示，则表示它当前能选取。（　）

68. 在 Windows 中使用资源管理器不能格式化硬盘。（　）

69. 在 Windows 资源管理器的左侧窗口中，若单击文件夹前面的"＋"，此时"＋"将变成"－"。（　）

70. 在 Windows 资源管理器的左侧窗口中，文件夹前面没有"＋"或"－"号，则表示此文件夹中既有文件夹又有文件。（　）

71. 在 Windows 资源管理器的左侧窗口中，显示的是文件夹树型结构，最高一级为"桌面"。（　）

72. 在 Windows 资源管理器的左侧窗口中，许多文件夹前面均有一个"＋"或"－"号，它们分别是展开符号和折叠符号。（　）

73. 在 Windows 中可以没有键盘，但不能没有鼠标。（　）

74. 在 Windows 中删除的内容将被存入剪贴板中。（　）

75. 在中文 Windows 中，切换到汉字输入状态的快捷键是：【Shift＋空格键】。（　）

76. 桌面上的图案和背景颜色可以通过“控制面板”中的“系统”来设置。（ ）

77. Word 文档使用的缺省扩展名是 .DOT。（ ）

78. Word 对插入的图片，不能进行放大或缩小的操作。（ ）

79. Word 对新创建的文档既能执行“另存为”命令，又能执行“保存”命令。（ ）

80. Word 是一个字表处理软件，文档中不能有图片。（ ）

81. 采用 Word 缺省的显示方式——普通方式，可以看到页码、页眉与页脚。（ ）

82. 在 Word 的编辑状态，执行“编辑”→“复制”命令后，剪贴板中的内容移到插入点。（ ）

83. 智能化不是计算机的发展趋势。（ ）

84. 在 Word 中没有提供针对选定文本的字符调整功能。（ ）

85. 在 Word 中，页面视图模式可以显示水平标尺。（ ）

86. 在 Word 中，页面视图适合于用户编辑页眉、页脚、调整页边距，以及对分栏、图形和边框进行操作。（ ）

87. 在对 Word 文档进行编辑时，如果操作错误，则执行“工具”→“自动更正”命令，以便恢复原样。（ ）

88. Excel 规定，在不同的工作表中不能将工作表的名字重复定义。（ ）

89. Excel 规定在同一个工作簿中不能引用其他工作表。（ ）

90. Excel 中当用户复制某一公式后，系统会自动更新单元格的内容，但不计算其结果。（ ）

91. Excel 中的清除操作是将单元格内容删除，包括其所在的单元格。（ ）

92. 任务栏中不能同时打开多个同一版本的 Excel 文件。（ ）

93. 在 Excel 中，可同时打开多个工作簿。（ ）

94. 在 Excel 中，删除工作表中对图表有链接的数据，图表将自动删除相应的数据。（ ）

95. 在 Excel 中，数据类型可分为数值型和非数值型。（ ）

96. 在 Excel 中，选取单元范围不能超出当前屏幕范围。（ ）

97. 在保存 Excel 工作簿的操作过程中，默认的工作簿文件名是 Book1。（ ）

98. 在幻灯片浏览视图下显示的幻灯片的大小不能改变。（ ）

99. WWW（简称万维网）和 E-mail 是 Internet 最重要的两个流行工具。（ ）

100. Internet 采用的通信协议是 TCP/IP 协议。（ ）

101. Internet 的核心内容是全球信息共享，包括文本、声音、图像等多媒体信息。（ ）

102. IP 电话的通话费用低廉，但它不是网络电话。（ ）

103. OSI 模型中最底层和最高层分别为物理层和应用层。（ ）

104. shi@online@sh.cn 是合法的 E-mail 地址。（ ）

105. 按通信传输的介质，计算机网络分为局域网和广域网。（ ）

106. 保存当前网页，可执行浏览器窗口中的“文件”→“另存为”命令。（ ）

107. 电子邮件是一种应用计算机网络进行信息传递的现代化通信手段。（ ）

108. 计算机网络按通信距离分局域网和广域网两种，Internet 是一种局域网。（ ）

109. 计算机网络能够实现资源共享。（ ）

110. 通常所说的 OSI 模型分为六层。（　　）

111. RAM 中的数据并不会因关机或断电而丢失。（　　）

112. 编译程序对源程序编译正确时，产生目标程序。（　　）

113. 程序一定要调入主存储器中才能运行。（　　）

114. 存储单元的内容可以多次读出，其内容保持不变。（　　）

115. 高级语言是人们习惯使用的自然语言和数学语言。（　　）

116. 关闭没有响应的程序可以利用【Ctrl＋Alt＋Del】键来完成。（　　）

117. 计算机高级语言是与计算机型号无关的计算机语言。（　　）

118. 计算机目前最主要的应用还是数值计算。（　　）

119. 计算机硬件系统中最核心的部件是 CPU。（　　）

120. 解释程序产生了目标程序，而汇编程序和编译程序不产生目标程序。（　　）

121. 内存储器是主机的一部分，可与 CPU 直接交换信息，存取时间快，但价格较贵，比外存储器存储的信息少。（　　）

122. 能自动连续地进行运算是计算机区别于其他计算装置的特点，也是冯・诺依曼型计算机存储程序原理的具体体现。（　　）

123. 微处理器能直接识别并执行的命令语言称为汇编语言。（　　）

124. 一般使用高级语言编写的程序称源程序。（　　）

125. 一个英文字符和一个汉字在微型计算机中存储时所占字节数的比值为 1∶2。（　　）

126. 一个字节可存放一个汉字。（　　）

127. 由全部机器指令构成的语言称为高级语言。（　　）

128. 运算器只能运算，不能存储信息。（　　）

129. 在计算机内部，一切信息存取、处理和传递的形式是 ABCII 码。（　　）

130. 在资源管理器左区中，有的文件夹前边带有“＋”号，表示此文件夹被加密。（　　）

131. 在 Excel 中，除了饼图形状与柱形图形状不同外，柱形图与饼图之间没有差别。（　　）

132. 中文输入法不能输入英文。（　　）

133. 计算机文化是指一个人所掌握的计算机基础知识和使用计算机的基本工作原理。（　　）

134. 现在使用的计算机字长都是 32 位。（　　）

135. 喷墨打印机是最经济的家用打印机。（　　）

136. 五笔字型输入法是 Windows 操作系统自身提供的一种汉字输入法。（　　）

137. 在 Windows 操作系统中，所有被删除文件都可从回收站恢复。（　　）

138. 在 Word 中的普通视图中可看到文档的分栏并排显示效果。（　　）

139. Excel 的数据类型分为数值型、字符型、日期时间型。（　　）

140. 在没有安装 PowerPoint 的计算机上无法观看演示文稿。（　　）

141. WWW 是因特网上最广泛的一种应用。（　　）

142. 在计算机中定点数表示法中的小数点是隐含约定的，而浮点数表示法中的小数点位置是浮动的。（　　）

143. 所有的十进制数都可以精确转换为二进制数。（　　）

144. 在计算机的各种输入设备中，只有键盘能输入汉字。（　　）

145. 不同厂家生产的计算机一定互相不兼容。（　　）

146. 一个 CPU 所能执行的全部指令的集合，构成该 CPU 的指令系统。每种类型的 CPU 都有自己的指令系统。（　　）

147. CPU 与内存的工作速度几乎差不多，增加 cache 只是为了扩大内存的容量。（　　）

148. PC 的主板上有电池，它的作用是在计算机断电后，给 CMOS 芯片供电，保持芯片中的信息不丢失。（　　）

149. USB 接口是一种数据的高速传输接口，目前，通常连接的设备有移动硬盘、优盘、鼠标器、扫描仪等。（　　）

150. 指令是控制计算机工作的命令语言，计算机的功能通过指令系统反映出来。（　　）

151. “程序存储和程序控制”思想是微型计算机的工作原理，对巨型机和大型机不适用。（　　）

152. TCP/IP 协议是一组协议的统称，其中两个主要的协议即 TCP 协议和 IP 协议。（　　）

153. TCP 协议负责数据的传输，而 IP 协议负责数据的可靠传输。（　　）

154. 域名是 Internet 中主机地址的数字表示。（　　）

155. 用户在连接网络时，只可以使用域名，不可以使用 IP 地址。（　　）

156. 在 Internet 上，IP 地址、E-mail 地址都是唯一的。（　　）

157. 使用 E-mail 可以同时将一封邮件发给多个收件人。（　　）

158. 多台计算机相连，就形成了一个网络系统。（　　）

159. 在 Internet 上，每一个电子邮件用户所拥有的电子邮件地址称为 E-mail 地址，它具有如下统一格式：用户名@主机域名。（　　）

160. Excel 是一种编辑单独的数据库中包含的数据的理想工具。（　　）

161. FTP 是 Internet 中的一种文件传输服务，它可以将文件下载到本地计算机中。（　　）

162. WWW 是一种基于超文本方式的信息查询工具，可在 Internet 上组织和呈现相关的信息和图像。（　　）

163. 万维网（WWW）是一种广域网。（　　）

164. Excel 难以直观地传达信息。（　　）

165. 作为局域网中一名普通用户，可以使用网络中共享的资源，但不能把自己机器的资源提供给网络中的其他用户。（　　）

166. “网上邻居”可以显示计算机所连接的网络上的所有计算机、共享文件夹、打印机等资源。（　　）

167. 安装网络打印机与安装本地打印机完全相同。（　　）

168. “自定义动画”任务窗格是设置声音以使其仅在当前幻灯片中播放的位置。（　　）

169. 从逻辑功能上看，可以把计算机网络分成通信子网和资源子网两个子网。（　　）

170. 不能在不同的工作簿中移动和复制工作表。（　　）

171. 如果想清除分类汇总回到数据清单的初始状态，可以单击分类汇总对话框中的“全部删除”按钮。（　）

172. 筛选是根据给定的条件，从数据清单中找出并显示满足条件的记录，不满足条件的记录被删除。（　）

173. Word 中的文本信息可以在幻灯片中正常调用。（　）

174. 进行幻灯片版式选择时可包括 28 种版式。（　）

175. 每张幻灯片中只能包含一个链接点。（　）

176. 演示文稿设计模板的扩展名为 .POT。（　）

177. 在建立演示文稿内容向导中的选择类型一步中，可以通过单击“添加”按钮来加入其他的演示文稿类型。（　）

178. 幻灯片中的所有内容都将在大纲模式下全部显示。（　）

179. 在幻灯片浏览视图模式下，以最小化形式显示演示文稿，是将幻灯片以最小化的形式放在任务栏上。（　）

180. 演示文稿一般按原来的顺序依次放映，有时需要改变这种顺序，这可以借助于超级链接的方法来实现。（　）

181. 幻灯片中的声音总是在执行到该幻灯片时自动播放。（　）

182. 在 PowerPoint 中，用“自定义动画”方式设置动画效果时，能根据需要重新设计各对象出现的顺序。（　）

183. 在 PowerPoint 中，艺术字可以放大或缩小，但不能自由旋转。（　）

184. 在 PowerPoint 中，可以把多个图形作为一个整体进行移动、复制或改变大小。（　）

185. 执行“幻灯片放映”菜单→“设置放映方式”命令，可以设置演示文稿的放映方式。（　）

186. 为了改变幻灯片的配色方案，应执行“格式”菜单→“幻灯片配色方案”命令，在出现的“配色方案”对话框中选择配色方案。（　）

187. 要将幻灯片的标题文本颜色一律改为红色，只需在幻灯片母版上做一次修改即可，并且以后的幻灯片上的标题文本也为红色。（　）

188. 在幻灯片浏览视图下，不能采用剪切、粘贴的方法移动幻灯片。（　）

189. 在 PowerPoint 中，普通视图下，可以同时显示幻灯片、大纲和备注。（　）

190. 要在幻灯片非占位符的空白处增加文本，可以先单击目标位置，然后输入文本。（　）

191. 在 PowerPoint 中，普通视图包含两个区：大纲区和幻灯片区。（　）

192. 幻灯片浏览视图中，屏幕上可以同时看到演示文稿的多幅幻灯片的缩略图。（　）

193. 幻灯片放映视图可以看到对幻灯片演示设置的各种放映效果。（　）

194. 在打印预览下查看备注页，并发现备注的某些文本格式并不是所需的格式。此时，可以继续操作并在打印预览中对此进行更正。（　）

195. 要使用键盘快捷方式，记忆力要好。（　）

196. 必须处于页面视图中才能查看或自定义文档中的水印。（　）

197. 八进制数 13657 与二进制数 1011110101111 的值是相等的。（　）

198. 计算机常用的输入设备为键盘、鼠标，常用的输出设备有显示器、打印机。 ( )

199. Windows 操作系统中的图形用户界面（GUI）使用窗口显示正在运行的应用程序的状态。 ( )

200. 一般将使用高级语言编写的程序称为源程序，这种程序不能直接在计算机中运行，需要有相应的语言处理程序翻译成机器语言程序才能执行。 ( )

201. 可以向二维表中重复插入相同的元组。 ( )

202. 计算机网络按使用范围可分为公用网和专用网。 ( )

203. Unix 文件系统与 Windows 文件系统兼容。 ( )

204. Java 语言是一种面向对象的程序设计语言，特别适用于网络环境的软件开发。 ( )

205. 计算机辅助设计和计算机辅助制造的英文缩写分别是 CAM 和 CAD。 ( )

206. USB 接口是一种通用的总线式并行接口，适用于连接键盘、鼠标、数码相机和外接硬盘等外设。 ( )

207. 著名的 UNIX 操作系统是用 C 语言编写的。 ( )

208. 高级语言的控制结构主要包含：①顺序结构；②自顶向下结构；③重复结构。 ( )

209. 结构化方法将信息系统软件生命分为系统规划、系统分析、系统设计、系统实施和系统维护五个阶段。 ( )

210. 将项目符号列表更改为编号列表的最有效方法是单击功能区上的“项目符号”按钮来删除项目符号，然后单击“编号”按钮来添加编号。 ( )

211. Word 在文本下加上了红色的下划线，该单词肯定拼写有错误。 ( )

212. 在删除文本之后，仍可以恢复它。 ( )

213. 要将文本从一个位置移到另一个位置，需要复制文本。 ( )

214. 要浏览文档，必须按向下键以从上向下浏览文档。 ( )

215. 添加格式和样式时请务必小心，以后无法再进行更改。 ( )

216. 可以更改快速样式集中的颜色或字体。 ( )

217. 在 Excel 中，“名称框”显示活动单元格的内容。 ( )

218. 在新工作表中，必须先在单元格 A1 中键入内容。 ( )

219. 每个新工作簿都包含三个工作表，可以根据需要更改自动编号。 ( )

220. 在 Excel 中，按【Enter】键可将插入点向右移动一个单元格。 ( )

221. 在 Excel 中，要添加列，应当在要插入新列的位置右侧的列中，单击任意单元格。 ( )

222. 在 Excel 中，要添加新行，应在紧靠要插入新行的位置上方的行中，单击任意单元格。 ( )

223. 在 Microsoft Excel 中，2011-8-22 和 22-August-2011 存储为不同的序列数。 ( )

224. 在 Excel 中，生成数据透视表后，将无法更改其布局。 ( )

225. 可以从某些幻灯片版式中的图标中插入文本框。 ( )

226. 在 Excel 中，当某个字段旁边显示加号（+）时，表示该报表中存在有关该字段

的详细信息。（　　）

227. 在 Excel 中，可以看到是否向字段应用了筛选。（　　）

228. 可以通过在“数据透视表字段列表”中单击来清除筛选。（　　）

229. 具有多媒体功能的微型计算机系统，常用 CD-ROM 作为外存储器，它是可读可写光盘。（　　）

230. 指令和数据在计算机内部都是以拼音码形式存储的。（　　）

231. 在 OSI 参考模型中，表示层负责在各个相邻节点间的线路上无差错地传送以帧为单位的数据。（　　）

理论技能训练项目三　单项选择

1. C 的 ASCII 码为 1000011，则 G 的 ASCII 码为（　　）。
A. 1000100　　B. 1001001　　C. 1000111　　D. 1001010

2. WAN 被称为（　　）。
A. 广域网　　B. 中程网　　C. 近程网　　D. 局域网

3. 按使用器件划分计算机发展史，当前使用的微型计算机是（　　）。
A. 集成电路　　B. 晶体管
C. 电子管　　D. 超大规模集成电路

4. 窗口的移动可通过鼠标选取（　　）后按住左键不放，至任意处松开来实现。
A. 标题栏　　B. 工具栏　　C. 状态栏　　D. 菜单栏

5. 从第一台计算机诞生到现在的 50 多年中，计算机的发展经历了（　　）个阶段。
A. 3　　B. 4　　C. 5　　D. 6

6. 第二代电子计算机使用的电子器件是（　　）。
A. 电子管　　B. 晶体管
C. 集成电路　　D. 超大规模集成电路

7. 第一台电子计算机 ENIAC 诞生于（　　）年。
A. 1927　　B. 1936　　C. 1946　　D. 1951

8. 二进制数 100110.101 转换为十进制数是（　　）。
A. 38.625　　B. 46.5　　C. 92.375　　D. 216.125

9. 二进制数 10101 转换成十进制数为（　　）。
A. 10　　B. 15　　C. 11　　D. 21

10. 网络中各节点的互联方式叫做网络的（　　）。
A. 拓扑结构　　B. 协议　　C. 分层结构　　D. 分组结构

11. 和十进制数 225 相等的二进制数是（　　）。
A. 11100001　　B. 11111110　　C. 10000000　　D. 11111111

12. 计算机的发展阶段通常是按计算机所采用的（　　）来划分的。
A. 内存容量　　B. 物理器件
C. 程序设计语言　　D. 操作系统

13. 计算机的发展经历了电子管时代、（　　）、集成电路时代和大规模集成电路时代。

A. 网络时代　B. 晶体管时代
C. 数据处理时代　D. 过程控制时代

14. 计算机的软件系统分为（　　）。
A. 程序和数据　B. 工具软件和测试软件
C. 系统软件和应用软件　D. 系统软件和测试软件

15. 计算机系统是由（　　）组成的。
A. 主机及外部设备　B. 主机键盘显示器和打印机
C. 系统软件和应用软件　D. 硬件系统和软件系统

16. 目前普遍使用的微型计算机，所采用的逻辑元件是（　　）。
A. 电子管　B. 大规模和超大规模集成电路
C. 晶体管　D. 小规模集成电路

17. 十六进制数 1000 转换十进制数是（　　）。
A. 8192　B. 4096　C. 1024　D. 2048

18. 使用得最多、最普通的是（　　）字符编码，即美国信息交换标准代码。
A. BCD　B. 输入码　C. 校验码　D. ASCII

19. 世界上的第一台电子计算机诞生于（　　）。
A. 中国　B. 日本　C. 德国　D. 美国

20. 计算机按原理可分为（　　）。
A. 科学计算、数据处理和人工智能计算机
B. 电子模拟和电子数字计算机
C. 巨型、大型、中型、小型和微型计算机
D. 便携、台式和微型计算机

21. 下面换算正确的是（　　）。
A. 1kB=512 字节　B. 1MB=512kB
C. 1MB=1024000 字节　D. 1MB=1024kB；1kB=1024 字节

22. 一个字节等于（　　）。
A. 2 个二进制位　B. 4 个二进制位
C. 8 个二进制位　D. 16 个二进制位

23. 在计算机中，1kB 等于（　　）。
A. 1000 个字节　B. 1024 个字节
C. 1000 个二进制位　D. 1024 个二进制位

24. 在软件方面，第一代计算机主要使用（　　）。
A. 机器语言　B. 高级程序设计语言
C. 数据库管理系统　D. BASIC 和 FORTRAN

25. 四个字节应由（　　）个二进制位表示。
A. 16　B. 32　C. 48　D. 64

26. CPU 包括（　　）。
A. 控制器、运算器和内存储器　B. 控制器和运算器
C. 内存储器和控制器　D. 内存储器和运算器

27. CPU 的中文含义是（　　）。

A. 中央处理器　　B. 外存储器　　C. 微机系统　　D. 微处理器

28. CPU 的主要功能是进行（　　）。

A. 算术运算　　B. 逻辑运算

C. 算术逻辑运算　　D. 算术逻辑运算与全机的控制

29. Excel 工作表最多有（　　）列。

A. 65535　　B. 256　　C. 254　　D. 128

30. Excel 中，让某单元格里的数值保留二位小数，下列（　　）不可实现。

A. 执行“数据”→“有效数据”命令

B. 选择单元格右击，在弹出的快捷菜单中执行“设置单元格格式”命令

C. 单击工具条上的按钮“增加小数位数”或“减少小数位数”

D. 执行菜单“格式”→“单元格...”命令

31. PC 机除加电冷启动外，按（　　）键相当于冷启动。

A. Ctrl＋Break　　B. Ctrl＋Prtsc　　C. Reset 按钮　　D. Ctrl＋Alt＋Del

32. Windows 的整个显示屏幕称为（　　）。

A. 窗口　　B. 操作台　　C. 工作台　　D. 桌面

33. Windows 的文件夹组织结构是一种（　　）。

A. 表格结构　　B. 树型结构　　C. 网状结构　　D. 线性结构

34. Windows 中通过控制面板中的（　　）调整显示器的垂直刷新率。

A. 系统　　B. 辅助选项　　C. 显示　　D. 添加新硬件

35. Windows 中文件的扩展名的长度为（　　）。

A. 1 个　　B. 2 个　　C. 3 个　　D. 4 个

36. Windows 中自带的网络浏览器是（　　）。

A. NETSCAPE　　B. Internet Explorer　　C. CUTFTP　　D. HOT-MAIL

37. Windows 中，文件名中不能包括的符号是（　　）。

A. ＃　　B. ＞　　C. ～　　D. ；

38. 不是计算机的输出设备的是（　　）。

A. 显示器　　B. 绘图仪　　C. 打印机　　D. 扫描仪

39. 不是计算机输入设备的是（　　）。

A. 键盘　　B. 绘图仪　　C. 鼠标　　D. 扫描仪

40. 不是计算机存储设备的是（　　）。

A. 软盘　　B. 硬盘　　C. 光盘　　D. CPU

41. 打印机不能打印文档的原因不可能是因为（　　）。

A. 没有连接打印机　　B. 没有设置打印机

C. 没有经过打印预览查看　　D. 没有安装打印驱动程序

42. 高速缓冲存储器是（　　）。

A. SRAM　　B. DRAM　　C. ROM　　D. cache

43. 计算机硬件中，没有（　　）。

A. 控制器　　B. 存储器

C. 输入/输出设备　　D. 文件夹

44. 计算机中既可作为输入设备又可作为输出设备的是（　　）。

A. 打印机　B. 显示器　C. 鼠标　D. 磁盘

45. 能使小键盘区在编辑功能和光标控制功能之间转换的按键是（　　）。

A. Insert　B. Page Up　C. Caps Lock　D. NumLock

46. 在 Word 的编辑状态，进行字体设置操作后，按新设置的字体显示的文字是（　　）。

A. 插入点所在段落中的文字　B. 文档中被选择的文字

C. 插入点所在行中的文字　D. 文档的全部文字

47. 进入 Excel 编辑环境后，系统将自动创建一个工作簿，名为（　　）。

A. Book1　B. 文档 1　C. 文件 1　D. 未命名 1

48. ROM 是指（　　）。

A. 存储器规范　B. 随机存储器　C. 只读存储器　D. 存储器内存

49. 存储容量是按（　　）为基本单位计算。

A. 位　B. 字节　C. 字符　D. 数

50. 当关掉电源后，对半导体存储器而言，下列叙述正确的是（　　）。

A. RAM 的数据不会丢失　B. ROM 的数据不会丢失

C. CPU 中数据不会丢失　D. ALU 中数据不会丢失

51. 段落标记是在输入什么之后产生的（　　）。

A. 句号　B. Enter　C. Shift＋Enter　D. 分页符

52. 断电会使存储数据丢失的存储器是（　　）。

A. RAM　B. 硬盘　C. 软盘　D. ROM

53. 高级语言编写的程序必须将它转换成（　　）程序，计算机才能执行。

A. 汇编语言　B. 机器语言　C. 中级语言　D. 算法语言

54. 机器语言程序在机器内是以（　　）形式表示的。

A. BDC　B. 二进制编码　C. 字母码　D. 符号码

55. 计算机的指令主要存放在（　　）中。

A. 存储器　B. 微处理器　C. CPU　D. 键盘

56. 计算机具有强大的功能，但它不可能（　　）。

A. 高速准确地进行大量数值运算　B. 高速准确地进行大量逻辑运算

C. 对事件作出决策分析　D. 取代人类的智力活动

57. 计算机中运算器的作用是（　　）。

A. 控制数据的输入/输出　B. 控制主存与辅存间的数据交换

C. 完成各种算术运算和逻辑运算　D. 协调和指挥整个计算机系统的操作

58. “绿色电脑”是指（　　）。

A. 计算机外壳是绿色的　B. 显示的颜色是绿色的

C. 主机板是绿色的　D. 计算机具有节能功能

59. 内存的大部分由 RAM 组成，其中存储的数据在断电后（　　）丢失。

A. 不会　B. 部分　C. 完全　D. 不一定

60. 能直接让计算机识别的语言是（　　）。

A. C　B. BASIC　C. 汇编语言　D. 机器语言

61. 使用高级语言编写的程序为（　　）。

A. 应用程序　B. 源程序　C. 目标程序　D. 系统程序

62. 通常将运算器和（　　）合称为中央处理器，即 CPU。

A. 存储器　　B. 输入设备　　C. 输出设备　　D. 控制器

63. 微型计算机的分类通常以微处理器的（　　）来划分。

A. 规格　　B. 芯片名　　C. 字长　　D. 寄存器数目

64. 下列不能用作存储容量单位的是（　　）。

A. Byte　　B. MIPS　　C. kB　　D. GB

65. 下列不属于微机总线的是（　　）。

A. 地址总线　　B. 通信总线　　C. 控制总线　　D. 数据总线

66. 下列程序不属于附件的是（　　）。

A. 计算器　　B. 记事本　　C. 网上邻居　　D. 画笔

67. 下列软件中（　　）一定是系统软件。

A. 自编的一个 C 程序，功能是求解一个一元二次方程

B. Windows 操作系统

C. 用汇编语言编写的一个练习程序

D. 存储有计算机基本输入/输出系统的 ROM 芯片

68. 下列软件中不是操作系统的是（　　）。

A. WPS　　B. Windows　　C. DOS　　D. UNIX

69. 下列软件中不是系统软件的是（　　）。

A. DOS　　B. Windows　　C. C 语言　　D. UNIX

70. 下列有关回收站的说法中，正确的是（　　）。

A. 被删除到回收站里的文件不能再恢复

B. 回收站不占用磁盘空间

C. 当回收站的空间被用空时，被删除的文件将直接从磁盘上彻底删除

D. 使用“清空回收站”命令后，文件还可以被还原

71. 选用中文输入法后，可以用（　　）实现全角和半角的切换。

A. 按【Caps Lock】键　　B. 按【Ctrl＋圆点键】

C. 按【Shift＋空格键】　　D. 按【Ctrl＋空格键】

72. 运算器的主要功能是（　　）。

A. 控制计算机各部件协同动作进行计算

B. 进行算术和逻辑运算

C. 进行运算并存储结果

D. 进行运算并存取数据

73. 运算器为计算机提供了计算与逻辑功能，因此称它为（　　）。

A. CPU　　B. EPROM　　C. ALU　　D. CTU

74. 在关机后（　　）中存储的内容就会丢失。

A. ROM　　B. RAM　　C. EPROM　　D. 硬盘数据

75. 在微型计算机中，应用最普遍的字符编码是（　　）。

A. BCD 码　　B. ASCII 码　　C. 汉字编码　　D. 二进制

76. 中央处理器的英文缩写是（　　）。

A. CAD　　B. CAI　　C. CAM　　D. CPU

77. 以程序存储和程序控制为基础的计算机结构是由（ ）提出的。

A. 布尔 B. 冯・诺依曼 C. 图灵 D. 帕斯卡

78. cache 的功能是（ ）。

A. 数据处理 B. 存储数据和指令

C. 存储和执行程序 D. 以上全不是

79. 微机的硬件由（ ）五部分组成。

A. CPU、总线、主存、辅存和 I/O 设备

B. CPU、运算器、控制器、主存和 I/O 设备

C. CPU、控制器、主存、打印机和 I/O 设备

D. CPU、运算器、主存、显示器和 I/O 设备

80. 计算机突然停电，则计算机（ ）中的数据会全部丢失。

A. 硬盘 B. 光盘 C. RAM D. ROM

81. 计算机中的地址是指（ ）。

A. CPU 中指令编码 B. 存储单元的有序编号

C. 软盘的磁道数 D. 数据的二进制编码

82. 计算机中的西文字符的标准 ASCII 码由（ ）位二进制数组成。

A. 16 B. 4 C. 7 D. 8

83. 汉字在计算机方面，是以（ ）形式输出的。

A. 内码 B. 外码 C. 国标码 D. 字形码

84. 计算机中数据的表示形式是（ ）。

A. 八进制 B. 十进制 C. 十六进制 D. 二进制

85. 组成 Windows 桌面的元素有（ ）。

A. 标题栏、菜单栏、工具按钮和工作区

B. 桌面墙纸、桌面图标和任务栏

C. 桌面图标、标题栏、任务栏和工具按钮

D. 桌面、图标、任务栏、开始按钮和中英文切换按钮

86. 在用键盘切换输入法时，用（ ）可以在中、英文输入法之间切换；用（ ）可以在安装的全部输入法之间切换。

A. Ctrl＋空格、Ctrl＋Shift

B. Ctrl＋Shift、Ctrl＋空格

C. Ctrl＋Shift、Ctrl＋回车

D. Ctrl＋回车、Shift＋回车

87. 在 Windows 操作系统中，（ ）。

A. 在根目录下允许建立多个同名的文件或文件夹

B. 同一文件夹中可以建立两个同名的文件或文件夹

C. 在不同的文件夹中不允许建立两个同名的文件或文件夹

D. 同一文件夹中不允许建立两个同名的文件或文件夹

88. 对新盘进行格式化时，可以选择（ ）。

A. 仅复制系统文件

B. 快速格式化时选择“复制系统文件”

C. 快速（消除）格式化
D. 全面格式化

89. 直接删除文件，不送入回收站的快捷键是（ ）。
A. Ctrl＋Del B. Shift＋Del C. Alt＋Del D. Del

90. 运行磁盘碎片整理程序可以（ ）。
A. 增加磁盘的存储空间 B. 找回丢失的文件碎片
C. 加快文件的读写速度 D. 整理破碎的磁盘片

91. 控制面板的作用是（ ）。
A. 安装管理硬件设备 B. 添加/删除应用程序
C. 改变桌面屏幕设置 D. 进行系统管理和系统设置

92. Word 应用程序窗口中的各种工具栏可以通过（ ）进行增减。
A. “文件”菜单的“属性”命令 B. “工具”菜单的“选项”命令
C. “视图”菜单的“工具栏”命令 D. “文件”菜单的“页面设置”命令

93. Word 文本编辑中，（ ）实际上应该在文档的编辑、排版和打印等操作之前进行，因为它对许多操作都将产生影响。
A. 页码设定 B. 打印预览 C. 字体设置 D. 页面设置

94. Word 的最大的特点是（ ）。
A. 有丰富的字体 B. 所见即所得
C. 强大的制表功能 D. 图文混排

95. 在 Word 中，除了“格式”工具栏上的字体、字号、粗体、下划线按钮之外，（ ）具有更为丰富的字体格式设置功能。
A. “格式”菜单中的“字体”命令 B. “常用”工具栏中的“字体”按钮
C. “视图”菜单中的“字体”命令 D. “控制面板”中的“字体”选项

96. Word 文本编辑中，文字的输入方式有插入和改写两种，要将插入方式转换为改写方式，则可按（ ）。
A. Ctrl B. Del C. Insert D. Shift

97. 在 Word 文本中，当鼠标移动到正文左边，形成右向上箭头时，连续单击鼠标（ ）次可以选定全文。
A. 4 B. 3 C. 2 D. 1

98. 关闭当前文件的快捷键是（ ）。
A. Ctrl＋F4 B. Ctrl＋F6 C. Alt＋F4 D. Alt＋F5

99. 为在 Word 文档中获得艺术字的效果，可以选用下列哪种方法（ ）。
A. 执行“常用”工具栏中的“绘图”按钮
B. Window 中的“画图”程序
C. 执行“格式”→“字体”命令
D. 执行“插入”→“图片”命令

100. 在 Excel 中，用来储存并处理工作数据的文件称为（ ）。
A. 工作表 B. 文件 C. 工作簿 D. 文档

101. Excel 是微软 Office 套装软件之一，它属于（ ）软件。
A. 电子表格 B. 文字输入 C. 公式计算 D. 公式输入

102. 在 Excel 中单元格的条件格式在（　　）菜单中。

A. 文件　　B. 视图　　C. 编辑　　D. 格式

103. 在 Excel 中对某列作升序排序时，则该列上有完全相同项的行将（　　）。

A. 保持原始次序　　B. 逆序排列　　C. 重新排序　　D. 排在最后

104. 新建的 Excel 工作簿窗口中默认包含（　　）个工作表。

A. 1　　B. 2　　C. 3　　D. 4

105. 在 Excel 的单元格中，如要输入数字字符串 02510201（学号）时，应输入（　　）。

A. '02510201　　B. "02510201"　　C. 02510201'　　D. 2510201

106. 在 Excel 工作表中，当前单元格的填充句柄在其（　　）。

A. 左上角　　B. 右上角　　C. 左下角　　D. 右下角

107. Excel 文件的扩展名为（　　）。

A. . DOC　　B. . XLS　　C. . EXC　　D. . EXE

108. PowerPoint 演示文稿文件的后缀是（　　）。

A. . PPT　　B. . XLS　　C. . EXE　　D. . POT

109. 要对演示文稿中所有幻灯片做同样的操作（如改变所有标题的颜色与字体），以下选项正确的是（　　）。

A. 使用制作副本　　B. 使用设计模板

C. 使用母版　　D. 使用幻灯片版面设计

110. 删除幻灯片的选项在（　　）菜单中。

A. 编辑　　B. 格式　　C. 插入　　D. 工具

111. 在（　　）菜单中可实现"幻灯片切换"命令。

A. 视图　　B. 格式　　C. 工具　　D. 幻灯片放映

112. OSI 开放式网络系统互联标准的参考模型由（　　）层组成。

A. 5　　B. 6　　C. 7　　D. 8

113. 在计算机网络中，LAN 网指的是（　　）。

A. 局域网　　B. 广域网　　C. 城域网　　D. 以太网

114. 下列（　　）是计算机网络的功能。

A. 文件传输　　B. 设备共享　　C. 信息传递与交换　　D. 以上均是

115. Internet 的基础协议是（　　）。

A. OSI　　B. NetBEUI　　C. IPX/SPX　　D. TCT/IP

116. 双击鼠标左键一般表示（　　）。

A. "选中"，"打开"或"拖放"　　B. "选中"，"指定"或"切换到"

C. "拖放"，"指定"或"启动"　　D. "启动"，"打开"或"运行"

117. 以微处理器为核心组成的微型计算机属于（　　）计算机。

A. 第一代　　B. 第二代　　C. 第三代　　D. 第四代

118. 计算机中，RAM 因断电而丢失的信息待再通电后（　　）恢复。

A. 能全部　　B. 不能全部　　C. 能部分　　D. 一点不能

119. 微型计算机的运算器、控制器及内存储器统称为（　　）。

A. CPU　　B. ALU　　C. 主机　　D. GPU

120. 1MB=（　　）。

A. 1000B　　B. 1024B　　C. 1000kB　　D. 1024kB

121. 在下列有关 USB 接口的说法中，正确的是（　　）。

A. USB 接口的外观为一圆形

B. USB 接口可用于热拔插场合的接插

C. USB 接口的最大传输距离为 5m

D. USB 采用并行接口方式，数据传输率很高

122. 下面关于内存储器（也称为主存）的叙述中，正确的是（　　）。

A. 内存储器和外存储器是统一编址的，字是存储器的基本编址单位

B. 内存储器与外存储器相比，存取速度慢、价格便宜

C. 内存储器与外存储器相比，存取速度快、价格贵

D. RAM 和 ROM 在断电后信息将全部丢失

123. 外存储器中的信息，必须首先调入（　　），然后才能供 CPU 使用。

A. RAM　　B. 运算器　　C. 控制器　　D. ROM

124. 电子计算机的工作原理可概括为（　　）。

A. 程序设计　　B. 运算和控制

C. 执行指令　　D. 存储程序和程序控制

125. 在 Excel 中，单击工作表中的行标签，则选中（　　）。

A. 一个单元格　　B. 一行单元格　　C. 一列单元格　　D. 全部单元格

126. F 的 ASCII 码值是（　　）。

A. 70　　B. 69　　C. 71　　D. 78

127. 输入或编辑 PowerPoint 幻灯片标题和正文应在（　　）下进行。

A. 幻灯片浏览视图模式　　B. 幻灯片备注页视图模式

C. 幻灯片视图模式　　D. 幻灯片大纲视图模式

128. 将二进制 1001101 转换成十六进制数为（　　）。

A. 3C　　B. 4C　　C. 4D　　D. 4F

129. 将二进制数 1011010 转换成十六进制数是（　　）。

A. 132　　B. 90　　C. 5A　　D. A5

130. 局域网 LAN 是指在（　　）范围内的网络。

A. 5km　　B. 10km　　C. 50km　　D. 100km

131. 十进制数 215 对应的十六进制数是（　　）。

A. B7　　B. C7　　C. D7　　D. DA

132. 十进制数 269 转换成 16 进制数为（　　）。

A. 10B　　B. 10C　　C. 10D　　D. 10E

133. 下列四个不同进制数中，最大的一个是（　　）。

A. 十进制数 45　　B. 十六进制数 2E

C. 二进制数 110001　　D. 八进制数 57

134. 下列四个不同数制中的最小数是（　　）。

A. （213）D　　B. （1111111）B　　C. （D5）H　　D. （416）O

135. 下面（　　）可能是八进制数。

A. 190　　B. 203　　C. 395　　D. ace

136. 下面的数值中，（　　）肯定是十六进制数。

A. 1011　　B. DDF　　C. 84EK　　D. 125M

137. 有一个数值 152，它与十六进制数 6A 相等，那么该数值是（　　）。

A. 二进制数　　B. 八进制数　　C. 十进制数　　D. 四进制数

138. 与二进制数 101.01011 等值的十六进制数为（　　）。

A. A.B　　B. 5.51　　C. A.51　　D. 5.58

139. 与十六进制数 AB 等值的十进制数是（　　）。

A. 175　　B. 176　　C. 177　　D. 171

140. “开始”菜单的“文档”选项中列出了最近使用过的文档清单，其数目最多可达（　　）。

A. 4　　B. 15　　C. 10　　D. 12

141. Excel 的文档窗口标题栏的右边有（　　）个按钮。

A. 1　　B. 2　　C. 3　　D. 4

142. 【Shift】键在键盘中的（　　）。

A. 主要输入区　　B. 编辑键区　　C. 小键盘区　　D. 功能键区

143. Windows 中文输入法的安装按以下步骤进行（　　）。

A. 按“开始”→“设置”→“控制面板”→“输入法”→“添加”的顺序操作

B. 按“开始”→“设置”→“控制面板”→“字体”的顺序操作

C. 按“开始”→“设置”→“控制面板”→“系统”的顺序操作

D. 按“开始”→“设置”→“控制面板”→“添加/删除程序”的顺序操作

144. 打印页码 4～10，16，20 表示打印的是（　　）。

A. 第 4 页，第 10 页，第 15 页，第 20 页

B. 第 4 页至第 10 页，第 16 页至第 20 页

C. 第 4 页至第 10 页，第 16 页，第 20 页

D. 第 4 页至第 10 页，第 16 页，第 21 页

145. 若 Windows 的菜单命令后面有省略号（…），就表示系统在执行此菜单命令时需要通过（　　）询问用户，获取更多的信息。

A. 窗口　　B. 文件　　C. 对话框　　D. 控制面板

146. 下列关于 Windows 菜单的说法中，不正确的是（　　）。

A. 命令前有“·”记号的菜单选项，表示该项已经选用

B. 当鼠标指向带有黑色箭头符号的菜单选项时，弹出一个子菜单

C. 带省略号（…）的菜单选项执行后会打开一个对话框

D. 用灰色字符显示的菜单选项表示相应的程序被破坏

147. 在“任务栏”中的任何一个按钮都代表着（　　）。

A. 一个可执行的程序　　B. 一个正在执行的程序

C. 一个缩小的程序窗口　　D. 一个不工作的程序窗口

148. 完整的计算机硬件系统一般包括外部设备和（　　）。

A. 运算器的控制器　　B. 存储器　　C. 主机　　D. 中央处理器

149. 显示器必须与（　　）配合使用。

A. 显示卡　　B. 打印机　　C. 声卡　　D. 光驱

150. 显示器的显示效果与（　　）有关。

A. 显示卡　　B. 中央处理器　　C. 内存　　D. 硬盘

151. 以下关于 CPU，说法（　　）是错误的。

A. CPU 是中央处理单元的简称

B. CPU 能直接为用户解决各种实际问题

C. CPU 的档次可粗略地表示微机的规格

D. CPU 能高速、准确地执行人预先安排的指令

152. 在 Word 的表格操作中，改变表格的行高与列宽可用鼠标操作，方法是（　　）。

A. 当鼠标指针在表格线上变为双箭头形状时拖动鼠标

B. 双击表格线

C. 单击表格线

D. 单击“拆分单元格”按钮

153. 在 Windows 中，能弹出对话框的操作是（　　）。

A. 选择了带省略号的菜单项

B. 选择了带向右三角形箭头的菜单项

C. 选择了颜色变灰的菜单项

D. 运行了与对话框对应的应用程序

154. 在“打印机”窗口中有一正被打印的文档，执行“文档”菜单项中的（　　）命令可暂停打印。

A. 取消　　B. 暂停　　C. 查看　　D. 删除

155. 在 Windows 中在实施打印前（　　）。

A. 需要安装打印应用程序

B. 用户需要根据打印机的型号，安装相应的打印机驱动程序

C. 不需要安装打印机驱动程序

D. 系统将自动安装打印机驱动程序

156. 在 Windows 窗口中按（　　）组合键可以打开菜单上的“查看”。

A. Alt＋F　　B. Alt＋E　　C. Alt＋V　　D. Alt＋H

157. 在 Windows 中，如果要安装 Windows 附加组件，应选择（　　）。

A. “控制面板”中的“安装/卸装”　　B. “控制面板”中的“安装 Windows”

C. “控制面板”中的“启动盘”　　D. 不可以安装

158. 在 Windows 中，要改变屏幕保护程序的设置，应首先双击控制面板窗口中的（　　）。

A. “多媒体”图标　　B. “显示”图标

C. “键盘”图标　　D. “系统”图标

159. 以下哪种操作不需要连入 Internet（　　）。

A. 发电子邮件　　B. 接收电子邮件　　C. 申请电子邮件　　D. 撰写电子邮件

160. 在 Windows 的“资源管理器”窗口中，如果想一次选定多个分散的文件或文件夹，正确的操作是（　　）。

A. 按住【Ctrl】键，右击，逐个选取　　B. 按住【Ctrl】键，单击，逐个选取

C. 按住【Shift】键，右击，逐个选取　　D. 按住【Shift】键，单击，逐个选取

161. 欲编辑页眉和页脚可单击（　　）菜单。

A. 文件　　B. 编辑　　C. 插入　　D. 视图

162. 在 Windows 的回收站中，可以恢复（　　）。
A. 从硬盘中删除的文件或文件夹
B. 从软盘中删除的文件或文件夹
C. 剪切掉的文档
D. 从光盘中删除的文件或文件夹

163. 在 Excel 工作表中，F3 为当前单元格，若将 F3 单元格中的内容清除，下列操作中不正确的是（　　）。
A. 通过“编辑”菜单中的“删除”命令完成
B. 通过“编辑”菜单中的“清除”命令完成
C. 通过“编辑”菜单中的“剪切”命令完成
D. 按【Delete】键

164. PowerPoint 中，在浏览视图下，按住【Ctrl】并拖动某幻灯片，可以完成（　　）操作。
A. 移动幻灯片　　B. 复制幻灯片　　C. 删除幻灯片　　D. 选定幻灯片

165. 在使用计算机时，如果发现计算机频繁地读写硬盘，可能存在的问题是（　　）。
A. 中央处理器的速度太慢　　B. 硬盘的容量太小
C. 内存的容量太小　　D. 软盘的容量太小

166. 在 Word 的编辑状态，执行“编辑”菜单中的“粘贴”命令后（　　）。
A. 被选择的内容移到插入点　　B. 被选择的内容移到剪贴板
C. 剪贴板中的内容移到插入点　　D. 剪贴板中的内容复制到插入点

167. 在 Windows 的“资源管理器”窗口左部，单击文件夹图标左侧的加号（+）后，屏幕上显示结果的变化是（　　）。
A. 窗口左部显示的该文件夹的下级文件夹消失
B. 该文件夹的下级文件夹显示在窗口右部
C. 该文件夹的下级文件夹显示在窗口左部
D. 窗口右部显示的该文件夹的下级文件夹消失

168. 当前活动窗口是文档 d1. doc 的窗口，单击该窗口的最小化按钮后（　　）。
A. 在窗口中不显示 d1. doc 文档内容，但 d1. doc 文档并未关闭
B. 该窗口和 d1. doc 文档都被关闭
C. d1. doc 文档未关闭，且继续显示其内容
D. 关闭了 d1. doc 文档但当前活动窗口并未关闭

169. 扫描仪是属于（　　）。
A. CPU　　B. 存储器　　C. 输入设备　　D. 输出设备

170. 下列 Excel 运算符的优先级最高的是（　　）。
A. ^　　B. *　　C. /　　D. +

171. Internet 的基础和核心是（　　）。
A. TCP/IP 协议　　B. FTP　　C. E-mail　　D. WWW

172. 以下属于高级语言的有（　　）。
A. 汇编语言　　B. C 语言　　C. 机器语言　　D. 以上都是

173. 在 Word 的编辑状态，文档窗口显示出水平标尺，拖动水平标尺上边的“首行缩进”滑块，则（　　）。

A. 文档中各段落的首行起始位置都重新确定
B. 文档中被选择的各段落首行起始位置都重新确定
C. 文档中各行的起始位置都重新确定
D. 插入点所在行的起始位置被重新确定

174. 在 Windows 操作系统中，不同文档之间互相复制信息需要借助于（　　）。
A. 剪贴板　　B. 记事本　　C. 写字板　　D. 磁盘缓冲器

175. 为了能在网络上正确传送信息，制定了一整套关于传输顺序、格式、内容和方式的约定，称为（　　）。
A. OSI 参数模型　　B. 网络操作系统　　C. 通信协议　　D. 网络通信软件

176. PowerPoint 中，选择超级链接的对象后，不能建立超级链接的是（　　）。
A. 利用“插入”菜单中的“超级链接”命令
B. 单击常用工具栏“插入超级链接”按钮
C. 右击选择弹出菜单中的“超级链接”命令
D. 使用“编辑”菜单中的“链接”命令

177. Word 中若要在表格的某个单元格中产生一条对角线，应该使用（　　）。
A. “表格和边框”工具栏中的“绘制表格”工具按钮
B. “插入”菜单中的“符号”命令
C. “表格”菜单中的“拆分单元格”命令
D. “绘图”工具栏中的“直线”按钮

178. 一台计算机主要由运算器、控制器、存储器、（　　）及输出设备等部件构成。
A. 屏幕　　B. 输入设备　　C. 磁盘　　D. 打印机

179. 在 Word 的编辑状态，当前编辑的文档是 C 盘中的 D1. DOC 文档，要将该文件存储到软盘，应当使用的是（　　）。
A. “文件”菜单中的“另存为”命令　　B. “文件”菜单中的“保存”命令
C. “文件”菜单中的“新建”命令　　D. “插入”菜单中的命令

180. 在 Windows 中可按（　　）键得到帮助信息。
A. F1　　B. F2　　C. F3　　D. F10

181. 下面 IP 地址中，正确的是（　　）。
A. 202. 9. 1. 12　　B. CX. 9. 23. 01
C. 202. 122. 202. 345. 34　　D. 202. 156. 33. D

182. PowerPoint 中，关于“链接”，下列说法中正确的是（　　）。
A. 链接指将约定的设备用线路连通
B. 链接将指定的文件与当前文件合并
C. 点击链接就会转向链接指向的地方
D. 链接为发送电子邮件做好准备

183. Word 文档中如果想选中一句话，则应按住（　　）键单击句中任意位置。
A. 左 Shift　　B. 右 Shift　　C. Ctrl　　D. Alt

184. 在 Word 窗口下，若要将其他 Word 文档的内容插入到当前文档中，可以使用“插入”菜单中的（　　）。
A. 文件命令　　B. 图片命令　　C. 对象命令　　D. 符号命令

185. 欲为幻灯片中的文本创建超级链接，可用（　　）菜单中的“超级链接”命令。

A. 文件　　B. 编辑　　C. 插入　　D. 幻灯片放映

186. 在 Windows 中，要改变屏幕保护程序的设置，应首先双击控制面板窗口中的（　　）。

A. “多媒体”图标　　B. “显示”图标　　C. “键盘”图标　　D. “系统”图标

187. 利用网络交换文字信息的非交互式服务称为（　　）。

A. E-mail　　B. TELENT　　C. WWW　　D. BBS

188. 在 Word 编辑状态下，当前输入的文字显示在（　　）。

A. 鼠标光标处　　B. 插入点　　C. 文件尾部　　D. 当前行尾部

189. 下面是关于 Windows 文件名的叙述，错误的是（　　）。

A. 文件名中允许使用汉字　　B. 文件名中允许使用多个圆点分隔符

C. 文件名中允许使用空格　　D. 文件名中允许使用竖线“|”

190. 在 Windows 中，关于“剪贴板”的叙述中，不正确的是（　　）。

A. 凡是有“剪切”和“复制”命令的地方，都可以把选取的信息送到“剪贴板”中

B. 剪贴板中的信息可被复制多次

C. 剪贴板中的信息可以自动保存成磁盘文件并长期保存

D. 剪贴板既能存放文字，还能存放图片等

191. 统一资源定位符的英文简称是（　　）。

A. TCP/IP　　B. DDN　　C. URL　　D. IP

192. 在 Word 编辑状态下，若要调整光标所在段落的行距，首先进行的操作是（　　）。

A. 打开“编辑”下拉菜单　　B. 打开“视图”下拉菜单

C. 打开“格式”下拉菜单　　D. 打开“工具”下拉菜单

193. 在计算机网络术语中，WAN 的中文含义是（　　）。

A. 以太网　　B. 互联网　　C. 局域网　　D. 广域网

194. 在 Windows 中，当程序因某种原因陷入死循环，下列哪一个方法能较好地结束该程序（　　）。

A. 按【Ctrl+Alt+Del】键，然后选择“结束任务”结束该程序的运行

B. 按【Ctrl+Del】键，然后选择“结束任务”结束该程序的运行

C. 按【Alt+Del】键，然后选择“结束任务”结束该程序的运行

D. 直接 Reset 计算机结束该程序的运行

195. 对幻灯片的重新排序、幻灯片间定时和过渡、加入与删除幻灯片以及整体构思幻灯片都特别有用的视图是（　　）。

A. 幻灯片视图　　B. 大纲视图

C. 幻灯片浏览视图　　D. 普通视图

196. 在 Excel 中，各运算符号的优先级由高到低的顺序为（　　）。

A. 算术运算符，关系运算符，文本运算符

B. 算术运算符，文本运算符，关系运算符

C. 关系运算符，文本运算符，算术运算符

D. 文本运算符，算术运算符，关系运算符

197. 在 Word 中，在页面设置选项中，系统默认的纸张大小是（　　）。

A. A4　　B. B5　　C. A3　　D. 16 开

198. 在 Windows 中，回收站是（　　）。
A. 内存中的一块区域　　B. 硬盘上的一块区域
C. 软盘上的一块区域　　D. 高速缓存中的一块区域
199. 在 Windows 的默认环境中，下列哪个组合键能将选定的文档放入剪贴板中（　　）。
A. Ctrl＋V　　B. Ctrl＋Z　　C. Ctrl＋X　　D. Ctrl＋A
200. 可以改变一张幻灯片中各部放映顺序的是（　　）。
A. 采用“预设动画”设置　　B. 采用“自定义动画”设置
C. 采用“片间动画”设置　　D. 采用“动作”设置
201. 在 Excel 工作表的单元格中输入公式时，应先输入（　　）号。
A. ′　　B. @　　C. &　　D. ＝
202. 计算机网络是按照（　　）相互通信的。
A. 信息交换方式　　B. 传输装置　　C. 网络协议　　D. 分类标准
203. 在 Windows 中，不能进行打开“资源管理器”窗口的操作是（　　）。
A. 右击“开始”按钮　　B. 单击“任务栏”空白处
C. 右击“任务栏”空白处　　D. 右击“我的电脑”图标
204. 在 Word 文档编辑中，如果想在某一个页面没有写满的情况下强行分页，可以插入（　　）。
A. 边框　　B. 项目符号　　C. 分页符　　D. 换行符
205. 计算机按用途可分为（　　）。
A. 模拟和数字　　B. 专用机和通用机
C. 单片机和微机　　D. 工业控制和单片机
206. 计算机从规模上可分为（　　）。
A. 科学计算、数据处理和人工智能计算机
B. 电子模拟和电子数字计算机
C. 巨型、大型、中型、小型和微型计算机
D. 便携、台式和微型计算机
207. 计算机的 CPU 主要由运算器和（　　）组成。
A. 控制器　　B. 存储器　　C. 寄存器　　D. 编辑器
208. 计算机中信息的存储采用（　　）。
A. 二进制　　B. 八进制　　C. 十进制　　D. 十六进制
209. 在下列不同进制的四个数中，（　　）是最小的一个数。
A. $(110)_2$　　B. $(1010)_2$　　C. $(10)_{10}$　　D. $(1010)_{10}$
210. 最基础最重要的系统软件是（　　）。
A. WPS 和 Word　　B. 操作系统　　C. 应用软件　　D. Excel
211. 某单位的工资管理软件属于（　　）。
A. 工具软件　　B. 应用软件　　C. 系统软件　　D. 编辑软件
212. 计算机连成网络的最重要优势是（　　）。
A. 提高计算机运行速度　　B. 可以打网络电话
C. 提高计算机存储容量　　D. 实现各种资源共享
213. 计算机网络按其覆盖的范围，可划分为（　　）。

A. 以太网和移动通信网　B. 局域网、城域网和广域网
C. 电路交换网和分组交换网　D. 星型结构、环型结构和总线结构

214. Windows 是由（　）公司推出的一种基于图形界面的操作系统。
A. IBM　B. Microsoft　C. Apple　D. Intel

215. 资源管理器可用来（　）。
A. 管理文件夹　B. 浏览网页
C. 收发电子邮件　D. 恢复被删除的文件

216. 在资源管理器中，双击某个文件夹图标，将（　）。
A. 删除该文件夹　B. 显示该文件夹内容
C. 删除该文件夹文件　D. 复制该文件夹文件

217. 资源管理器的文件夹或文件的显示方法有几种，（　）不属于它的显示方式。
A. 大图标　B. 列表　C. 详细资料　D. 普通

218. Windows 的桌面中，任务栏的作用是（　）。
A. 记录已经执行完毕的任务，并报给用户，已经准备好执行新的任务
B. 记录正在运行的应用软件并可控制多个任务、多个窗口之间的切换
C. 列出用户计划执行的任务，供计算机执行
D. 列出计算机可以执行的任务，供用户选择，以方便在不同任务之间的切换

219. 在 Word 的编辑状态，打开文档 abc. doc，编辑修改后另存为 123. doc，则（　）。
A. abc. doc 是当前文档　B. 两个均是当前文档
C. 123. doc 是当前文档　D. 两个均不是当前文档

220. 在 Word 中编辑一个文档，为保证屏幕显示与打印结果相同，应选择（　）视图。
A. 大纲　B. 普通　C. 联机　D. 页面

221. 在 Word 中，单击一次工具栏的“撤销”按钮，可以（　）。
A. 将上一个输入的字符清除
B. 将最近一次执行的可撤销操作撤销
C. 关闭当前打开的文档
D. 关闭当前打开的窗口

222. 在 Word 文档中有一段被选取，当按 Del 键后（　）。
A. 删除此段落
B. 删除了整个文件
C. 删除了之后的所有内容
D. 删除了插入点以及其之间的所有内容

223. 在 Word 的智能剪贴状态，执行两次“复制”操作后，则剪贴板中（　）。
A. 仅有第一次被复制的内容　B. 仅有第二次被复制的内容
C. 同时有两次被复制的内容　D. 无内容

224. 在 Excel 中，单元格地址是指（　）。
A. 每个单元格　B. 每个单元格的大小
C. 单元格所在的工作表　D. 单元格在工作表中的位置

225. 在 Excel 中，向单元格输入数字后，若该单元格的数字变成“####”，则表示（　）。
A. 输入的数字有误　B. 数字已被删除

C. 数字的形式已超过该单元格列宽　　D. 数字的形式已超过该单元格行宽

226. 微型计算机的发展是以（　　）的发展为表征的。

A. 微处理器　　B. 软件　　C. 主机　　D. 控制器

227. 个人计算机属于（　　）。

A. 小巨型机　　B. 中型机　　C. 小型机　　D. 微机

228. 微型计算机硬件系统主要包括存储器、输入设备、输出设备和（　　）。

A. 中央处理器　　B. 运算器　　C. 控制器　　D. 主机

229. 把微机中的信息传送到 U 盘上，称为（　　）。

A. 复制　　B. 写盘　　C. 读盘　　D. 输出

230. 计算机的内存储器比外存储器（　　）。

A. 速度快　　B. 存储量大

C. 便宜　　D. 以上说法都不对

231. 微机唯一能够直接识别和处理的语言是（　　）。

A. 甚高级语言　　B. 高级语言　　C. 汇编语言　　D. 机器语言

232. 关于电子计算机的特点，以下论述错误的是（　　）。

A. 运行过程不能自动、连续进行，需人工干预

B. 运算速度快

C. 运算精度高

D. 具有记忆和逻辑判断能力

233. 微型计算机没有的总线是（　　）。

A. 地址总线　　B. 信号总线　　C. 控制总线　　D. 数据总线

234. 第四代电子计算机以（　　）作为基本电子元件。

A. 小规模集成电路　　B. 中规模集成电路

C. 大规模集成电路　　D. 大规模、超大规模集成电路

235. 计算机正在运行的程序存放在（　　）。

A. ROM　　B. RAM　　C. 显示器　　D. CPU

236. 计算机中的应用软件是指（　　）。

A. 所有计算机上都应使用的软件　　B. 能被各用户共同使用的软件

C. 专门为某一应用目的而编制的软件　　D. 计算机上必须使用的软件

237. 第三代电子计算机以（　　）作为基本电子元件。

A. 大规模集成电路　　B. 电子管

C. 晶体管　　D. 中小规模集成电路

238. 在计算机内部，一切信息的存储、处理与传送均使用（　　）。

A. 二进制数　　B. 十六进制数　　C. BCD 码　　D. ASCII 码

239. 电子计算机与其他计算工具的本质区别是（　　）。

A. 能进行算术运算　　B. 运算速度快

C. 计算精度高　　D. 存储并自动执行程序

240. 未来的计算机与前四代计算机的本质区别是（　　）。

A. 计算机的主要功能从信息处理上升为知识处理

B. 计算机的体积越来越小

C. 计算机的主要功能从文本处理上升为多媒体数据处理

D. 计算机的功能越来越强了

241. 计算机应用最广泛的领域是（　　）。

A. 科学计算　B. 信息处理　C. 过程控制　D. 人工智能

242. 在相同的计算机环境中，（　　）处理速度最快。

A. 机器语言　B. 汇编语言

C. 高级语言　D. 面向对象的语言

243. 计算机辅助教育的英文缩写是（　　）。

A. CAM　B. CAD　C. CAI　D. CAE

244. 某公司的财务管理软件属于（　　）。

A. 工具软件　B. 系统软件　C. 编辑软件　D. 应用软件

245. 微机热启动时，应同时按下的三个键是（　　）。

A. Ctrl+Del+Esc　B. Ctrl+Del+Shift　C. Ctrl+Alt+Esc　D. Ctrl+Alt+Del

246. “32 位微机”中的 32 指的是（　　）。

A. 存储单位　B. 内存容量　C. CPU 型号　D. 机器字长

247. 微型计算机硬件系统的性能主要取决于（　　）。

A. 微处理器　B. 内存储器　C. 显示适配卡　D. 硬磁盘存储器

248. 微处理器处理的数据基本单位为字，一个字的长度通常是（　　）。

A. 16 个二进制位　B. 32 个二进制位

C. 64 个二进制位　D. 与微处理器芯片的型号有关

249. 计算机字长取决于哪种总线的宽度（　　）。

A. 控制总线　B. 数据总线　C. 地址总线　D. 通信总线

250. 微型计算机中，运算器的主要功能是进行（　　）。

A. 逻辑运算　B. 算术运算

C. 算术逻辑运算　D. 复杂方程的求解

251. 内存储器中每一个存储单元被赋予唯一的一个序号，该序号称为（　　）。

A. 内容　B. 地址　C. 标号　D. 容量

252. 用 MIPS 来衡量的计算机性能是指计算机的（　　）。

A. 传输速率　B. 存储容量　C. 字长　D. 运算速度

253. 在微型计算机的主要性能指标中，内存容量通常指（　　）。

A. ROM 的容量　B. RAM 的容量

C. CD-ROM 的容量　D. RAM 和 ROM 的容量之和

254. 下列哪个不是存储器的存储容量单位（　　）。

A. 位　B. 字节　C. 字　D. 升

255. 机系统中存储容量最大的部件是（　　）。

A. 硬盘　B. 主存储器　C. 高速缓存器　D. 软盘

256. 主存储器与外存储器的主要区别为（　　）。

A. 主存储器容量小，速度快，价格高，而外存储器容量大，速度慢，价格低

B. 主存储器容量小，速度慢，价格低，而外存储器容量大，速度快，价格高

C. 主存储器容量大，速度快，价格高，而外存储器容量小，速度慢，价格低

D. 区别仅仅是因为一个在计算机里，一个在计算机外

257. 存储器的存储容量通常用字节（Byte）来表示，1GB 的含意是（　　）。

A. 1024M　　B. 1000k 个 Bit　　C. 1024k　　D. 1000kB

258. 硬盘在工作时，应特别注意避免（　　）。

A. 光线直射　　B. 噪声　　C. 强烈震荡　　D. 卫生环境不好

259. 按制作技术可以将显示器分为（　　）。

A. CRT 显示器和 LCD 显示器　　B. CRT 显示器和等离子显示器

C. 平面直角显示器和等离子显示器　　D. 等离子显示器和 LCD 显示器

260. 显示器的性能指标不包括（　　）。

A. 屏幕大小　　B. 点距　　C. 带宽　　D. 图像

261. LCD 显示器的尺寸是指液晶面板的（　　）尺寸。

A. 长度　　B. 高度　　C. 宽度　　D. 对角线

262. 下列打印机中属击打式打印机的是（　　）。

A. 点阵打印机　　B. 热敏打印机　　C. 激光打印机　　D. 喷墨打印机

263. 通常所说的 24 针打印机属于（　　）。

A. 激光打印机　　B. 喷墨打印机　　C. 击打式打印机　　D. 热敏打印机

264. 打印机是电脑系统的主要输出设备之一，分为（　　）两大系列产品。

A. 喷墨式和非击打式　　B. 击打式和非击打式

C. 喷墨式和激光式　　D. 喷墨式和针式

265. 根据鼠标测量位移部件的类型，可将鼠标分为（　　）。

A. 机械式和光电式　　B. 机械式和滚轮式

C. 滚轮式和光电式　　D. 手动式和光电式

266. 为了避免混淆，十六进制数在书写时常在后面加上字母（　　）。

A. H　　B. O　　C. D　　D. B

267. 下列四个选项中，正确的一项是（　　）。

A. 存储一个汉字和存储一个英文字符占用的存储容量是相同的

B. 微型计算机只能进行数值运算

C. 计算机中数据的存储和处理都使用二进制

D. 计算机中数据的输出和输入都使用二进制

268. 计算机内部采用二进制表示数据信息，二进制的主要优点是（　　）。

A. 容易实现　　B. 方便记忆

C. 书写简单　　D. 符合使用习惯

269. 16 个二进制位可表示整数的范围是（　　）。

A. 0～65 535　　B. －32 768～32 767

C. －32 768～32 768　　D. －32 768～32 767 或 0～65 535

270. 二进制数 110000 转换成十六进制数是（　　）。

A. 77　　B. D7　　C. 7　　D. 30

271. 与十进制数 4625 等值的十六进制数为（　　）。

A. 1211H　　B. 1121H　　C. 1122H　　D. 1221H

272. 与二进制数 110101 对应的十进制数是（　　）。

A. 44　　B. 65　　C. 53　　D. 74

273. 与十进制数 269 转换为十六进制数为（　　）。

A. 10E　　B. 10D　　C. 10C　　D. 10B

274. 与二进制数 1010.101 对应的十进制数是（　　）。

A. 11.33　　B. 10.625　　C. 12.755　　D. 16.75

275. 与十六进制数 1A2H 对应的十进制数是（　　）。

A. 418　　B. 308　　C. 208　　D. 578

276. 二进制数 1111101011011 转换成十六进制数是（　　）。

A. 1F5B　　B. D7SD　　C. 2FH3　　D. 2AFH

277. 与十六进制数 CDH 对应的十进制数是（　　）。

A. 204　　B. 205　　C. 206　　D. 203

278. 下列四种不同数制表示的数中，数值最小的一个是（　　）。

A. 八进制数 247　　B. 十进制数 169

C. 十六进制数 A6　　D. 二进制数 10101000

279. 1 个十进制整数 100 转换为二进制数是（　　）。

A. 1100100　　B. 1101000　　C. 1100010　　D. 1110100

280. 已知双面高密软磁盘格式化后的容量为 1.2MB，每面有 80 个磁道，每个磁道有 15 个扇区，那么每个扇区的字节数是（　　）。

A. 256B　　B. 512B　　C. 1024B　　D. 128B

281. 下列关于字节的四条叙述中，正确的一条是（　　）。

A. 字节通常用英文单词“bit”来表示，有时也可以写作“b”

B. 目前广泛使用的 Pentium 机其字长为五个字节

C. 计算机中将八个相邻的二进制位作为一个单位，这种单位称为字节

D. 计算机的字长并不一定是字节的整数倍

282. 微型计算机内存储器（　　）。

A. 按二进制数编址　　B. 按字节编址

C. 按字长编址　　D. 根据微处理器不同而编址不同

283. 计算机用来表示存储空间大小的最基本单位是（　　）。

A. Baud　　B. bit　　C. Byte　　D. Word

284. 下列等式中正确的是（　　）。

A. 1kB＝1024×1024B　　B. 1MB＝1024B

C. 1kB＝1024MB　　D. 1MB＝1024×1024B

285. 在计算机内部，无论是数据还是指令均以二进制数的形式存储，人们在表示存储地址时常采用（　　）二进制位表示。

A. 2　　B. 8　　C. 10　　D. 16

286. 用户要想在网上查询 WWW 信息，必须要安装并运行一个被称之为（　　）的软件。

A. HTTP　　B. YAHOO　　C. 浏览器　　D. 万维网

287. 下列字符中，其 ASCII 码值最小的是（　　）。

A. A　　B. a　　C. k　　D. M

288. 对于 ASCII 码在机器中的表示，下列说法正确的是（　　）。

A. 使用8位二进制代码，最右边一位是0
B. 使用8位二进制代码，最右边一位是1
C. 使用8位二进制代码，最左边一位是0
D. 使用8位二进制代码，最左边一位是1

289. 七位ASCII码共有（　　）个不同的编码值。
A. 126　　B. 124　　C. 127　　D. 128

290. 设Windows处于系统默认状态，在Word编辑状态下，移动鼠标至文档行首空白处（文本选定区）连击左键三下，结果会选择文档的（　　）。
A. 一句话　　B. 一行　　C. 一段　　D. 全文

291. ASCII码其实就是（　　）。
A. 美国标准信息交换码　　B. 国际标准信息交换码
C. 欧洲标准信息交换码　　D. 以上都不是

292. 在32×32点阵的字形码需要（　　）存储空间。
A. 32B　　B. 64B　　C. 72B　　D. 128B

293. 存储400个24×24点阵汉字字形所需的存储容量是（　　）。
A. 255kB　　B. 75kB　　C. 37.5kB　　D. 28.125kB

294. 五笔字型码输入法属于（　　）。
A. 音码输入法　　B. 形码输入法
C. 音形结合的输入法　　D. 联想输入法

295. 微机硬件系统中最核心的部件是（　　）。
A. 内存储器　　B. 输入/输出设备　　C. CPU　　D. 硬盘

296. 微机中，主机是由微处理器与（　　）组成。
A. 运算器　　B. 磁盘存储器　　C. 软盘存储器　　D. 内存储器

297. 微型计算机的基本组成是（　　）。
A. 主机、输入设备、存储器
B. 微处理器、存储器、输入/输出设备
C. 主机、输出设备、显示器
D. 键盘、显示器、打印机、运算器

298. 下面有关计算机的叙述中，正确的是（　　）。
A. 计算机的主机只包括CPU
B. 计算机程序必须装载到内存中才能执行
C. 计算机必须具有硬盘才能工作
D. 计算机键盘上字母键的排列方式是随机的

299. 中央处理器由（　　）组成。
A. 控制器和运算器　　B. 控制器和内存储器
C. 控制器和辅助存储器　　D. 运算器和存储器

300. 微型计算机存储器系统中的cache是（　　）。
A. 只读存储器　　B. 高速缓冲存储器
C. 可编程只读存储器　　D. 可擦除可再编程只读存储器

301. 计算机中对数据进行加工与处理的部件，通常称为（　　）。

A. 运算器　　B. 控制器　　C. 显示器　　D. 存储器

302. CPU不能直接访问的存储器是（　　）。

A. ROM　　B. RAM　　C. cache　　D. CD-ROM

303. 微型计算机中，控制器的基本功能是（　　）。

A. 存储各种控制信息　　B. 传输各种控制信号

C. 产生各种控制信息　　D. 控制系统各部件正确地执行程序

304. 下列四条叙述中，属于RAM特点的是（　　）。

A. 可随机读写数据，且断电后数据不会丢失

B. 可随机读写数据，断电后数据将全部丢失

C. 只能顺序读写数据，断电后数据将部分丢失

D. 只能顺序读写数据，且断电后数据将全部丢失

305. 在微型计算机中，运算器和控制器合称为（　　）。

A. 逻辑部件　　B. 算术运算部件

C. 微处理器　　D. 算术和逻辑部件

306. 从Windows中启动MS-DOS方式进入了DOS状态，如果想回到Windows状态，在DOS提示符下，应键入的命令为（　　）。

A. EXIT　　B. QUIT　　C. WIN　　D. DOS -U

307. 微型计算机中，RAM的中文名字是（　　）。

A. 随机存储器　　B. 只读存储器

C. 高速缓冲存储器　　D. 可编程只读存储器

308. 内存按工作原理可以分为（　　）这几种类型。

A. RAM和BIOS　　B. BIOS和ROM

C. CMOS和BIOS　　D. ROM和RAM

309. 下列四条叙述中，属于ROM特点的是（　　）。

A. 可随机读取数据，且断电后数据不会丢失

B. 可随机读写数据，断电后数据将全部丢失

C. 只能顺序读写数据，断电后数据将部分丢失

D. 只能顺序读写数据，且断电后数据将全部丢失

310. 下列各因素中，对微机工作影响最小的（　　）。

A. 温度　　B. 湿度　　C. 磁场　　D. 噪声

311. 在下列设备中，属于输入设备的是（　　）。

A. 音箱　　B. 绘图仪　　C. 麦克风　　D. 显示器

312. 微型计算机必不可少的输入/输出设备是（　　）。

A. 键盘和显示器　　B. 键盘和鼠标

C. 显示器和打印机　　D. 鼠标和打印机

313. 在计算机中，既可作为输入设备又可作为输出设备的是（　　）。

A. 显示器　　B. 磁盘驱动器　　C. 键盘　　D. 图形扫描仪

314. 下列各组设备中，全部属于输入设备的一组是（　　）。

A. 键盘、磁盘和打印机　　B. 键盘、扫描仪和鼠标

C. 键盘、鼠标和显示器　　D. 硬盘、打印机和键盘

315. 微机中使用的鼠标一般连接在计算机的主机（　　）上。
A. 并口 I/O　　B. 串行接口　　C. 显示器接口　　D. 打印机接口

316. 下列设备中，（　　）不能作为微机的输出设备。
A. 打印机　　B. 显示器　　C. 键盘和鼠标　　D. 绘图仪

317. 两个软件都属于系统软件的是（　　）。
A. DOS 和 Excel　　B. DOS 和 UNIX
C. UNIX 和 WPS　　D. Word 和 Linux

318. 下列关于系统软件的四条叙述中，正确的一条是（　　）。
A. 系统软件的核心是操作系统
B. 系统软件是与具体硬件逻辑功能无关的软件
C. 系统软件是使用应用软件开发的软件
D. 系统软件并不具体提供人机界面

319. 下列不属于应用软件的是（　　）。
A. UNIX　　B. QBASIC　　C. Excel　　D. FoxPro

320. 为解决某一特定问题而设计的指令序列称为（　　）。
A. 文件　　B. 语言　　C. 程序　　D. 软件

321. 能把汇编语言源程序翻译成目标程序的程序称为（　　）。
A. 编译程序　　B. 解释程序　　C. 编辑程序　　D. 汇编程序

322. 以下选项中，（　　）描述了操作系统的本质属性。
A. 控制和管理计算机硬件和软件资源、合理地组织计算机工作流程、方便用户使用的程序集合
B. 为商业用户提供数据处理及分析、决策支持等服务
C. 负责指挥和控制计算机各部分自动地、协调一致地进行工作
D. 为应用程序的运行提供虚拟内存管理及字节码的解释执行平台

323. 下面的（　　）是控制和管理计算机硬件和软件资源、合理地组织计算机工作流程、方便用户使用的程序集合。
A. 编译系统　　B. 数据库管理信息系统
C. 操作系统　　D. 文件系统

324. 下面的（　　）不是操作系统。
A. Java　　B. UNIX　　C. Windows　　D. DOS

325. 下面的（　　）是操作系统。
A. Windows XP　　B. Excel　　C. Photoshop　　D. QQ

326. 操作系统是（　　）的接口。
A. 主机和外设　　B. 用户和计算机
C. 源程序和目标程序　　D. 高级语言和机器语言

327. 操作系统的主要功能是（　　）。
A. 实现软件和硬件之间的转换　　B. 管理系统所有的软件和硬件资源
C. 把源程序转换为目标程序　　D. 进行数据处理和分析

328. 下面关于操作系统的叙述中，（　　）是错误的。
A. 操作系统是一种系统软件

B. 操作系统是人机之间的接口

C. 操作系统是数据库系统的子系统

D. 不安装操作系统的 PC 机是无法使用的

329. 下面的（　　）是操作系统。

A. 超市销售系统　　B. Windows XP

C. 财院办公自动化系统　　D. 财院图书馆图书管理系统

330. 网络操作系统除了具备通用操作系统的一般功能外，还具有（　　）功能。

A. 文件管理　　B. 设备管理

C. 处理器管理　　D. 网络通信和网络资源管理

331. 下面的（　　）不是操作系统的功能。

A. 内存管理　　B. 磁盘管理　　C. 图像编码解码　　D. 处理器管理

332. 以下操作系统中，（　　）是单用户操作系统。

A. UNIX　　B. DOS　　C. Windows　　D. Linux

333. Windows 是一个（　　）操作系统。

A. 多任务　　B. 单任务　　C. 实时　　D. 批处理

334. 以下关于文件的描述中，（　　）是正确的。

A. 保存在 Windows 文件夹中的项目就是文件

B. 文件是命名的相关信息的集合

C. 文件就是正式的文档

D. 文件就是能打开看内容的那些图标

335. 以下关于文件的描述中，（　　）是错误的。

A. 磁盘文件是文件系统管理的主要对象

B. 文件是命名的相关信息的集合

C. 具有隐藏属性的文件，是没办法看见的

D. Windows XP 中，可以用中文为文件命名

336. 在 Windows XP 中，以下文件名（　　）是错误的。

A. &file. txt　　B. file * . txt　　C. file. txt　　D. 文件 . txt

337. 在 Windows XP 中，以下文件名（　　）是正确的。

A. &file. txt　　B. file * . txt　　C. file：30. txt　　D. f>g. txt

338. 已知 D：\ Tencent \ QQ2008. 那么，“请在 QQ2008 主目录下查询”一句中，“QQ2008 主目录”是指（　　）

A. \ Tencent \ QQ2008　　B. \ Tencent

C. \　　D. D：

339. 已知 C：\ Test \ File. 那么，“请在 File 主目录下查询”一句中，“File 主目录”是指（　　）。

A. \ Test \ File　　B. \ Test　　C. \　　D. C：

340. 在 Windows XP 中，许多应用程序的“文件”菜单中都有“保存”和“另存为”两个命令，下列说法中正确的是（　　）。

A. 这两个命令是等效的

B. “保存”命令只能用原文件名存盘，“另存为”命令不能用原文件名存盘

C. “保存”命令用于更新当前窗口中正在编辑的磁盘文件，如果该文件尚未命名，“保存”命令与“另存为”命令等效

D. “保存”命令不能用原文件名存盘，“另存为”命令只能用原文件名存盘

341. 在 Windows XP 中，文件夹是指（　　）。

A. 文档　　B. 程序　　C. 磁盘　　D. 目录

342. 在 Windows 中，允许用户同时打开（　　）个窗口。

A. 8　　B. 16　　C. 32　　D. 多

343. 在 Windows 中，允许用户同时打开多个窗口，但只有一个窗口处于激活状态，其特征是标题栏高亮显示，该窗口称为（　　）窗口。

A. 主　　B. 运行　　C. 活动　　D. 前端

344. 在 Windows 中，提供了一个用于在应用程序内部或不同应用程序之间共享信息的工具，它是（　　）。

A. 共享文件夹　　B. 公文包　　C. 剪贴板　　D. 我的文档

345. 作为图形化用户操作界面，Windows XP 桌面操作，具有（　　）特点。

A. 先选择操作命令，再选择操作对象

B. 需同时选择操作命令和操作对象

C. 先选择操作对象，再选择操作命令

D. 允许用户任意选择

346. 在 Windows XP 中，若光标变成“I”形状，则表示（　　）。

A. 当前系统正在访问磁盘　　B. 可以改变窗口的大小

C. 光标出现处可以接收键盘的输入　　D. 可以改变窗口的位置

347. 下列关于在 Windows XP 中删除文件的说法中，不正确的是（　　）。

A. 文件删除就不能恢复

B. 按下【Shift】键状态下的删除命令不可恢复

C. 文件删除总能恢复

D. 按下【Ctrl】键状态下的删除命令不可恢复

348. 下列叙述正确的是（　　）。

A. Windows XP 系统在安装时，所有的功能都必须安装，否则系统不能正常运行

B. Windows XP 允许同时建立多个文件夹

C. Windows XP 中的文件被删除后，可以从回收站还原至原位置

D. 在 Windows XP 中，窗口总是可以移动的

349. 下列关于即插即用技术的叙述中，正确的有（　　）。

A. 既然是即插即用，就可以热拔插

B. 计算机的硬件和软件都可以实现即插即用

C. 增加新硬件时可以不必安装系统

D. 增加的新硬件，需要再安装一次驱动

350. 下列各说法中，属于 Windows XP 特点的是（　　）。

A. 行命令工作方式　　B. 热插拔

C. 支持多媒体功能　　D. 批处理工作方式

351. 剪贴板是（　　）一块临时存放交换信息的区域。

A. 硬盘　　B. ROM　　C. RAM　　D. 应用程序

352. 计算机网络完成的基本功能是数据处理和（　　）。

A. 数据分析　　B. 数据传输　　C. 报文发送　　D. 报文存储

353. TCP 收到数据报后，按照它们（　　）对它们进行调整。

A. 被分割的先后顺序　　B. 到来的先后顺序的逆序

C. 不考虑顺序　　D. 长短

354. 在 Windows 的“资源管理器”窗口中，如果想一次选定多个分散的文件或文件夹，正确的操作是（　　）。

A. 按住【Ctrl】键，右击，逐个选取

B. 按住【Ctrl】键，单击，逐个选取

C. 按住【Shift】键，右击，逐个选取

D. 按住【Shift】键，单击，逐个选取

355. 局域网为了相互通信，一般安装（　　）。

A. 调制解调器　　B. 网卡　　C. 声卡　　D. 电视

356. 计算机网络按所覆盖的地域分类，可分为局域网、城域网和（　　）。

A. 互联网　　B. 广域网　　C. 国家网　　D. 远程网络

357. 计算机网络按所覆盖的地域分类，可分为（　　）、MAN 和 WAN。

A. CAN　　B. LAN　　C. SAN　　D. VAN

358. 计算机网络按拓扑结构分类，可分为（　　）、总线型、环型三种基本型。

A. 菊花链型　　B. 星型　　C. 树型　　D. 网状

359. 电子邮件地址格式为：wangjun@hostname，其中 hostname 为（　　）。

A. 用户地址名　　B. ISP 某台主机的域名

C. 某公司名　　D. 某国家名

360. URL 的意思是（　　）。

A. 统一资源管理器　　B. Internet 协议

C. 简单邮件传输协议　　D. 传输控制协议

361. 下列说法错误的（　　）。

A. 电子邮件是 Internet 提供的一项最基本的服务

B. 电子邮件具有快速、高效、方便、价廉等特点

C. 通过电子邮件，可向世界上任何一个角落的网上用户发送信息

D. 可发送的只有文字和图像

362. “统一资源定位器”的缩写形式是（　　），它是 Web 浏览器中使用的标准 Internet 地址格式。

A. NULL　　B. ABS　　C. BBS　　D. URL

363. 通过 Internet 或其他网络从其他计算机向自己的计算机系统中传送文件的过程叫做（　　）。

A. download（下载）　　B. upload（上载）

C. GetMail（接收邮件）　　D. PostArticle（张贴消息）

364. （　　）是一台计算机或一位用户在 Internet 或其他网络上的唯一标识，其他计算机或用户使用它与拥有这一地址的计算机或用户建立连接或者交换数据。

A. Ipaddress（IP 地址） B. AddressBar（地址条）
C. Attachment（附件） D. Domain（域名）

365. 目前在 Internet 上，以下（ ）种服务的发展速度最快。
A. FTP B. Gopher C. WWW D. Telnet

366. 任何计算机只要采用（ ）与 Internet 中的任何一台主机通信就可以成为 Internet 的一部分。
A. 电话线 B. 调制解调器 C. PPP 协议 D. TCP/IP 协议

367. 下面（ ）是合法的 URL。
A. http://www. ncie. cn
B. ftp://www. ncie. gov. cnabrar
C. <I>file：</I>///C：/Downloads/abrar
D. http://www. ncie. gov. cnabhtml

368. 下列关于 Windows 菜单的说法中，不正确的是（ ）。
A. 命令前有“ • ”记号的菜单选项，表示该项已经选用
B. 当鼠标指向带有黑色箭头符号的菜单选项时，弹出一个子菜单
C. 带省略号（…）的菜单选项执行后会打开一个对话框
D. 用灰色字符显示的菜单选项表示相应的程序被破坏

369. 在域名标识中，用于标识商业组织的代码是（ ）。
A. com B. gov C. mil D. org

370. 以下不属于 Internet 功能的是（ ）
A. 信息查询 B. 电子邮件传送 C. 文件传输 D. 程序编译

371. 用户的电子邮件地址中必须包括以下（ ）项所给出内容才算是完整的。
A. 用户名，用户口令，电子邮箱所在的主机域名
B. 用户名，用户口令
C. 用户名，电子邮箱所在的主机域名
D. 用户口令，电子邮箱所在的主机域名

372. 一封电子邮件可以发给（ ）。
A. 使用不同类型的计算机，和不同类型的操作系统的，同类型网络结构下的用户
B. 不同类型的网络中，使用不同操作系统的，使用相同类型的计算机的用户
C. 不同类型的网络中，不同类型计算机上，使用相同操作系统的用户
D. 不同类型的网络中，不同类型的计算机上，使用不同的操作系统的用户

373. 如果想把一文件传送给别人，而对方又没有 FTP 服务器，最好的方法是使用（ ）。
A. WWW B. Gopher C. E-mail D. WAIS

374. 在 Excel 按递增方式排序时，空格（ ）。
A. 始终排在最后 B. 总是排在数字的前面
C. 总是排在逻辑值的前面 D. 总是排在数字的后面

375. 下列关于 PowerPoint 的常规任务栏说法不正确的是（ ）。
A. “新幻灯片”按钮，可以设置新幻灯片的版式
B. “幻灯片版式”按钮，可以改变当前幻灯片的版式
C. “应用设计模板”按钮，可以选择幻灯片应用设计模板

D. “常规任务”工具栏是 PowerPoint 的默认工具栏

376. 保存演示文稿时的缺省扩展名是（　　）。

A. . doc　　B. . ppt　　C. . txt　　D. . xls

377. 播放演示文稿的快捷键是（　　）。

A. Enter　　B. F5　　C. Alt＋Enter　　D. F7

378. 当新插入的剪贴画遮挡住原来的对象时，下列（　　）说法不正确。

A. 可以调整剪贴画的大小

B. 可以调整剪贴画的位置

C. 只能删除这个剪贴画，更换大小合适的剪贴画

D. 调整剪贴画的叠放次序，将被遮挡的对象提前

379. 对于 PowerPoint 来说，下列说法正确的是（　　）。

A. 启动 PowerPoint 后只能建立或编辑一个演示文稿文件

B. 启动 PowerPoint 后可以建立或编辑多个演示文稿文件

C. 运行 PowerPoint 后，不能编辑多个演示文稿文件

D. 在新建一个演示文稿之前，必须先关闭当前正在编辑的演示文稿文件

380. 关于 PowerPoint 幻灯片母版的使用，不正确的是（　　）。

A. 通过对母版的设置可以控制幻灯片中不同部分的表现形式

B. 通过对母版的设置可以预定义幻灯片的前景颜色、背景颜色和字体大小

C. 修改母版不会对演示文稿中任何一张幻灯片带来影响

D. 标题母版为使用标题版式的幻灯片设置了默认格式

381. 关于幻灯片切换，下列说法正确的是（　　）。

A. 可设置进入效果　　B. 可设置切换音效

C. 可用鼠标单击切换　　D. 以上全对

382. 关于修改母版，下列说法正确的是（　　）。

A. 母版不能修改　　B. 编辑状态就可以修改

C. 进入母版编辑状态可以修改　　D. 以上说法都不对

383. 关于演示文稿，下列说法错误的是（　　）。

A. 可以有很多页　　B. 可以调整文字位置

C. 不能改变文字大小　　D. 可以有图画

384. 关于自定义动画，说法正确的是（　　）。

A. 可以调整顺序　　B. 有些可设置参数

C. 可以带声音　　D. 以上都对

385. 画矩形时，按（　　）键能画正方形。

A. Ctrl　　B. Alt　　C. Shift　　D. 以上都不对

386. 幻灯片的配色方案可以通过（　　）更改。

A. 模板　　B. 母版　　C. 格式　　D. 版式

387. 将演示文稿插入幻灯片应打开（　　）。

A. “视图”菜单　　B. “插入”菜单　　C. “格式”菜单　　D. “工具”菜单

388. 可以为一种元素设置（　　）动画效果。

A. 一种　　B. 不多于两种　　C. 多种　　D. 以上都不对

389. 如果要播放演示文稿，可以使用（　　）。
A. 幻灯片视图　　B. 大纲视图
C. 幻灯片浏览视图　　D. 幻灯片放映视图
390. 从 1993 年开始人们在互联网上既可以看到文字又可以看到图片听到声音使网上的世界变得美丽多彩，这主要归功于（　　）。
A. FTP　　B. E-mail　　C. WWW　　D. Telnet
391. 设置好的切换效果，可以应用于（　　）。
A. 所有幻灯片　　B. 一张幻灯片
C. A 和 B 都对　　D. A 和 B 都不对
392. （　　）元素可以添加动画效果。
A. 图表　　B. 图片　　C. 文本　　D. 以上都可以
393. 读写速度最快的存储器是（　　）。
A. 光盘　　B. 内存储器　　C. 软盘　　D. 硬盘
394. 下列各项可以作为幻灯片背景的是（　　）。
A. 图案　　B. 图片　　C. 纹理　　D. 以上都可以
395. 下列（　　）种方法不能新建演示文稿。
A. 内容提示向导　　B. 打包功能　　C. 空演示文稿　　D. 设计模板
396. 下列说法正确的是（　　）。
A. 一组艺术字中的不同字符可以有不同字体
B. 一组艺术字中的不同字符可以有不同字号
C. 一组艺术字中的不同字符可以有不同字体、字号
D. 以上三种说法均不正确
397. 最能反映计算机主要功能的说法是（　　）。
A. 计算机可以代替人的劳动　　B. 计算机可以存储大量信息
C. 计算机可以实现高速度的运算　　D. 计算机是一种信息处理机
398. 演示文稿中，加新幻灯片的快捷键是（　　）。
A. Ctrl＋M　　B. Ctrl＋O　　C. Ctrl＋H　　D. Ctrl＋N
399. 在 PowerPoint 中，（　　）以最小化的形式显示演示文稿中的所有幻灯片，用于组织和调整幻灯片的顺序。
A. 幻灯片浏览视图　　B. 备注页视图
C. 幻灯片视图　　D. 幻灯片放映视图
400. 在 PowerPoint 中，“插入”菜单中的“幻灯片副本”命令的功能是（　　）。
A. 将当前幻灯片保存到磁盘上
B. 将当前幻灯片移动到文稿末尾
C. 在当前幻灯片后，插入与当前幻灯片完全相同的一张幻灯片
D. 删除幻灯片
401. 在 PowerPoint 中，“自动更正”功能是在下列（　　）菜单中。
A. 样式　　B. 工具　　C. 编辑　　D. 视图
402. 在 PowerPoint 中，要将在 Windows 下用画图作好一幅图片文件 abcl. bmp 插入到当前幻灯片的当前位置，可以（　　）。

A. 执行菜单栏上“插入”→“文本框”命令
B. 执行菜单栏上“插入”→“图片”→“来自文件”→“abcl. bmp”→“插入”命令
C. 执行菜单栏上“插入”→“图片”→“剪贴画”命令
D. 执行菜单栏上“插入”→“图片”→“自选图形”命令

403. 在菜单中选择插入新幻灯片后（　　）。
A. 直接插入与上一幻灯片面相同的幻灯片　　B. 直接插入空白的幻灯片
C. 出现选取自动版式对话框　　D. 直接插入新幻灯片

404. 在下列（　　）菜单中可以找到“母版”命令。
A. 视图　　B. 插入　　C. 文件　　D. 编辑

405. 在一个屏幕上同时显示两个演示文稿并进行编辑，下列方法正确的是（　　）。
A. 打开两个演示文稿，执行“窗口”菜单→“全部重排”命令
B. 打开两个演示文稿，执行“窗口”菜单→“缩至一页”命令
C. 无法实现
D. 打开一个演示文稿，执行“插入”菜单→“幻灯片”命令

406. 在一张 PowerPoint 幻灯片播放后，要使下一张幻灯片内容的出现呈水平盒状收缩方式或垂直百叶窗方式，应（　　）。
A. 执行“幻灯片放映”→“自定义动画”命令进行设置
B. 执行“幻灯片放映”→“幻灯片切换”命令进行设置
C. 执行“幻灯片放映”→“预设动画”命令进行设置
D. 执行“幻灯片放映”→“设置放映方式”命令进行设置

407. 选择幻灯片版式的方法是（　　）。
A. 直接单击工具栏上的“幻灯片版式”按钮
B. 执行“插入”菜单→“新幻灯片”命令
C. 执行“格式”菜单→“幻灯片版式”命令
D. 以上三项均可

408. PowerPoint 中使用母版的目的是（　　）。
A. 使演示文稿的风格一致
B. 修改现有的模板
C. 标题母版用来控制标题幻灯片的格式和位置
D. 以上均是

409. 常规保存演示文稿文档的方法有（　　）。
A. 执行“文件”→“保存”命令
B. 单击工具栏上的“保存”按钮
C. 按快捷键【Ctrl+S】
D. 以上均是

410. 对演示文稿幻灯片的操作，通常包括（　　）。
A. 选择、插入、复制和删除幻灯片
B. 复制、移动和删除幻灯片
C. 选择、插入、移动、复制和删除幻灯片
D. 选择、插入、移动和复制幻灯片

411. 在演示文稿中设置“超级链接”不能链接的目标是（　　）。

A. 其他应用程序的文档

B. 幻灯片中的某个对象

C. 另一个演示文稿

D. 同一演示文稿的幻灯片

412. 系统对 WWW 网页存储的默认的扩展名是（　　）。

A. PPT　　B. TXT　　C. DOC　　D. HTML

413. Internet 使用的协议是（　　）。

A. CSMA/CD　　B. X. 25/X. 75　　C. Token Ring.　　D. TCP/IP

414. 当网络中任何一个工作站发生故障时，都有可能导致整个网络停止工作，这种网络的拓扑结构为（　　）结构。

A. 总线型　　B. 环型　　C. 树型　　D. 星型

415. OSI（开放系统互联）参考模型的最底层是（　　）。

A. 传输层　　B. 网络层　　C. 应用层　　D. 物理层

416. 在 Internet 中，用字符形式表示的 IP 地址称为（　　）。

A. 账户　　B. 主机名　　C. 域名　　D. 用户名

417. Internet 是国际互连网络，下面（　　）不是它提供的服务。

A. E-mail　　B. 远程登录　　C. 故障诊断　　D. 信息查询

418. 区分局域网和广域网的标志是（　　）。

A. 网中的节点与节点的距离　　B. 网络分布的范围

C. 提供信息的多少　　D. 功能的完善程度不同

419. 下面不属于 OSI 参考模型分层的是（　　）。

A. 物理层　　B. 网络层　　C. 网络接口层　　D. 应用层

420. 下列（　　）不属于“Internet 协议（TCP/IP）属性”对话框选项。

A. IP 地址　　B. 子网掩码　　C. 诊断地址　　D. 默认网关

421. 微软开发的浏览器简称（　　）。

A. NETSCAPE　　B. IE　　C. BBS　　D. FT

422. 下列关于 E-mail 附件的说法正确的是（　　）。

A. 只能是图片和声音文件　　B. 只能是视频文件

C. 只能是文本文件　　D. 所有文件

423. 一般情况下，校园网属于（　　）。

A. LAN　　B. WAN　　C. MAN　　D. Internet

424. 计算机网络最突出的优点是（　　）。

A. 内存容量大　　B. 运算速度快　　C. 共享资源　　D. 精度高

425. 想要在发送电子邮件时传送一个或多个文件，可使用（　　）。

A. FTP　　B. 电子邮件附件功能　　C. Telnet　　D. WWW

426. Internet 提供的各种服务中，（　　）指的是远程登录服务。

A. FTP　　B. Usenet　　C. Telnet　　D. Gopher

427. 在 Internet 中，下列有关主机的域名与主机的 IP 地址的说法错误的是（　　）。

A. 用户可以用主机的域名或主机的 IP 地址来访问该主机

B. 主机的域名和主机 IP 地址的分配不是任意的
C. 用户可根据自己的情况规定主机域名或 IP 地址
D. 主机的域名在命名时是遵循一定结构的

428. Web 上每一个网页都有一个独立的地址，这些地址称作统一资源定位器，即（　　）。
A. WWW　　B. URL　　C. HTTP　　D. USL

429. Internet 采用域名地址的原因是（　　）。
A. 一台主机必须用域名地址标识
B. 一台主机必须用 IP 地址和域名共同标识
C. IP 地址不能唯一标识一台主机
D. IP 地址不便于记忆

430. 电子邮件到达时，如果接收方没有开机那么邮件将（　　）。
A. 及时重新发送　　B. 保存在服务商的 E-mail 服务器上
C. 退回发件人　　D. 丢失

431. 电子邮件地址中一定包含的内容是（　　）。
A. 用户名，用户口令，电子邮箱所在主机域名
B. 用户名，用户口令
C. 用户口令，电子邮箱所在主机域名
D. 用户名，电子邮箱所在主机域名

432. Internet Explore 浏览器能实现的功能不包含（　　）。
A. 资源下载　　B. 阅读电子邮件
C. 编辑网页　　D. 查看网页源代码

433. 如果希望每次进入 IE 后自动连接某一个网站，则应进行以下（　　）操作。
A. 将该网站的地址“添加到收藏夹”中
B. 将该网站的地址添加到“工具”菜单下“Internet 选项”中“常规”选项卡中的“地址”栏内
C. 单击工具栏中的“主页”图标
D. 单击工具栏中的“搜索”图标

434. Internet 上的计算机地址可以写成（　　）格式或域名格式。
A. 绝对地址　　B. IP 地址　　C. 网络地址　　D. 相对地址

435. 静态网页文件的扩展名为（　　）。
A. . asp　　B. . bmp　　C. . htm　　D. . css

436. 在 Word 文档编辑中，复制文本使用的快捷键是（　　）。
A. Ctrl＋C　　B. Ctrl＋A　　C. Ctrl＋Z　　D. Ctrl＋V

437. www. njtu. edu. cn 是 Internet 上一台计算机的（　　）。
A. 域名　　B. IP 地址　　C. 非法地址　　D. 协议名称

438. 在电子邮件地址中，符号@后面的部分是（　　）。
A. 用户名　　B. 主机域名　　C. IP 地址　　D. 以上三项都不对

439. 下列设备中属于输入设备是（　　）。
A. 从磁盘上读取信息的电子线路　　B. 磁盘文件等
C. 键盘、鼠标器和打印机等　　D. 从计算机外部获取信息的设备

440. 在 Excel 工作表中，单元格区域 D2：E4 所包含的单元格个数是（　　）。

A. 5　　B. 6　　C. 7　　D. 8

441. 在 Word 的编辑状态下，如果要调整段落的左右边界，快捷的方法是使用（　　）。

A. 格式栏　　B. 格式菜单

C. 拖动标尺上的缩进标志　　D. 常用工具栏

442. 负责管理计算机的硬件和软件资源，为应用程序开发和运行提供高效率平台的软件是（　　）。

A. 操作系统　　B. 数据库管理系统　　C. 编译系统　　D. 专用软件

443. 以下关于操作系统中多任务处理的叙述中，错误的是（　　）。

A. 将 CPU 时间划分成许多小片，轮流为多个程序服务，这些小片称为时间片

B. 由于 CPU 是计算机系统中最宝贵的硬件资源，为了提高 CPU 的利用率，一般采用多任务处理

C. 正在 CPU 中运行的程序称为前台任务，处于等待状态的任务称为后台任务

D. 在单 CPU 环境下，多个程序在计算机中同时运行时，意味着它们宏观上同时运行，微观上由 CPU 轮流执行

444. 高级语言的控制结构主要包含（　　）。

①顺序结构　②自顶向下结构　③条件选择结构　④重复结构

A. ①②③　　B. ①③④　　C. ①②④　　D. ②③④

445. 局域网常用的拓扑结构有环型、星型和（　　）。

A. 超链型　　B. 总线型　　C. 蜂窝型　　D. 分组型

446. 下面是一些常用的文件类型，其中（　　）文件类型是最常用的 WWW 网页文件。

A. txt 或 text　　B. htm 或 html　　C. gif 或 jpeg　　D. wav 或 au

447. 数据库系统的核心软件是（　　）。

A. 数据库　　B. 数据库管理系统　　C. 建模软件　　D. 开发工具

448. 下列设备中，（　　）都是输入设备。

A. 键盘，打印机，显示器　　B. 扫描仪，鼠标，光笔

C. 键盘，鼠标，绘图仪　　D. 绘图仪，打印机，键盘

449. 计算机系统中的存储器系统是指（　　）。

A. 主存储器　　B. ROM 存储器

C. RAM 存储器　　D. 主存储器和外存储器

450. 在多任务处理系统中，一般而言，（　　）CPU 响应越慢。

A. 任务数越少　　B. 任务数越多

C. 硬盘容量越小　　D. 内存容量越大

451. 单击 Internet Explorer 浏览器窗口中工具栏上的某按钮，则可以在浏览器窗口左侧显示几天或几周前访问过的 Web 站点链接，这里的某按钮指的是（　　）。

A. “刷新”按钮　　B. 历史按钮　　C. “收藏夹”按钮　　D. 搜索按钮

452. 下面列出的特点中，（　　）不是数据库系统的特点。

A. 无数据冗余　　B. 采用一定的数据模型

C. 数据共享　　D. 数据具有较高的独立性

453. 选取关系中满足某个条件的元组组成一个新的关系，这种关系运算称为（　　）。

A. 连接　　B. 选择　　C. 投影　　D. 搜索

454. 在语言处理程序中，按照不同的翻译处理对象和方法，可把翻译程序分为几类，而（　　）不属于翻译程序。

A. 汇编程序　　B. 解释程序　　C. 编译程序　　D. 编辑程序

455. 文本编辑的目的是使文本正确、清晰、美观，从严格意义上讲，下列（　　）操作属于文本编辑操作。

A. 统计文本中的字数　　B. 文本压缩

C. 添加页眉和页脚　　D. 识别并提取文本中的关键词

456. 下列可作为一台主机 IP 地址的是（　　）。

A. 202.115.1.0　　B. 202.115.255.1

C. 202.115.1.255　　D. 202.115.255.255

457. 在 Windows 中可按【Alt+（　　）】的组合键在多个已打开的程序窗口中进行切换。

A. Enter　　B. 空格键　　C. Insert　　D. Tab

458. 用二维表来表示实体集及实体集之间联系的数据模型称为（　　）。

A. 层次模型　　B. 网状模型　　C. 面向对象模型　　D. 关系模型

459. 计算机辅助设计的英文缩写是（　　）。

A. CAPP　　B. CAM　　C. CAI　　D. CAD

460. 下列各项中，不能作为域名的是（　　）。

A. www. aaa. edu. cn　　B. ftp. buaa. edu. cn

C. www，bit. edu. cn　　D. www. lnu. edu. cn

461. Word 中，当前已打开一个文件，若想打开另一文件则（　　）。

A. 首先关闭原来的文件，才能打开新文件

B. 打开新文件时，系统会自动关闭原文件

C. 两个文件可以同时打开

D. 新文件的内容将会加入原来打开的文件

462. PowerPoint 中，下面（　　）不是合法的“打印内容”选项。

A. 幻灯片　　B. 备注页　　C. 讲义　　D. 幻灯片浏览

463. 在 Windows 的中文输入法选择操作中，以下（　　）说法是不正确的。

A. 【Ctrl+Space】可以切换中/英文输入法

B. 【Shift+Space】可以切换全/半角输入状态

C. 【Ctrl+Shift】可以切换其他已安装的输入法

D. 右【Shift】可以关闭汉字输入法

464. 在 Word 的编辑状态，选择了整个表格，执行了“表格”菜单中的“删除行”命令，则（　　）。

A. 整个表格被删除　　B. 表格中一行被删除

C. 表格中一列被删除　　D. 表格中没有被删除的内容

465. Internet Explorer 是目前流行的浏览器软件，它的主要功能之一是浏览（　　）。

A. 网页文件　　B. 文本文件　　C. 多媒体文件　　D. 图像文件

466. 下面关于 Web 页的叙述，不正确的是（　　）。

A. Web 页可以以文档的形式保存

B. 可以直接在“地址栏”中输入想要访问的 Web 页的地址
C. 可以利用搜索引擎搜索要进行访问的 Web 页
D. 可以根据自己的方式任意编辑 Web 页

467. 在 Windows 中，用“打印机”可同时打印（　）文件。
A. 2 个　　B. 3 个　　C. 多个　　D. 只有一个

468. 在下拉菜单里的各个操作命令项中，有一类被选中执行时会弹出子菜单，这类命令项的显示特点是（　）。
A. 命令项的右面标有一个实心三角　　B. 命令项的右面标有省略号（…）
C. 命令项本身以浅灰色显示　　D. 命令项位于一条横线以上

469. 如要关闭工作簿，但不想退出 Excel，可以执行（　）。
A. “文件”→“关闭”命令　　B. “文件”→“退出”命令
C. 关闭 Excel 窗口的按钮　　D. “窗口”→“隐藏”命令

470. Internet 的通信协议是（　）。
A. TCP/IP　　B. OSI/ISO　　C. NetBEUI　　D. SMTP

471. 以下关于 CPU，说法（　）是错误的。
A. CPU 是中央处理单元的简称
B. CPU 能直接为用户解决各种实际问题
C. CPU 的档次可粗略地表示微机的规格
D. CPU 能高速、准确地执行人预先安排的指令

472. 在进行自动分类汇总之前，必须（　）。
A. 按分类列对数据清单进行排序，并且数据清单的第一行里必须有列标题
B. 按分类列对数据清单进行排序，并且数据清单的第一行里不能有列标题
C. 对数据清单进行筛选，并且数据清单的第一行里必须有列标题
D. 对数据清单进行筛选，并且数据清单的第一行里不能有列标题

473. 在 Windows 中，为保护文件不被修改，可将它的属性设置为（　）。
A. 只读　　B. 存档　　C. 隐藏　　D. 系统

474. 在 Word 的“文件”菜单底部显示的文件名所对应的文件是（　）。
A. 当前被操作的文件　　B. 当前已经打开的所有文件
C. 最近被操作过的文件　　D. 扩展名为 DOC 的所有文件

475. 在 Excel 中，若单元格引用随公式所在单元格位置的变化而改变，则称为（　）。
A. 绝对引用　　B. 相对引用　　C. 混合引用　　D. 3-D 引用

476. 在 Word 状态的编辑状态下，执行“文件”菜单中的“保存”命令后（　）。
A. 将所有打开的文件存盘
B. 只能将当前文档存储在已有的原文件夹内
C. 可以将当前文档存储在已有的任意文件夹内
D. 可以先建立一个新文件夹，再将文档存储在该文件夹内

477. 下面正确的说法是（　）。
A. Windows 是美国微软公司的产品
B. Windows 是美国 COMPAG 公司的产品
C. Windows 是美国 IBM 公司的产品

D. Windows 是美国 HP 公司的产品

478. 在 Word 编辑状态下，要统计文档的字数，需要使用的菜单是（　　）。
A. 文件　　B. 视图　　C. 格式　　D. 工具

479. 下面对计算机硬件系统组成的描述，不正确的一项是（　　）。
A. 构成计算机硬件系统的都是一些看得见、摸得着的物理设备
B. 计算机硬件系统由运算器、控制器、存储器、输入设备和输出设备组成
C. 软盘属于计算机硬件系统中的存储设备
D. 操作系统属于计算机的硬件系统

480. 对于演示文稿中不准备放映的幻灯片可以用（　　）下拉菜单中的“隐藏幻灯片”命令隐藏。
A. 工具　　B. 幻灯片放映　　C. 视图　　D. 编辑

481. 在 Excel 中，A1 单元格设定其数字格式为整数，当输入“33.51”时，显示为（　　）。
A. 33.51　　B. 33　　C. 34　　D. ERROR

482. 在 Word 文档窗口中，“剪切”和“复制”命令项呈浅灰色而不能被选择时，表示的是（　　）。
A. 选定的文档内容太长，剪贴板放不下
B. 剪贴板里已经有信息了
C. 在文档中没有选定任何信息
D. 正在编辑的内容是页眉或页脚

483. 在 Windows 中，文件名 MM.txt 和 mm.txt（　　）。
A. 是同一个文件　　B. 不是同一个文件
C. 有时候是同一个文件　　D. 是两个文件

484. 在 Word 文档编辑中，使用（　　）菜单中的“分隔符…”命令，可以在文档中指定位置强行分页。
A. 编辑　　B. 插入　　C. 格式　　D. 工具

485. 在发送邮件时的“新邮件”窗口中，必须填写内容的是（　　）。
A. 收件人栏　　B. 抄送栏　　C. 主题栏　　D. 附件栏

486. 能够快速改变演示文稿的背景图案和配色方案的操作是（　　）。
A. 编辑母版
B. 利用“配色方案”中的“标准”选项卡
C. 利用“配色方案”中的“自定义”选项卡
D. 使用“格式”菜单中的“应用设计模板”命令

487. 在 Excel 工作表的单元格 D1 中输入公式“＝SUM（A1：C3）”，其结果为（　　）。
A. A1 与 A3 两个单元格之和
B. A1，A2，A3，C1，C2，C3 六个单元格之和
C. A1，B1，C1，A3，B3，C3 六个单元格之和
D. A1，A2，A3，B1，B2，B3，C1，C2，C3 九个单元格之和

488. 在 Word 文档编辑中，可以删除插入点前字符的按键是（　　）。
A. Del　　B. Ctrl＋Del　　C. Backspace　　D. Ctrl＋Backspace

489. 在 Word 主窗口的右上角，可以同时显示的按钮是（　　）。

A. 最小化、还原和最大化　　B. 还原、最大化和关闭
C. 最小化、还原和关闭　　D. 还原和最大化

490. 在使用 Internet Explorer 浏览器时，如果要将感兴趣的网页地址保存起来，以便以后浏览，可以将该网页地址保存在（　　）。
A. 收藏夹中　　B. 文件中　　C. 剪贴板中　　D. 内存中

491. 在 Windows 环境下，下列操作中与剪贴板无关的是（　　）。
A. 剪切　　B. 复制　　C. 粘贴　　D. 删除

492. 显示的文档样式与打印出来的效果样式几乎相同的视图是（　　）。
A. 文档结构图　　B. 普通视图　　C. 页面视图　　D. 大纲视图

493. 在设置文本格式时，（　　）的设置只能在“字体”对话框中进行。
A. 字符间距　　B. 字体效果　　C. 字形　　D. 字体

494. 插入特殊字符时，应在“插入”选项卡下的（　　）功能区中操作。
A. “符号”　　B. “特殊符号”　　C. “文本”　　D. “编号”

495. 新建的工作簿中系统会自动创建（　　）个工作表。
A. 1　　B. 2　　C. 3　　D. 4

496. 当鼠标指针变为（　　）样式时，按住鼠标左键上下拖动鼠标可以改变行高。
A. 移动　　B. 水平调整　　C. 垂直调整　　D. 超链接

497. Excel 中可以在一列的（　　）插入多列单元格。
A. 左边　　B. 右边　　C. 任意位置　　D. 两边

498. 输入数值时，需要注意的是所有符号应使用（　　）方式输入。
A. 全角　　B. 半角　　C. 任意　　D. 中文

499. “WWW”就是通常说的（　　）的简称。
A. 电子邮件　　B. 网络广播　　C. 全球信息服务系统　　D. 网络电话

500. 计算机的硬件系统由五大部分组成，其中（　　）是整个计算机的指挥中心。
A. 运算器　　B. 控制器　　C. 接口电路　　D. 系统总线

501. 把计算机分为巨型机、大中型机、小型机和微型机，本质上是按（　　）来区分的。
A. 计算机的体积　　B. CPU 的集成度
C. 计算机综合性能指标　　D. 计算机的存储容量

502. 现在计算机正朝（　　）方向发展。
A. 专用机　　B. 微型机　　C. 小型机　　D. 通用机

503. 以下属于应用软件的是（　　）。
A. DOS　　B. Windows　　C. Windows 98　　D. Excel

504. TCP 协议工作在以下的（　　）层。
A. 物理层　　B. 链路层　　C. 传输层　　D. 应用层

505. 普通视图中，显示幻灯片具体内容的窗格是（　　）。
A. 大纲视图　　B. 备注窗格
C. 幻灯片窗格　　D. “视图”工具栏

506. 插入演示文稿的背景（　　）修改。
A. 能　　B. 不能　　C. 有时能　　D. 以上都不对

507. 设置一个幻灯片切换效果时，可以（　　）。

A. 使用多种形式　　B. 只能使用一种
C. 最多可以使用五种　　D. 以上都不对

508. 一条指令必须包括（　　）。
A. 操作码和地址码　　B. 信息和数据
C. 时间和信息　　D. 以上都不是

509. 不属于网络中硬件组成的是（　　）。
A. 网卡　　B. 网线　　C. 网络协议　　D. 调制解调器

510. 计算机网络典型的层次结构是 ISO 制定的 OSI/RM，以下说法不正确的是（　　）。
A. 该模型划分了七层
B. 是网络体系结构设计和实现的原则
C. Internet 遵循该层次结构
D. 划分的七层不包括电子电气方面特性的规定

511. 下列说法中正确的是（　　）。
A. CD-ROM 是一种只读存储器但不是内存储器
B. CD-ROM 驱动器是计算机的基本部分
C. 只有存放在 CD-ROM 盘上的数据才称为多媒体信息
D. CD-ROM 盘上最多能够存储大约 350 兆字节的信息

512. 当使用 WWW 浏览页面时，你所看到的文件叫做（　　）文件。
A. Windows　　B. 二进制文件　　C. 超文本　　D. DOS

513. HTML 文件必须由特定的程序进行编译和执行才能显示，这种编译器就是（　　）。
A. 文本编　　B. 解释程序　　C. 编译程序　　D. Web 浏览器

514. 将正在浏览的网页保存为网页文件，正确的操作是（　　）。
A. 将网页添加到收藏夹
B. 在“文件”菜单中选择“另存为”命令
C. 建立浏览历史列表
D. 建立书签

515. HTTP 是一种（　　）。
A. 网址　　B. 高级语言　　C. 域名　　D. 超文本传输协议

516. Internet 最初创建目的是用于（　　）。
A. 政治　　B. 经济　　C. 教育　　D. 军事

517. 局域网常见的拓扑结构不包括（　　）。
A. 星型　　B. 链型　　C. 总线型　　D. 环型

518. 以下（　　）统一资源定位器的写法是完全正确的。
A. http://www. mcp. comqueque. html
B. http//www. mcp. comqueque. html
C. http://www. mcp. com/que/que. html
D. http//www. mcp. com/que/que. html

519. 根据计算机网络覆盖地理范围的大小，网络可分为局域网和（　　）。
A. WAN　　B. NOVELL　　C. 互联网　　D. INTERNET

520. 能描述计算机的运算速度的是（　　）。

A. 二进制位　B. MIPS　C. MHz　D. MB

521. 按照正确的指法输入英文字符，由左手中指负责输入的字母是（　　）。

A. Q、E、D　B. E、D、C　C. R、F、V　D. E、S、C

522. 当系统硬件发生故障或更换硬件设备时，为了避免系统意外崩溃应采用的启动方式为（　　）。

A. 通常模式　B. 登录模式　C. 安全模式　D. 命令提示模式

523. 在 PowerPoint 中，若在大纲视图下输入本文，则（　　）。

A. 该文本只能在幻灯片视图中修改

B. 可以在幻灯片视图中修改文本，也可在大纲视图中修改文本

C. 在大纲视图中删除文本

D. 不能在大纲视图中删除文本

524. 计算机应用中通常所讲的 OA 代表（　　）。

A. 辅助设计　B. 辅助制造　C. 科学计算　D. 办公自动化

525. 集成电路是微电子技术的核心。它的分类标准有很多种，其中通用集成电路和专用集成电路是按照（　　）来分类的。

A. 集成电路包含的晶体管的数目　B. 晶体管结构、电路和工艺

C. 集成电路的功能　D. 集成电路的用途

526. 微机硬件系统中地址总线的宽度＜位数＞对（　　）影响最大。

A. 存储器的访问速度　B. CPU 可直接访问的存储器空间大小

C. 存储器的字长　D. 存储器的稳定性

527. “长城 386 微机”中的“386”指的是（　　）。

A. CPU 的型号　B. CPU 的速度　C. 内存的容量　D. 运算器的速度

528. 往空单元格中键入（　　）来开始一个公式。

A. *　B. （　C. ＝

529. 在 Excel 中，（　　）是函数。

A. 一个预先编写的公式　B. 一个数学运算符

530. 如果想在 Excel 中计算 853 除以 16 的结果，应该使用（　　）数学运算符。

A. *　B. /　C. －

531. 在 Excel 中，（　　）是绝对单元格引用。

A. 当沿着一列复制公式或沿着一行复制公式时单元格引用会自动更改

B. 单元格引用是固定的

C. 单元格引用使用 A1 引用样式

532. （　　）单元格引用 B 列中第 3 行到第 6 行的单元格区域。

A. （B3：B6）　B. （B3，B6）

533. 在 Excel 中，以下（　　）项是绝对引用。

A. B4：B12　B. $A$1

534. 在 Excel 中，如果将公式＝C4 * $D$9 从单元格 C4 复制到单元格 C5，单元格 C5 中的公式将是（　　）。

A. ＝C5 * $D$9　B. ＝C4 * $D$9　C. ＝C5 * $E$10

535. 在 Excel 中，当单元格中出现 ###### 是（　　）意思。

A. 列的宽度不足以显示内容

B. 单元格引用无效

C. 函数名拼写有误或者使用了 Excel 不能识别的名称

536. 当修改图表显示的工作表数据时，必须完成（　　）操作来刷新图表。

A. 按【Shift+Ctrl】　B. 无需进行任何操作　C. 按 F6

537. 在 Excel 中，要输入像 1/4 这样的分数，首先应输入（　　）。

A. 一　　B. 零　　C. 减号

538. 在 Excel 中，如果单元格内容显示为 ####### 则意味着（　　）。

A. 输入的数字有误　B. 某些内容拼写错误　C. 单元格不够宽

539. 在 Excel 中，要输入一年中的各个月份，但不手动键入每个月份，应使用（　　）。

A. 记忆式键入　　B. 自动填充　　C. Ctrl+Enter

540. Excel 会将下面的（　　）项识别为日期。

A. 2 6 1947　　B. 2，6，47　　C. 47-2-2

541. 在 Excel 中，若要撤销删除操作，应当按（　　）。

A. Ctrl+Z　　B. F4　　C. Esc

542. 调整图片大小时，为什么要确保选中“锁定纵横比”选项（　　）。

A. 它可以使图片保持在幻灯片上的原位置

B. 它能确保提供最佳的颜色

C. 它可以使图片在调整大小过程中保持比例

543. 按（　　）键可进入“幻灯片放映”视图并从第一张幻灯片开始放映。

A. Esc　　B. F5　　C. F7

544. 在“幻灯片放映”视图中，如何返回到上一张幻灯片（　　）。

A. 按【Backspace】键　　B. 按【Page Up】键

C. 按向上键　　D. 以上全对

545. 在 PowerPoint 中，使用声音文件有（　　）最佳做法。

A. 从不使用链接的文件

B. 在插入声音文件之前，请将它们复制到演示文稿文件所在的文件夹中

546. 对于幻灯片上的声音，已选择在演示时隐藏声音图标。下列（　　）项启动设置与隐藏图标不兼容。

A. 声音自动启动

B. 单击幻灯片时启动声音

C. 单击幻灯片上的形状时启动声音

D. 单击幻灯片上的声音图标时启动声音

547. 如果要将页脚设置应用于演示文稿中的每个幻灯片，应单击（　　）选项。

A. 应用　　B. 全部应用

548. 如何让页脚不显示在标题幻灯片上（　　）。

A. 只需将文本从该幻灯片中删除　　B. 选择“标题幻灯片中不显示”选项

549. 要删除文本，首先要执行的操作是（　　）。

A. 按【Del】　　B. 按【Backspace】　　C. 选择要删除的文本

550. 在 Word 中，水印的主要目的是（　　）。

A. 验证打印文档为原始文档

B. 向打印文档添加带斑纹的水状装饰

C. 传达有用信息或为打印文档增添视觉趣味，而不会影响正文文字

551. 所有常用的【Ctrl+】快捷方式在以下程序中都起作用（　　）。

A. Word　　B. Excel　　C. PowerPoint

D. 以上全对　　E. 以上全错

552. 专业水平的文档由以下（　　）个部分组成。

A. 文字、照片以及页眉和页脚　　B. 文字、目录和封面

C. 文字、快速样式和文本框　　D. 以上全部

答　案

理论技能训练项目一　填空

1. 四。2. LCD。3. 像素。4. 1110.011010111。5. Alt＋Print Screen。6. exit 或 EXIT。7. 工具。8. V 或 v。9. 打印预览 10. 五宋体。11. 格式刷。12. ＝F8＊$D10。13. 排序。14. 自动、高级。15. 当前幻灯片。16. F5。17. 32。18. online. sh. cn。19. TCP/IP。20. 数据总线、控制总线。21. 内存、CPU。22. 集成电路。23. 255。24. 7 或七。25. 四。26. 总线型。27. 60。28. 冯・诺依曼。29. 2166。30. 6E. 2。31. 乘 2 取整法 或 ＊2 取整法。32. 1946。33. 美。34. 57。35. 64，144，1100100。36. 8。37. 100。38. 4 或 四。39. 计算机辅助设计。40. 补码。41. 位 或 bit。42. 字长。43. 显卡。44. 系统 或 System。45. 255。46. 当前 或 活动 或 当前活动。47. 回收站。48. 针式 或 点阵式。49. 运算速度 或 速度。50. 中央处理器 或 CPU 或 微处理器 或 中央处理单元。51. 中央处理器 或 CPU、控制器。52. 算术运算。53. 输出设备 或 Output 设备。54. 字节。55. 输入 或 Input。56. 输入设备。57. 指令 或 操作码 或 操作指令。58. 或。59. 输入 或 Input。60. 外部设备 或 外围设备 或 外设。61. 显示器。62. 字节 或 Byte。63. VGA。64. 查看。65. 输出 或 Output。66. 控制面板。67. 软键盘。68. 查看。69. 启动。70. 硬盘。71. 文本方式。72. PrintScreen。73. 二进制。74. 快捷。75. 8×1024 或 8192。76. 键盘、显示器。77. Ctrl＋Space 或 Ctrl ＋空格。78. 回车键 或 Enter。79. 文档 1。80. 大纲。81. 视图。82. 工具、选项、选项、保存。83. 页码位置。84. 符号。85. 打开或 Open。86. 页面设置。87. 插入 、页码。88. 页面视图。89. Esc。90. 视图。91. 页面设置。92. 垂直。93. 选中 或 选择。94. 显示段落标记 或 段落标记。95. 关闭 或 关闭按钮 或 X 按钮。96. 页眉。97. Ctrl＋S。98. 页面。99. 视图。100. 悬挂缩进。101. 选中。102. 光标。103. Alt。104. 选择。105. 保存 或 Ctrl＋S。106. 项目符号和编号。107. 页面视图。108. CTRL＋V 或 Ctrl＋v。109. 段落 或 回车。110. 加粗倾斜。111. 格式工具栏。112. 属性。113. 活动 或 当前 或 当前活动。114. 硬回车 、回车。115. 文件、打印预览。116. 255。117. 工作簿、工作表、单元格。118. 绝对。119. sum (C1：C5)。120. 单元格。121. 数值。122. 公式。123. 嵌入式图表 或 内嵌式图表。124. 名称。125. 二 或 2。126. 工作簿。127. 65536、256。128. 右对齐。129. 进行排序 或 排序。130. 圆括号 或 括号。131. 格式。132. 公式。133. 操作数 或 数值。134. 单元格。135. 页面设置。136. 及格。137. 工作表。138. 活动 或 当前 或 当前活动。139. 图表。140. 填充。141. PPT。142. 复制。143. 幻灯片放映。144. 演讲者 或 演讲者放映 或 演讲者放映（全屏幕）。145. 幻灯片放映。146. Esc。147. 显示 或 不隐藏。148. 幻灯片放映视图。149. 母版。150. 超链接。151. 所有或 全部。152. 飞入。153. 动作按钮。154. IP。155. 电子邮件。156. TCP/IP。157. TCP/IP。158. IP。159. IP 地址。160. 万维网。161. HTML。162. 资源共享 或 共享。163. 局域网。164. 因特网 或 Internet。165. 浏览器。166. 搜索引擎。167. FTP 服务。168. 高速缓冲存储器 或 高速缓存 或 cache 或 高速缓冲存储。169. 通信协议。170. 资源共享。171. 应用软件。172. 高级。173. 中央处理器 或 微处理器 或 中央处理单元。174. 1024×1024 或 1048576。175. ROM 或 只读存储器。176. TCP/IP。177. 只读存储器、随机存取存储器或 随机存储器。178. 应用软件。179. 微型计算机。180. 操作码 或 指令。181. 操作系统 或 OS。182. 地址。183. 定点。184. 72。185. 机器语言。186. 源程序 或 程序 或 源代码。187. 1024。188. IP 地址。189. URL 或 全球统一资源定位器。190. 收藏夹。191. HTML 或 Hyper Text Markup Language 或 超文本标记语言。192. HTML 或 Hyper Text Markup Language 或超文本标记语言。193. 对齐方式。194. 表格。195. 自动填充。196. 工作簿。197. 绝对引用。198. 排序。199. 当前工作簿。200. 边框。201. 填充柄。202. 图表工作表。203. 3。204. 编辑。205. . PPT

或.ppt。206. 备注。207. 应用。208. 全部应用。209. 来自文件。210. 尺寸柄 或 句柄。211. 视图。212. esc 或 ESC。213. 设计模板。214. 添加文本。215. 开放。216. 32。217. 4。218. 网络。219. 晶体管。220. 扇区。221. 针式打印机。222. 512 字节。223. 生命周期。224. TCP/IP。225. 插入的图片 或 图片。226. 双向箭头。227. 拆分单元格命令。228. 水平对齐 或 垂直对齐、垂直对齐 或 水平对齐。229. 备注页视图。230. 下一张。231. 幻灯片母版 或 母版。232. 虚线边缘 或 虚线。233. 文本框。234. 墨盒。235. 排序。236. 格式。237. 资源共享 或 共享。

理论技能训练项目二 判断

1. ×。 2. ×。 3. ×。 4. ×。 5. √。 6. √。 7. √。 8. √。 9. ×。 10. √。
11. √。 12. ×。 13. ×。 14. √。 15. √。 16. √。 17. √。 18. √。 19. ×。 20. √。
21. √。 22. √。 23. √。 24. ×。 25. √。 26. ×。 27. √。 28. ×。 29. √。 30. √。
31. ×。 32. ×。 33. ×。 34. √。 35. √。 36. ×。 37. √。 38. √。 39. √。 40. √。
41. √。 42. √。 43. ×。 44. ×。 45. √。 46. √。 47. √。 48. ×。 49. ×。 50. √。
51. √。 52. √。 53. √。 54. √。 55. ×。 56. √。 57. ×。 58. √。 59. ×。 60. ×。
61. √。 62. ×。 63. √。 64. √。 65. √。 66. √。 67. √。 68. ×。 69. √。 70. ×。
71. √。 72. √。 73. ×。 74. ×。 75. ×。 76. ×。 77. ×。 78. ×。 79. √。 80. ×。
81. ×。 82. ×。 83. ×。 84. ×。 85. √。 86. √。 87. ×。 88. ×。 89. ×。 90. ×。
91. ×。 92. √。 93. √。 94. √。 95. √。 96. ×。 97. √。 98. ×。 99. ×。 100. √。
101. √。 102. ×。 103. √。 104. ×。 105. ×。 106. √。 107. √。 108. ×。 109. √。 110. ×。
111. ×。 112. √。 113. √。 114. √。 115. ×。 116. √。 117. √。 118. ×。 119. √。 120. ×。
121. √。 122. √。 123. ×。 124. √。 125. √。 126. ×。 127. ×。 128. √。 129. ×。 130. ×。
131. ×。 132. ×。 133. √。 134. √。 135. √。 136. ×。 137. ×。 138. ×。 139. √。 140. ×。
141. √。 142. √。 143. ×。 144. ×。 145. ×。 146. √。 147. ×。 148. √。 149. √。 150. √。
151. ×。 152. √。 153. ×。 154. ×。 155. ×。 156. √。 157. √。 158. ×。 159. √。 160. ×。
161. √。 162. √。 163. ×。 164. ×。 165. ×。 166. √。 167. √。 168. √。 169. √。 170. ×。
171. √。 172. ×。 173. √。 174. √。 175. ×。 176. √。 177. √。 178. ×。 179. ×。 180. √。
181. ×。 182. √。 183. ×。 184. √。 185. √。 186. √。 187. √。 188. ×。 189. √。 190. ×。
191. ×。 192. √。 193. √。 194. ×。 195. ×。 196. √。 197. √。 198. √。 199. √。 200. √。
201. ×。 202. √。 203. ×。 204. √。 205. ×。 206. ×。 207. √。 208. ×。 209. √。 210. ×。
211. ×。 212. √。 213. ×。 214. ×。 215. ×。 216. √。 217. ×。 218. ×。 219. √。 220. ×。
221. √。 222. ×。 223. ×。 224. ×。 225. ×。 226. √。 227. √。 228. √。 229. ×。 230. ×。
231. ×。

理论技能训练项目三 单项选择

1. C。 2. A。 3. D。 4. A。 5. B。 6. B。 7. C。 8. A。 9. D。 10. A。
11. A。 12. B。 13. B。 14. C。 15. D。 16. B。 17. B。 18. D。 19. D。 20. B。
21. D。 22. C。 23. B。 24. A。 25. B。 26. B。 27. A。 28. D。 29. B。 30. A。
31. C。 32. D。 33. B。 34. C。 35. C。 36. B。 37. B。 38. D。 39. B。 40. D。
41. C。 42. D。 43. D。 44. D。 45. D。 46. B。 47. A。 48. C。 49. B。 50. B。
51. B。 52. A。 53. B。 54. B。 55. A。 56. D。 57. C。 58. D。 59. C。 60. D。

61. B。 62. D。 63. C。 64. B。 65. B。 66. C。 67. B。 68. A。 69. C。 70. C。

71. C。 72. B。 73. C。 74. B。 75. B。 76. D。 77. B。 78. B。 79. A。 80. C。

81. B。 82. C。 83. D。 84. D。 85. B。 86. A。 87. D。 88. D。 89. B。 90. C。

91. D。 92. C。 93. D。 94. B。 95. A。 96. C。 97. B。 98. C。 99. D。 100. C。

101. A。 102. D。 103. A。 104. C。 105. A。 106. D。 107. B。 108. A。 109. C。 110. A。

111. D。 112. C。 113. A。 114. D。 115. D。 116. D。 117. D。 118. D。 119. C。 120 D。

121. B。 122. C。 123. A。 124. D。 125. B。 126. A。 127. C。 128. C。 129. C。 130. B。

131. C。 132. C。 133. C。 134. B。 135. B。 136. B。 137. B。 138. B。 139. D。 140. B。

141. C。 142. A。 143. A。 144. C。 145. C。 146. D。 147. B。 148. C。 149. A。 150. A。

151. B。 152. A。 153. A。 154. B。 155. B。 156. C。 157. B。 158. B。 159. D。 160. B。

161. D。 162. A。 163. A。 164. B。 165. C。 166. D。 167. C。 168. A。 169. C。 170. A。

171. A。 172. B。 173. B。 174. A。 175. C。 176. D。 177. A。 178. B。 179. A。 180. A。

181. A。 182. C。 183. C。 184. A。 185. C。 186. B。 187. A。 188. B。 189. D。 190. C。

191. C。 192. C。 193. D。 194. A。 195. C。 196. B。 197. A。 198. B。 199. C。 200. B。

201. D。 202. C。 203. B。 204. C。 205. B。 206. C。 207. A。 208. A。 209. A。 210. B。

211. B。 212. D。 213. B。 214. B。 215. A。 216. B。 217. D。 218. B。 219. C。 220. D。

221. B。 222. A。 223. C。 224. D。 225. C。 226. A。 227. D。 228. A。 229. A。 230. A。

231. D。 232. A。 233. B。 234. D。 235. B。 236. C。 237. D。 238. A。 239. D。 240. A。

241. B。 242. B。 243. C。 244. D。 245. D。 246. D。 247. A。 248. D。 249. B。 250. C。

251. B。 252. D。 253. B。 254. D。 255. A。 256. A。 257. A。 258. C。 259. A。 260. D。

261. D。 262. A。 263. C。 264. B。 265. A。 266. A。 267. C。 268. A。 269. D。 270. D。

271. A。 272. C。 273. B。 274. B。 275. A。 276. A。 277. B。 278. C。 279. A。 280. B。

281. C。 282. B。 283. C。 284. D。 285. B。 286. C。 287. A。 288. C。 289. D。 290. D。

291. A。 292. D。 293. D。 294. B。 295. C。 296. D。 297. A。 298. B。 299. A。 300. B。

301. A。 302. D。 303. D。 304. B。 305. C。 306. A。 307. A。 308. D。 309. A。 310. D。

311. C。 312. A。 313. B。 314. B。 315. B。 316. C。 317. B。 318. A。 319. A。 320. C。

321. D。 322. A。 323. C。 324. A。 325. A。 326. B。 327. B。 328. C。 329. B。 330. D。

331. C。 332. B。 333. A。 334. B。 335. C。 336. B。 337. A。 338. A。 339. A。 340. C。

341. D。 342. D。 343. C。 344. C。 345. C。 346. C。 347. C。 348. C。 349. C。 350. C。

351. C。 352. B。 353. A。 354. B。 355. B。 356. B。 357. B。 358. B。 359. B。 360. A。

361. D。 362. D。 363. A。 364. A。 365. C。 366. D。 367. A。 368. D。 369. A。 370. D。

371. C。 372. A。 373. C。 374. A。 375. D。 376. B。 377. B。 378. C。 379. B。 380. C。

381. D。 382. C。 383. C。 384. D。 385. C。 386. B。 387. B。 388. C。 389. D。 390. C。

391. C。 392. D。 393. B。 394. D。 395. B。 396. D。 397. D。 398. A。 399. A。 400. C。

401. B。 402. B。 403. C。 404. A。 405. A。 406. B。 407. D。 408. D。 409. D。 410. C。

411. B。 412. D。 413. D。 414. B。 415. D。 416. C。 417. C。 418. B。 419. C。 420. C。

421. B。 422. D。 423. A。 424. C。 425. B。 426. C。 427. C。 428. B。 429. D。 430. B。

431. D。 432. C。 433. B。 434. B。 435. C。 436. A。 437. A。 438. B。 439. D。 440. B。

441. C。 442. A。 443. C。 444. B。 445. B。 446. B。 447. B。 448. B。 449. D。 450. B。

451. B。 452. A。 453. B。 454. D。 455. C。 456. B。 457. D。 458. D。 459. D。 460. C。

461. C。 462. D。 463. D。 464. A。 465. A。 466. D。 467. D。 468. A。 469. A。 470. A。

471. B。 472. A。 473. A。 474. C。 475. B。 476. B。 477. A。 478. D。 479. D。 480. B。

481. C。 482. C。 483. A。 484. B。 485. A。 486. C。 487. D。 488. C。 489. C。 490. A。

491. D。 492. C。 493. A。 494. A。 495. C。 496. C。 497. A。 498. B。 499. C。 500. B。

501. C。 502. B。 503. D。 504. C。 505. C。 506. A。 507. B。 508. A。 509. C。 510. C。
511. A。 512. C。 513. D。 514. B。 515. D。 516. D。 517. B。 518. C。 519. A。 520. C。
521. B。 522. C。 523. B。 524. D。 525. D。 526. B。 527. A。 528. C。 529. A。 530. B。
531. B。 532. A。 533. B。 534. A。 535. A。 536. B。 537. B。 538. C。 539. B。 540. C。
541. A。 542. C。 543. B。 544. D。 545. B。 546. D。 547. B。 548. B。 549. C。 550. C。
551. D。 552. D。

附录 双绞线的制作方法

双绞线制作方法有两种国际标准：TIA/EIA-568-A 和 TIA/EIA-568-B，而双绞线的连接方法主要有直连、交叉和反转三种。直连线缆的水晶头两端都遵循 TIA/EIA-568-A 或 TIA/EIA-568-B 标准。交叉线缆的水晶头一端遵循 TIA/EIA-568-A 标准，另一端则采用 TIA/EIA-568-B 标准。反转线缆是一端遵循 TIA/EIA-568-A 标准而另一端遵循反向的 TIA/EIA-568-A 标准，或一端遵循 TIA/EIA-568-B 标准而另一端遵循反向的 TIA/EIA-568-B 标准。

直连线缆用于将计算机连入到 Hub 或交换机的以太网口，或在结构化布线中由配线架连到 Hub 或交换机等。

交叉线用于将计算机与计算机直接相连、交换机与交换机直接相连，也用于将计算机直接接入路由器的以太网口。

反转线用于将计算机连到交换机或路由器的控制端口，在这个连接场合，计算机所起的作用相当于它是交换机或路由器的超级终端。

1. 直连网线的制作

（1）剪断　根据实际需要先测量要制作网线的长度，加上大约 10% 的冗余量，利用压线钳的剪线刀口剪出所需要的网线。

（2）剥皮　先把双绞线的灰色保护层剥掉，可以利用压线钳的剪线刀口将线头剪齐，再将线头放入剥线专用的刀口，稍微用力握紧压线钳慢慢旋转，用刀口划开双绞线的保护胶皮，然后把这一部分的保护胶皮去掉。

注意：压线钳档位距剥线刀口的长度通常恰好为一个水晶头的长度，大约为 15 mm，过长或过短都会影响到网线的质量。剥线过长一则不美观，二则因网线不能被水晶头卡住，容易松动；剥线过短，因有包皮存在，太厚，不能完全插到水晶头底部，造成水晶头插针不能与网线芯线完好接触，当然也就不能制作成功了。

（3）排序　剥除外包皮后即可见到双绞线网线的 4 对 8 条芯线，并且可以看到每对的颜色都不同。每对缠绕的两条芯线由一条染有相应颜色的芯线加上一条只染有少许相应颜色的白色相间芯线组成。四条全色芯线的颜色分别为棕色、橙色、绿色和蓝色。每对线都是相互缠绕在一起的，制作网线时必须将 4 个线对的 8 条细导线一一拆开、理顺、捋直，然后按照标准的线序排列整齐。

将水晶头有塑料弹片的一面向下，有针脚的一方向上，使有针脚的一端指向远离自己的方向，有方型孔的一端对着自己，此时，最左边的是第 1 脚，最右边的是第 8 脚，其余依次顺序排列。

目前最常使用的布线标准有两个，即 T568A 标准和 T568B 标准。T568A 标准的线序从左到右依次为：1——白绿，2——绿，3——白橙，4——蓝，5——白蓝，6——橙，7——白棕，8——棕。T568B 标准的线序从左到右依次为：1——白橙，2——橙，3——白绿，4——蓝，5——白蓝，6——绿，7——白棕，8——棕。在网络施工中一般采用 T568B 标准。当然对于一般的布线系统工程，T568A 也同样适用。

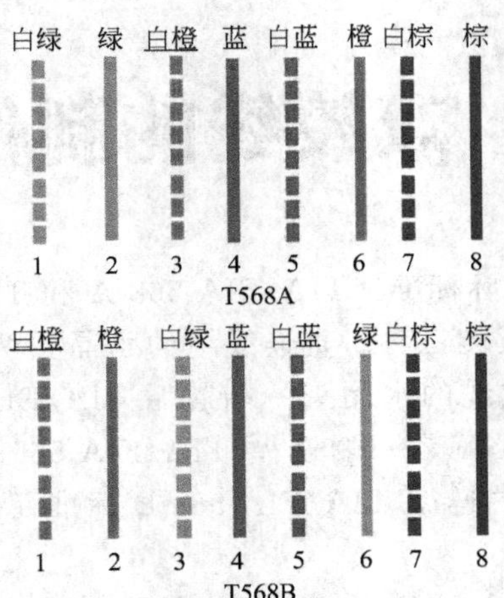

注意：排列的时候应该注意尽量避免线路的缠绕和重叠，还要把线缆尽量拉直。

(4) 剪齐　把线尽量抻直（不要缠绕）、压平（不要重叠）、挤紧理顺（朝一个方向紧靠），然后用压线钳把线头剪平齐。在双绞线插入水晶头后，每条线都能良好接触水晶头中的插针，避免接触不良。如果以前剥的皮过长，则可以在这里将过长的细线剪短，保留的去掉外层绝缘皮的部分约为 14 mm，这个长度正好能将各细导线插入到各自的线槽。如果该段留得过长，一是会由于线对不再互绞而增加串扰，二是会由于水晶头不能压住护套而可能导致电缆从水晶头中脱出，造成线路的接触不良甚至中断。

(5) 插入　一手以拇指和中指捏住水晶头，使有塑料弹片的一侧向下，针脚一方朝向远离自己的方向，并用食指抵住；另一手捏住双绞线外面的胶皮，缓缓用力将 8 条导线同时沿 RJ45 头内的 8 个线槽插入，一直插到线槽的顶端。

(6) 压制　确认无误之后就可以把水晶头插入压线钳中间的压线槽内进行压线了。透过水晶头检查一遍线序无误后，就可以用压线钳压制 RJ45 头了。将 RJ45 头从无牙的一侧推入压线钳夹槽后，用力握紧线钳，只要听到轻微的“啪”的一声即可，将突出在外面的针脚全部压入水晶头内。(注意：如果力气不够大，则可以使用双手一起压。)

(7) 用网线测试仪进行测试　如果测试仪上 8 个指示灯都依次为绿色闪过，则证明网线制作成功。若出现任何一个灯为红灯或黄灯，就证明存在断路或者接触不良现象，此时最好先对两端水晶头再用网线钳压制一次，测后如果故障依旧，再检查一下两端芯线的排列顺序是否一样，如果不一样，则剪掉一端重新按另一端芯线排列顺序制作水晶头。如果芯线顺序一样，但测试仪在重测后仍显示红灯或黄灯，则表明其中肯定存在对应芯线接触不好的情况。制作的方法不同，测试仪上的指示灯亮的顺序也不同，如果测试的线缆是直连线，则测试仪上的灯应依次闪烁；如果测试的线缆是交叉线，则其中一侧同样是依次闪烁，而另一侧则会按 3、6、1、4、5、2、7、8 的顺序闪烁。

2. 制作交叉线

(1) 按照制作直连线中的步骤制作线缆的一端。

(2) 用剥线工具在线缆的另一端剥出一定长度的线缆。

(3) 用手将 4 对绞在一起的线缆按白绿、绿、白橙、橙、白蓝、蓝、白棕、棕的顺序拆分开来并小心地拉直。(注意：切不可用力过大，以免拉断线缆。)

(4) 按照端 2 的顺序调整线缆的颜色顺序，也就是交换橙线与蓝线的位置。

（5）将线缆整平直并剪齐，确保平直线缆的最大长度不超过 1.2 cm。

（6）将线缆放入 RJ45 插头，在放置过程中注意 RJ45 插头的把子朝下，并保持线缆的颜色顺序不变。

（7）检查已放入 RJ45 插头的线缆颜色顺序，并确保线缆的末端已位于 RJ45 插头的顶端。

（8）确认无误后，用压线工具用力压制 RJ45 插头，以使 RJ45 插头内部的金属薄片能穿破线缆的绝缘层，直至完成交叉线的制作。

（9）用网线测试仪检查自己所制作完成的网线，确认其达到交叉线线缆的合格要求，否则按测试仪提示重新制作交叉线。

3. 制作反转线

（1）按制作直通连线的步骤制作线缆的一端（T568A 标准）。

（2）用剥线工具在线缆的另一端剥出一定长度的线缆。

（3）用手将 4 对绞在一起的线缆按棕、白棕、橙、白蓝、蓝、白橙、绿、白绿的顺序拆分开来并小心地拉直。

（4）将线缆整平直并剪齐，确保平直线缆的最大长度不超过 1.2 cm。

（5）将线缆放入 RJ45 插头，在放置过程中注意 RJ45 插头的把子朝下，并保持线缆的颜色顺序不变。

（6）翻转 RJ45 头方向，使其把子朝上，检查已放入 RJ45 插头的线缆颜色顺序是否和端 2 颜色顺序一致，并确保线缆的末端已位于 RJ45 插头的顶端。

（7）确认无误后，用压线工具用力压制 RJ45 插头，以使 RJ45 插头内部的金属薄片能穿破线缆的绝缘层，直至完成反转线的制作。

（8）用网线测试仪检查已制作完成的网线，确认其达到反转线线缆的合格要求，否则按测试仪提示重新制作线缆。

参考文献

[1] 大学计算机课程报告论坛组委会．大学计算机课程报告论坛论文集 2006、2007、2008. 北京：高等教育出版社．

[2] 中国高等院校计算机基础教育改革课题研究组编制．中国高等院校计算机基础教育课程体系 2008.

[3] 蒋加伏，沈岳．大学计算机基础．北京：北京邮电大学出版社，2008.

[4] 王丽君，曾子维．大学计算机基础．北京：清华大学出版社，2007.

[5] 常东超等．大学计算机基础教程．北京：高等教育出版社，2009.

[6] 常东超等．大学计算机基础实践教程．北京：高等教育出版社，2009.

[7] 常东超等．大学计算机教程．北京：高等教育出版社，2013.

[8] 大学计算机实验指导与习题精选．北京：高等教育出版社，2013.

[9] 常东超等．C 语言程序设计．北京：清华大学出版社，2010.

[10] Laura A.Chappell&Ed Tittel 著．TCP/IP 协议原理与应用．马海军，吴华等译，北京：清华大学出版社，2005.

[11] 杨德贵．网络与宽带 IP 技术．北京：人民邮电出版社，2002.

[12] 王卫红，李晓明．计算机网络与互联网．北京：机械工业出版社，2009.

[13] 曹义方，张彦钟．多媒体实用技术（上、下）．北京：航空工业出版社，2002.

[14] 徐茂智，邹维．信息安全概论．北京：人民邮电出版社，2007.

[15] 周明全，吕林涛，李军怀．网络信息安全技术．西安：西安电子科技大学出版社，2003.

[16] 胡建伟．网络安全与保密．西安：西安电子科技大学出版社，2003.

[17] 李克洪，王大玲，董晓梅．实用密码学与计算机数据安全．第 2 版．沈阳：东北大学出版社，2001.

[18] 马崇华．信息处理技术基础教程．北京：清华大学出版社，2007.

[19] 刘甘娜，翟华伟，崔立成．多媒体应用基础．第 4 版．北京：高等教育出版社，2008.

[20] 王移芝，罗四维．大学计算机基础．第 2 版．北京：高等教育出版社，2007.

[21] 赵树升．计算机病毒分析与防治简明教程．北京：清华大学出版社，2007.

[22] 张海藩．软件工程导论．第 5 版．北京：清华大学出版社，2008.